华东理工大学优秀教材出版基金资助图书
普通高等教育材料类专业规划教材

纳米材料学概论

徐云龙　赵崇军　钱秀珍　编著

華東理工大學出版社
EAST CHINA UNIVERSITY OF SCIENCE AND TECHNOLOGY PRESS

图书在版编目(CIP)数据

纳米材料学概论/徐云龙,赵崇军,钱秀珍编著.
—上海:华东理工大学出版社,2008.10(2022.7重印)
(普通高等教育材料类专业规划教材)
ISBN 978-7-5628-2379-7

Ⅰ.纳… Ⅱ.①徐…②赵…③钱… Ⅲ.纳米材料—高等学校—教材 Ⅳ.TB383

中国版本图书馆CIP数据核字(2008)第130578号

普通高等教育材料类专业规划教材

纳米材料学概论

编　　著/徐云龙　赵崇军　钱秀珍
策划编辑/周永斌
责任编辑/马夫娇
责任校对/李　晔
封面设计/赵　军
出版发行/华东理工大学出版社
地　址:上海市梅陇路130号,200237
电　话:(021)64250306(营销部)
传　真:(021)64252707
网　址:www.ecustpress.cn
印　　刷/广东虎彩云印刷有限公司
开　　本/787 mm×1092 mm　1/16
印　　张/14.5
字　　数/350千字
版　　次/2008年10月第1版
印　　次/2022年7月第11次
书　　号/ISBN 978-7-5628-2379-7/TB·24
定　　价/29.00元

联系我们:电子邮箱 zongbianban@ecustpress.cn
官方微博 e.weibo.com/ecustpress
天猫旗舰店 http://hdlgdxcbs.tmall.com

華東理工大學出版社
客户端扫码进入天猫旗舰店

前　言

纳米科学技术是20世纪80年代末期诞生并快速崛起的新科技，它是物理学、化学、生物学、材料学和电子学等多学科高度交叉的一门综合性学科。如同微米技术在20世纪70年代以后对人类社会进步的推动作用一样，纳米科技必将成为21世纪的主导技术。

纳米材料、纳米结构和纳米技术的应用不但可以节省资源和能源，而且对生态环境和人类健康也将发挥重要的作用。目前，纳米科技和纳米材料已引起世界各国的日益重视，纷纷制订纳米科技发展纲要和科技研究计划。我国的纳米科技研究也在诸多领域取得了可喜的成就，纳米高科技产业快速发展，纳米材料在改造和提升传统产业方面发挥着越来越重要的作用。为此，各行各业都迫切需要了解和掌握纳米材料和纳米科技的基本理论知识和发展趋势，为知识创新、技术创新、产品创新奠定基础。

目前，国内部分高等院校固体物理类和材料类等专业已陆续开设了纳米材料本科生和研究生课程。微感不足的是，国内尚缺少适合本科生教学用的纳米材料学方面的教材。为此，作者在原有的《纳米材料学概论》讲义的基础上，结合近八年来对该课程的教学实践，以及对近年来国内外有关著作与文献的查阅和本教研室的工作积累，于2004年开始本教材的编写。

现代科技正在走向一个多学科交叉与融合的新阶段，为适应这一科学发展趋势，本书按照“广义纳米材料”的概念，将纳米结构与纳米组装两部分内容也编入其中，力求全面系统地介绍纳米材料和纳米科技的基础知识和重要成果。

本书按照教材和纳米材料教学的特点，力求突出以下几方面的特色：

1. 加强教材的基础性，对基本原理和基本概念进行重点阐释；

2. 为了更好地满足教学需要和体现教材特征，各章节附有“本章要求”以及“复习思考题”；

3. 力争反映国内外纳米材料最新研究成果；

4. 加强各章节之间的有机联系，力求做到循序渐进；

5. 为了加强对相关理论的理解和学习，加入适当实例，在提高学习兴趣的前提下，加强学生对理论和实践的联系。

本教材以纳米材料的制备、结构及性能和应用为主线，从零维纳米结构单元到纳米组装体系，较系统地介绍了纳米材料的基础知识和最新科技成果。全书内容分为十章，其中第一章介绍了纳米材料的基本概念；第二章介绍了纳米材料的基本特性；第三章至第五章分别介绍了零维、一维和二维纳米结构单元的制备、结构特征及性能与应用；第六章介绍了纳米玻璃、纳米陶瓷、纳米金属和纳米高分子等三维纳米结构的制备、结构特点及性能与应用；第七章简要介绍了几种主要的三维纳米复合材料；第八章介绍了纳米结构的人工组装和分子自组装技术，以及分子器件与分子机器的类型和工作原理；第九章介绍了纳米材料的测量技术和表征方法，第十章介绍了纳米材料的应用现状和发展前景。

本书由徐云龙、钱秀珍和赵崇军共同编写，由徐云龙进行统稿和审定。在编写过程中，国家超细粉末工程研究中心於定华教授对本书提出了许多有益的建议；华东理工大学材料科学与工程学院的陶丽丽、王莞和肖宏等同学在书稿的资料收集、文字加工、绘图等方面做了大量的工作。此外，本书的编写得到了上海市纳米科技与产业发展促进中心的大力支持，华东理工大学教务处和出版社等部门的指导，谨此一并致谢。

由于纳米材料是一门新的学科，且涉及知识面广，限于作者水平，疏漏和错误之处在所难免，恳请同行专家、学者批评指正。

编　者

2008 年 7 月

目　　录

第一章　绪　论

本章要求

1. 理解纳米科技是介于宏观领域与微观领域之间的一个新领域，熟悉介观领域的研究范围与研究范畴。

2. 了解纳米科技的起源、分类以及与其他学科的联系，全面理解纳米科技的基本内涵。

3. 深刻领会纳米科技对未来科技与社会经济发展的重大作用和深远影响。

4. 认真体会纳米材料学是怎样的一门学科，了解它与物理、化学等学科的联系。

5. 了解纳米材料在人类社会和科学技术发展过程中的历史背景。

6. 了解纳米材料的发展经历了哪些历史阶段，已取得了哪些重要成就。

7. 掌握纳米材料的研究对象和研究内容，熟悉纳米材料的主要分类。

8. 理解纳米结构、纳米图案材料和纳米组装体系的基本概念。

9. 了解纳米结构组装体系的研究意义。

10. 理解纳米安全性和纳米标准化的重要性。

人类对客观世界的认识已远远超出直接用肉眼观察的范围，并逐渐发展为两个层次：一是以人的肉眼可见的物体为最小物体开始为下限，上至无限大的宇宙天体的宏观领域(Macroscopical Domain)；二是以分子、原子为最大起点，下限是无限的微观领域(Microcosmic Domain)。然而，在宏观领域和微观领域之间，还存在着一块近年来才引起人们极大兴趣和有待开拓的"处女地"，即所谓的介观领域。在这个不同于宏观和微观的"介观领域"，由于物质小到 1 至 100 纳米时，其量子效应、物质的局域性、巨大的表面及界面效应，使物质的很多性能发生质变，呈现出许多既不同于宏观物体，也不同于单个孤立原子的奇异现象，从而开辟了人类认识世界的新层次。这标志着人类的科学技术进入了一个新时代，即纳米科技时代。

第一节　纳米科技的基本内涵

一、纳米科技的起源

最早提出纳米尺度上科学和技术问题的是著名物理学家、诺贝尔奖获得者理查德·费曼(Richard Feynman)。1959 年他在一次著名的演讲中预言：如果人类能够在原子/分子的尺度上来加工材料、制备装置，将有许多激动人心的新发现。此外他还指出，人们需要新型的微型化仪器来操纵纳米结构并测定其性质。那时，化学将变成根据人们意志逐个地准确放置原子的问题。

20 世纪 80 年代初，扫描隧道显微镜(Scanning Tunneling Microscopy，STM)、原子力显微镜(Atomic Force Microscopy，AFM)等微观测量表征和操纵技术的发明对纳米科技的发展起到了积极的推动作用。

1990 年 7 月，第一届国际科学技术会议与第五届国际扫描隧道显微学会议同时在美国巴尔的摩举办，《纳米技术》与《纳米生物学》这两种国际性专业期刊也相继问世。从此，一门崭新的科学技术——纳米科技得到了科技界的广泛关注。

美国 IBM 公司首席科学家阿姆斯壮(John Armstrong)预测："正像 20 世纪 70 年代微电子技术产生了信息革命一样，纳米科学技术将成为下一世纪信息时代的核心。"我国著名科学家钱学森也预言："纳米和纳米以下的结构是下一阶段科技发展的一个重点，会是一次技术革命，从而将是 21 世纪又一次产业革命。"无疑，纳米新科技将成为 21 世纪科学的前沿和主导科学。

二、纳米科技的研究内容

纳米(nm)是一个长度单位，1 nm 等于十亿分之一(10^{-9})米，1 nm 大体上相当于 10 个氢原子紧密地排列在一起所具有的长度。从具体的物质来说，人们往往用细如发丝来形容纤细的东西，其实人的头发一般直径为 20～50 μm。单个细菌用肉眼看不出来，用显微镜测出直径约为 5 μm。

纳米科技是指在纳米尺度(一般为 1～100 nm，但对于很小的原子和很大的分子的物质往往会突破这个下限和上限)上研究物质的特性和相互作用，同时利用这些特性在这一尺度范围内对原子、分子进行操纵和加工的多学科交叉的科学和技术。纳米科技的研究内容主要包括以下四个方面：

(1) 创造和制备优异性能的纳米材料；

(2) 设计和制备各种纳米器件和装置；

(3) 探测与分析纳米区域的性质和现象；

(4) 以原子、分子为起点，去设计制造具有特殊功能的产品。

纳米科技与以往的科技领域不同，它涉及物理学、化学、材料学、生物学和电子学等几乎所有的科学技术领域，并引发和派生了纳米物理学、纳米化学、纳米材料学、纳米生物学和纳米医学等新的前沿科学，以及纳米材料、纳米器件、纳米测量与纳米加工等密切相关而又自成体系的纳米技术领域。纳米科技所涉及的研究领域如图 1－1 所示。

- 纳米科技
  - 纳米科学
    - 纳米物理学(纳米电子学、纳米光电子学、纳米磁学)
    - 纳米化学
    - 纳米材料学
    - 纳米生物学
    - 纳米医学
  - 纳米技术
    - 纳米器件
      - 纳米电子器件
      - 纳米传感器
      - 纳米芯片
      - 纳米机械
    - 纳米测量
      - 纳米探针
      - 纳米扫描
    - 纳米材料
      - 零维纳米材料
      - 一维纳米材料
      - 二维纳米材料
      - 三维纳米材料
    - 纳米加工
      - 纳米操纵
      - 纳米光刻
      - 纳米压痕

图 1－1　纳米科技的研究与应用领域

纳米物理学(Nanoephysics)

纳米物理学是深入提示物质在纳米空间的物理过程和物质表征的新型科学。它以纳米固体为研究对象,对其结构的奇异性、光学性质、特殊的导电机理等重要物理问题进行研究以开发物质的潜在信息和结构潜力,并将对电子技术产生重大影响。目前纳米物理学已派生出纳米电子学(Nanoelectronics)、纳米光学(Nanooptics)、纳米电磁学(Nanoelectromagnetics)和纳米光电子学(Nanooptelectronics)等分支学科。其中纳米电子学和纳米光电子学是纳米物理学最重要的组成部分。

纳米电子学是微电子技术向纵深发展的直接结晃,它的研究内容主要包括:纳米结构的光性质与电性质、纳米电子材料的表征、原子操纵和原子组装以及利用电子的量子效应原理制作量子器件(纳米器件)。纳米电子学的核心任务是解决微电子学及微电子器件进入深亚微米、纳米领域后遇到的各种技术问题、材料问题以及理论问题,并致力于发展基于全新物理原理的新一代纳米器件。

纳米光电子学是在纳米半导体材料的基础上发展起来的,是纳米电子学发展的方向。纳米光电子学是研究纳米结构中电子与光子的相互作用及其器件的一门高技术学科。光电子技术与纳米电子技术相结合而产生了纳米光电子技术。半导体硅不能发光,但采用纳米技术后,它能发出耀眼的蓝光,这也就开拓出了一门崭新的学科——纳米光电子学。在纳米科技时代,纳米电子学和纳米光电子学是纳米科技发展的重点。人们正注视着纳米电子学和纳米光电子学领域的新进展。

纳米化学(Nanochemistry)

纳米化学是研究与纳米体系相关的化学问题的一门新的分支学科,其研究对象主要包括合成纳米体系的化学方法以及纳米体系由于量子效应而产生的化学特性。过去化学家主要是通过改变物质的化学组成和化学结构来使其具有人们所需要的特性,现在的研究兴趣则开始转向由几十个、几百个、几千个原子或分子组成的聚集体的化学行为,关注它们与具有同样组成的块体材料的化学行为的差异。

纳米材料学(Nanomaterials)

纳米材料学是研究纳米材料的设计、制备、性能和应用的一门纳米应用科学。在纳米尺度下,物质中电子的波动性以及原子的相互作用将受到尺寸大小的影响。如纳米尺度的结构材料,能在不改变物质化学成分的情况下,通过调节其纳米尺寸的大小来控制材料的基本性质,如熔点、磁性、电容甚至颜色等。

纳米生物学(Nanobiology)

纳米生物学是在纳米尺度上应用生物学原理研究细胞内部各种细胞的结构和功能,研究细胞内部、细胞内外之间以及整个生物体的物质、能量和信息交换的一门新学科,主要内容包括在纳米尺度上研究生物大分子的精细结构及其与功能的联系;在纳米尺度上研究DNA遗传信息,并获取生命信息,利用STM获得细胞膜和细胞器表面的结构信息;用纳米传感器获得各种系列化反应的化学信息和电化学信息;仿生学和纳米生物机器人的研究等。

生物芯片是20世纪90年代发展起来的集现代生物技术、信息技术、微电子技术和微机电技术为一体的高新技术。它主要是指通过微加工和微电子技术在固体芯片表面构建微型生物化学分析系统,以实现对生命机体的生物组分进行准确、快速、大信息量的检测。目前常见的生物芯片分为三大类:基因芯片、蛋白芯片和芯片实验室等。生物芯片的主要特点是高通量、微型化和自动化，检测效率是传统检测手段的成百上千倍。将其直接应用于临床诊断、药物开发和人类遗传诊断，植入人体后使人们随时随地都可享受医疗，而且可在动态检测中发现疾病的先兆信息，使早期诊断和预防成为可能。

纳米医学(Nanomedicine)

所谓纳米医学，是人们从分子水平上研究和认识生命的现象和过程，创造并利用纳米装置和纳米器件来防病治病，改善包括人类的整个生命系统的一门新兴学科。纳米医学的最终目标是在分子水平上进行生命疾病的诊断、治疗以及防治。

纳米医学包括纳米药物(Nanodrug)、药物输运(Drug transfer)、生物芯片(Biochip)和纳米生物传感器(Nano-biosenser)等，其中纳米药物和生物芯片在纳米医学中占有重要的地位。

纳米加工(Nanometric Machining, NM)

纳米加工是指达到纳米级精度、尺度和效率的加工方法或工艺技术。它是为了适应微电子及纳米电子技术、微机械电子系统的发展而迅速发展起来的一门加工技术。纳米级加工是将待加工器件表面的一个个原子或分子作为直接的加工对象，因而，纳米级加工的物理实质就是要切断原子或分子间的结合，实现原子或分子的去除或增添。但各种物质是以共价键、金属键、离子键等形式结合而成的，要切断原子间的结合需要提供很大的能量密度。纳米加工主要包括原子和分子操纵技术、纳米光刻和纳米压痕等技术。

纳米器件(Nano-devices)

纳米器件是指器件的特征尺寸在纳米范围(1～100 nm)内的器件，包括纳米电子器件、纳米光电器件、分子器件和分子机器。纳米器件的工作原理和特性与传统意义上的微电子器件有根本性的不同：微电子器件中的电子输运适合于玻耳兹曼方程，而纳米电子器件中电子的运动遵循量子力学原理；微电子器件中电子更多地表现出粒子性，而纳米电子器件中电子更多地表现出波动性，其中量子效应起重要作用。

第二节　纳米科技的研究意义

纳米科技使人类认识和改造物质世界的手段和能力延伸到了原子和分子水平，它的最终目标是利用物质在纳米尺度上表现出来的特性，直接以原子、分子构筑和制造具有特定功能的产品，实现生产方式的飞跃。因而，纳米科技将对人类产生深远的影响。

美国《商业周刊》将纳米科技列为21世纪可能取得重要突破的三个领域之一(其他两个为生命科学和生物技术，从外星球获得能源)。从1999年开始，美国政府决定把纳米科技研究列入21世纪前十年十一个关键领域之一；日本政府宣布，将纳米技术列为新五年科技基本计划的研发重点，并实行“官产学”联合攻关，加速这一高新技术的开发；德国政府宣布将纳米科技列为21世纪科研创新的战略领域，英国贸工部公布《国家科学与创新白皮书》，宣布增加2.5亿英镑预算，以加强包括纳米科技在内的四大领域的研究。联合国的19家著名研究机构，建立专门的纳米技术研究网。

纳米科技的陡然升温不仅仅是研究对象的尺寸变小的问题，实质上是由纳米科技在推动人类社会产生巨大变革方面所具有的重要意义决定的。

一、引发生产方式的变革

从石器时代开始，人类传统的生产方式是“从大到小”或者“由上到下”的加工技术。人类从磨尖箭头到光刻芯片的所有技术，都是通过削去“多余”的物质(数以亿计的原子)，以便把物质做成有用的形态。而纳米技术的实现方式是从微观到宏观，即“从小到大”或者“自下而上”。人类可以在原子水平上直接生产出自己所需要的任何东西，如分子大小的“万能制造机”、“原子装配机”，并能够运用任何材料去合成一切生存和享用的必需品。人类可以用小的机器制造更微小的机器，最后将变成根据人类意愿，逐个地排列原子，制造产品及在原子层面上操纵物质。

纳米技术能使常规材料呈现出非常规物理特性，具有巨大的市场价值和开发价值，一些发达国家都投入了大量的资金进行研究工作。目前纳米技术也已经渗透到了某些传统产业中，如染料、涂料、食品等。通过纳米技术可使涂料的耐洗刷性由原来的一千多次提高到一万多次，延长老化时间。造价更低、功能更强的微型传感器将广泛应用在社会生活的各个方面。比如，将微型传感器装在包装箱内，可通过全球定位系统，对贵重物品的运输过程实施全程跟踪监督；将微型传感器装在汽车轮胎中，可制造出智能轮胎，这种轮胎会告诉司机轮胎何时需要充气或更换。这种对传统产业进行纳米改性的技术，企业应用的投入不大，而且市场前景广阔。鉴于纳米科技对未来工业的革命性影响和对传统产业技术改造的广泛性，发达国家的企业为开拓巨大的潜在市场，正在加强技术储备，努力占领战略制高点。

目前，硅 MOS 集成电路的极限线宽一般认为是 0.03 μm(30 nm)。根据美国半导体工业协会预计，到 2010 年之前，微电子器件的线宽将达到这一物理极限。半导体器件的尺寸将达到 0.1 μm(100 nm)，这正好是纳米结构器件的最大长度。这不仅是加工精度、研发投资巨大以及量子尺寸效应对现有器件特性影响所带来的物理和技术限制问题，更重要的是将受到硅及作为绝缘层的二氧化硅自身性质的限制。小于这一尺寸，所有的芯片需要按照新的原理来设计。为了突破信息产业发展的瓶颈，我们必须研究纳米尺度中的理论问题和技术问题，建立适应纳米尺度的新的集成方法和新的技术标准。而在这一尺度上制造出的新型计算机的运算和存储能力将比目前微米技术下的计算机的速度和效率提高数百万倍，使存储容量达到数万亿比特，并且使能耗降低到现在的几十万分之一；通信带宽可能会增大好几百倍；可折叠的显示器将比目前的显示器明亮 10 倍，这将是对信息产业和其他相关产业的一场深刻的革命。

生命科技在纳米科技的影响下同样也面临着巨大变革。在纳米层次，生物系统具有完整、精密的结构和自我修复功能的组织，这可能使科学家将人造组件和装配系统放入细胞中，以制造出结构经过组装后的新材料和新器件。更多的与生物机体兼容的材料有可能使人类模拟自然的自行装配。因此，纳米科技是未来信息科技与生命科技进一步发展的共同基础，必将对我们的未来工作和生活产生深远的影响。

二、引发人类认知的革命

人类在感受纳米科技所展现的奇异的物质结构、特性与功能的同时，也正潜移默化地更新观念，调整着习以为常的认知方式。这主要表现在以下三个方面。

(1) 纳米科技标志着人类认识自然达到了一个新层次，其纳米尺寸效应使人们认识自然的水平又深化了一步。

(2) 纳米科技体现了由量变到结构改变再到质变的新的飞跃。它通过控制、设计单个原子或分子间的配置，从而改变其内部原子或分子的空间位置，压缩分子或原子间的距离，使其重新合成出新材料，并保持在 100 nm 以下的尺寸从事加工，从而使新合成的物质往往产生既不同于微观原子、分子，也不同于宏观物质的超常规特性，这就是质的飞跃，新生事物由此而诞生。

(3) 纳米科技正在改变哲学上的观念和界限。传统观念认为，生物和非生物之间的根本差别在于，是否具有新陈代谢和繁殖能力。但是，纳米机器人进入人体，对人体的基因、细胞、组织进行检测和修护或长期“驻扎”于血液或脏腑内以抵御疾病的入侵，从而成为生物体的一部分参与生命过程。因而，纳米科技给了人机结合的机会，特别是人工智能物移植入人脑的时候，传统的关于人的定义就不十分确切了。另一方面，以生物大分子的“活性”功能为基础的纳米器件，被组装到电机系统中，这时的机械便不再只是非生物体的堆砌，而是复制生命意义的“活体”。因此，纳米科技自身的特点和发展状况要求我们从一种彻底不同的方式考虑其伦理问题，而且这种更新颖的伦理方法或观点应该更注重未来纳米科技的发展。

今天当我们站在新世纪的起点上，回顾微米技术带给我们的巨大影响，我们可以确信，纳米技术也将以空前的影响力和渗透力，改变科学方法和技术发展的轨迹，改变人类的生产方式、生活方式和伦理观念。

第三节　纳米材料的研究历史

一、纳米材料的研究历程

自然界中早就存在纳米微粒(Nano-particles，NP)和纳米固体(Nano-solid)。例如天体的陨石碎片、人和兽类的牙齿都是由纳米微粒构成的。

早在一千多年前，古人利用燃烧蜡烛收集来的炭黑作为墨的原料并用于着色的染料，这就是最早的纳米材料。我国古代铜镜表面的防锈层，经检验证实为纳米氧化锡颗粒构成的一层薄膜，但当时人们并不知道这些是由人的肉眼根本看不到的纳米尺度小颗粒构成的。

19 世纪 60 年代随着胶体化学(Colloid Chemistry)的建立，科学家们就开始了对于直径为 1～100 nm 的粒子系统即所谓胶体(Colloid)的研究，但是当时的化学家们并没有意识到这样一个尺寸范围是人们认识世界的一个新的层次，而只是从化学的角度作为宏观体系的中间环节进行研究。

1962 年，久保(Kubo)及其合作者针对金属超微粒子的研究，提出了著名的久保理论，也就是超微颗粒的量子限制理论或量子限域理论，从而推动了实验物理学家向纳米尺度的微粒进行探索。

20 世纪 70 年代末到 80 年代初，科学家对一些纳米颗粒的结构、形态和特性进行了比较系统的研究。描述金属颗粒费密面附近电子能级状态的久保理论日臻完善，在用量子尺寸效应解释超微颗粒的某些特性时获得成功。

1985 年，Kroto 等采用激光加热石墨蒸发并在甲苯中形成 C_{60} 和 C_{70} 的团簇(Cluster)。这种结构与常规的碳的同素异形体金刚石结构和石墨层状结构完全不同，而且物理性质也很奇特。纯 C_{60} 固体是绝缘体，用碱金属掺杂之后就成为具有金属性的导体，适当的掺杂成分可以使 C_{60} 固体成为超导体。此外，C_{60} 固体还在低温下呈现铁磁性。C_{60} 研究的热潮立即应运而来。

1990 年 7 月在美国巴尔的摩召开了国际第一届纳米科学技术学术会议，此次会议正式把纳米材料学作为材料科学的一个新的分支公布于世，这标志着纳米材料学作为一个相对比较独立的学科的诞生。从此以后，纳米材料引起了世界各国材料界和物理界的极大兴趣和广泛重视，很快形成了世界性的"纳米热"。

1994 年在美国波士顿召开的 MRS 秋季会议上正式提出纳米材料工程。它是纳米材料研究的新领域，是在纳米材料研究的基础上通过纳米合成、纳米添加发展新型的纳米材料，并通过纳米添加对传统材料进行改性，扩大纳米材料的应用范围，开始形成了基础研究和应用研究并行发展的新局面。

二、纳米材料的发展阶段

纳米材料随着研究内涵的不断扩大，这方面的理论和实验研究都日益活跃，纵观纳米材料发展的历史，大致可以划分为三个阶段。

第一阶段(1990 年以前)主要是在实验室探索用不同手段制备各种材料的纳米颗粒粉体，合成块体(包括薄膜)，研究评估表征的方法，探索纳米材料不同于常规材料的特殊性能。对纳米颗粒和纳米块体材料结构的研究在 20 世纪 80 年代末期一度形成热潮。研究的对象一般局限在单一材料和单相材料，国际上通常把这类纳米材料称纳米晶(Nanocrystalline)或纳米相(Nanophase)材料。

第二阶段(1990—1994 年前)人们关注的热点是如何利用纳米材料已挖掘出来的奇特物理、化学和力学性能，设计纳米复合材料(Nanocomposite Materials，Nanocomposites)。通常采用纳米微粒与纳米微粒复合(0－0 复合)，纳米微粒与常规块体复合(0－3 复合)及发展复合纳米薄膜(0－2 复合)，国际上通常把这类纳米材料称为纳米复合材料。这一阶段纳米复合材料的合成及物性的探索一度成为纳米材料研究的主导方向。

第三阶段(1994 年到现在)纳米组装体系(Nanostructured Assembling System)、人工组装合成的纳米结构的材料体系或者称为纳米尺度的图案材料(Patterning Materials on the Nanometer Scale)越来越受到人们的关注。纳米组装体系的基本内涵是以纳米颗粒以及纳米丝、纳米管为基本单元在一维、二维和三维空间组装排列成具有纳米结构的体系，其中包括纳米阵列体系、介孔组装体系、薄膜嵌镶体系，纳米颗粒、纳米丝、纳米管可以是有序的排列。

如果说第一阶段和第二阶段的研究在某种程度上带有一定的随机性，那么第三阶段研究的特点要强调按人们的意愿设计、组装、创造新的体系，更有目的地使该体系具有人们所希望的特性。费曼曾预言"如果有一天人们能按照自己的意愿排列原子和分子，那将创造什么样的奇迹。"就像目前用 STM 操纵原子一样，人工地把纳米微粒整齐排列就是实现费曼预言，创造新奇迹的起点。美国加利福尼亚大学洛伦兹伯克利国家实验室的科学家在"Nature"杂志上发表论文，指出纳米尺度的图案材料是现代材料化学和物理学的重要前沿课题。可见，纳米结构的组装体系很可能成为纳米材料研究的前沿主导方向。

第四节　纳米材料的研究范畴

一、纳米材料的研究对象

广义地讲，纳米材料是指在三维空间中至少有一维处于纳米尺度范围(1～100 nm)或由它们作为基本单元构成的宏观材料。纳米材料是纳米科技的主要基础，它和纳米电子学、纳米生物学、纳米检测与表征等组成纳米科技最基本的内容，显示出丰富的层次与学科交叉特征。

纳米材料可从维数、组成相数、导电性能等不同角度进行分类，在纳米科学研究中通常按维数分类。纳米材料的基本单元按维数划分可以分为三类：① 零维，指在空间中三维尺度均在纳米尺度，如纳米尺度颗粒、原子团簇等；② 一维，指在空间中有二维处于纳米尺度，如纳米丝(Nanosilk)、纳米棒(Nanorods)、纳米管(Nanotubes)等；③ 二维，指在空间中有一维在纳米尺度，如超薄膜(Ultrathin Membrane)、多层膜(Multilayer Membrane)、超晶格(Superlattices)等。因为这些基本单元往往具有量子性质，所以对零维、一维和二维的基本单元分别又有量子点(Quantum Dots)、量子线(Quantum Wires)和量子阱(Quantum Well)之称。从几何角度来分，纳米材料的研究对象还包括：横向结构尺寸小于 100 nm 的物体，纳米微粒与常规材料的复合体，粗糙度小于 100 nm 的表面，纳米微粒与多孔介质的组装体系等由零维、一维、二维中一种或多种纳米材料组成的三维材料。图 1－2 为纳米材料的分类图。

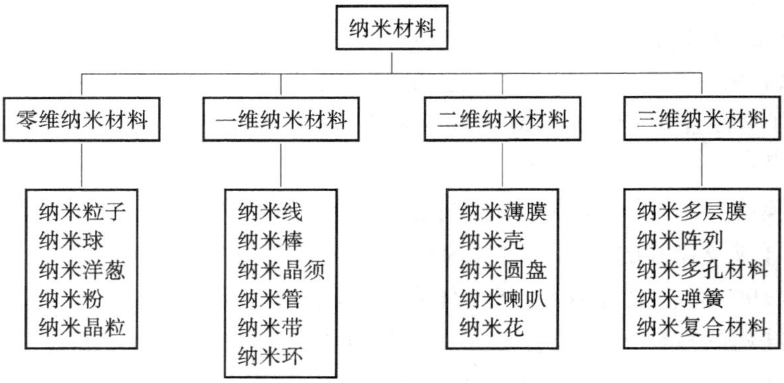

图 1－2　纳米材料的分类

二、纳米材料的研究内容

纳米材料的主要研究内容，包括纳米材料制备中的科学技术问题，纳米材料结构表征与评估方法，纳米材料物理化学性质的测试方法，特别是纳米微区分析技术，纳米材料物理化学性质的特殊变化规律和产生机理，纳米材料的应用与使用过程中的老化失效问题等。

1. 纳米材料制备

目前，实验室制备纳米材料方法的研究已较为成熟，但工业制备纳米材料的方法与工程化技术的研究严重滞后。纳米材料的制备方法至今尚无确切的科学分类标准，但主要有以下三种分类方法。第一种是根据制备原料状态分为固体法、液体法及气体法；第二种按反应物状态分为干法和湿法;第三种为物理法、化学法和综合法。现今采用第三种分类方法较多,它又细分为:(1) 物理法包括蒸气冷凝法(Vapour Condensation)、爆炸法(Blasting)、电火花法、离子溅射法(Ion Splashing)、机械研磨法、低温等离子体法(Low Temperature Plasm)等;(2) 化学法包括水热法(Hydrothermal Method)、水解法(Hydrolysis Method)、熔融法(Melting Method)等;(3) 综合法包括等离子加强化学沉积法、激光诱导化学沉积法等。其中化学法由于成本低、易于连续生产,最适于纳米材料的大规模化制备。此外,纳米材料的制备方法很多,不同的方法适用于不同材料的制备,同一组成的材料采用不同的制备工艺可以获得不同形态和特性的纳米结构。上述各种纳米材料的制备方法及其具体应用将在本书第三章至第八章中分别介绍。

2. 纳米材料表征

纳米材料的表征方法很多,许多新表征方法相继出现,这对纳米材料科学发展起到了推进作用。

(1) 紫外-可见光谱(Ultraviolet Visible Spectrum, UV-Vis):UV-Vis 可观察能级结构的变化,通过吸收峰位置的变化可以考察能级的变化。

(2) 扫描隧道显微镜(Scanning Tunneling Spectroscopy, STM):STM 具有较高的分辨率,可直接观察纳米薄膜表面的近原子像,已用于观察纳米硅薄膜、纳米晶体表面。

(3) 透射电子显微镜(Transmission Electron Microscopy, TEM):高分辨 TEM 为直接观察纳米微晶结构,尤其是对界面原子结构提供了有效手段。它可观察微小颗粒固体外观。

(4) 光声光谱(Photo-acoustic Spectroscopy):光声光谱能提供带隙位移及能量变化信息,主要是通过吸收峰位移体现的。

(5) 拉曼(Raman)光谱:拉曼光谱揭示了材料中的空位、间隙原子、位错、晶界和相界等方面关系,提供相应信息,可用作纳米材料的分析。根据纳米固体材料的拉曼光谱进行计算,可望能够得到纳米表面原子的具体位置。

(6) 广延 X 射线吸收精细结构光谱(Extended X-ray Absorption Fine Structure, EXAFS):EXAFS 能提供 X 射线吸收边界之外所发射的精细光谱,该法已成为分析缺少长程有序体系的有效表征方法,它能获取有关配位原子种类、配位数、键长、原子间距等吸收 X 射线的关于原子化学环境方面的信息,但目前国内尚缺乏此类表征仪器。

(7) 傅里叶变换远红外光谱(Fourier Transform Infrared Spectroscopy, FTIR):FTIR 检验金属离子与非金属离子成键、金属离子的配位等化学环境情况及变化,而红外、远红外分析精细结构也很有效。

(8) 正电子湮没谱(Positron Annihilation Spectroscopy, PAS):正电子射入凝聚态物质中,在与周围达到热平衡后,就与电子、带等效负电荷的缺陷或空穴发生湮没,同时发射出 γ 射线,正电子湮没谱通过对这种湮没辐射的测量分析,可得到有关纳米材料电子结构或缺陷结构的有用信息。

(9) 高分辨 X 射线粉末衍射:能够获取有关单晶晶胞内相关物质的元素组成比、尺寸、离子间距与键长等纳米材料的精细结构方面的数据与信息。

(10) 穆斯堡尔(Mossbauer)谱学:物质的原子核与其核外环境(指核外电子、邻近原子以及晶体等)之间存在细微的相互作用,从而出现超精细相互作用。Mossbauer 谱学是提供这种微观结构信息的有效手段,它对铁磷材料超精细相互作用的测定具有很高的分辨本领。

纳米材料除上述表征方法外，电子自旋共振(Electron Spin Resonance, ESR)、差示扫描量热(Differential Scanning Calorimeter, DSC)分析、碘吸附法、X射线显微技术、X射线显微探针分析、光电子能谱法(Electron Spectroscopy for Chemical Analysis,ESCA)、X射线光电子光谱法、电子自旋回声调制、幻角旋转固体核磁共振、热重分析(Thermal Gravitational Analysis,TG)、单晶X射线测量等可根据具体需要作适宜选取，并可同时采用多种方法互相补充，有关内容将在第九章中系统介绍。

3. 纳米材料的结构特征

将所有的纳米材料从结构上区分，可分为两类：第一类纳米材料结构全部由晶粒和晶界两种结构组成，所有的结构基元尺寸都为纳米量级。这类材料中界面的浓度很大，可达到全部体积的一半以上，这种高浓度界面结构使材料具有紧密的结构，因而材料性能变化巨大，这类材料的X射线衍射表现出因晶粒尺寸小而引起的衍射峰展宽，展宽度遵守谢乐公式 $D_{hkl} = k\lambda/\beta\cos\theta$；第二类纳米材料是低密度具有大量纳米尺寸空洞的无规则网络结构，此类材料全部结构由纳米晶粒和纳米空间有时还有纳米骨架结构和比纳米晶粒更小的亚稳原子团簇组成，这类材料的特点是具有巨大的无规则网络结构，其中分布着错综复杂的通道和孔洞结构，密度小，材料中表面结构浓度很大，可达20%～50%；同时也具有大量的界面结构，高浓度的表面结构原子极大地改变了材料的性能，纳米材料的界面结构和表面结构能够影响材料的性质。对材料的界面结构与表面结构进行适当改性，也能有效地改变材料的化学性质与性能。

关于纳米材料的结构特性研究探索较多，如纳米晶体的自由体积型缺陷和纳米空间、结构重排、点阵收缩及原子振动频率红移等，此外，超微粒子具有五次对称性多重孪晶(Twinborn Crystal)结构。自由体积型缺陷是一种浅的捕获势，但可占90%以上，随着晶粒粗化，纳米孔洞的尺寸和浓度将发生显著的变化，这种类型的缺陷将对纳米晶体材料的界面结构及性能产生极大的影响。STM扫描电流使纳米晶内存在的超团簇呈现趋向排列而结构有序，但原子力显微镜研究则未出现结构重排，这表明，在隧道电流作用下纳米固体的晶界可在远低于熔点温度的情况下作各向异性移动，而高分辨电镜(High Resolution Electron Microscopy, HREM)及STM对纳米材料的微观结构研究非常有效。纳米材料的界面结构决定并影响材料的性质，同时影响纳米固体结构的因素还有很多，在纳米非晶氮化硅高比例界面中硅悬键的形成与受主型及施主型局域态能级有关，而产生的紫外荧光发射峰分别对应于导带电子同受主型缺陷局域态空穴复合及施主型缺陷局域态电子及态空穴的复合。有关各种纳米材料的结构特征的表征将在第三章至第八章中介绍。

第五节　纳米化的机遇与挑战

纳米科技是20世纪末才逐步发展起来的新兴科技领域。在科学技术高速发展的今天，纳米材料是未来社会发展极为重要的物质基础，许多科技新领域的突破迫切需要纳米材料和纳米科技的支撑，传统产业的技术提升也急需纳米材料和技术的支持。纳米材料和技术对许多领域都已产生极大的冲击和影响。

但随着纳米科技研究的深入，特别是纳米材料日益广泛的应用，如何科学地研究和客观地评估纳米材料的安全性，如何构建纳米技术标准体系和快速有序地制定纳米材料标准，已成为科技界、企业界和各国政府共同关注和亟待解决的重大问题。

一、纳米化机遇

在充满生机的21世纪，信息、生物技术、能源、环境、先进制造技术和国防的高速发展必然对材料提出新的需求，元件的小型化、智能化、高集成、高密度存储和超快传输等对材料的尺寸要求越来越小；航空航天、新型军事装备及先进制造技术等对材料的性能要求越来越高。新材料的创新，以及在此基础上诱发的新技术是未来10年对社会发展、经济振兴、国力增强最有影响力的战略研究领域，纳米材料将是起重要作用的关键材料之一。纳米材料和纳米结构是当今新材料研究领域中最富有活力、对未来经济和社会发展有着十分重要影响的研究对象，也是纳米科技中最为活跃、最接近应用的重要组成部分。正像美国科学家估计的"这种人们肉眼看不见的极微小的物质很可能给各个领域带来一场革命"。在纳米科技的竞争中，我国起步并不算晚，这是我国赶上世界经济发展的又一不可多得的机遇。

二、纳米安全性

纳米安全性问题的研究最早可以追溯到1997年，英国牛津大学和蒙特利尔大学的科学家发现防晒霜中的二氧化钛/氧化锌纳米颗粒能引发皮肤细胞的自由基，破坏DNA。随后的几年里，纳米材料安全性的研究并没有引起广泛的关注。2002年3月，美国斯坦福大学Mark Wiesner博士发现功能纳米颗粒在实验动物的器官中聚集，并被细胞所吸收。特别是2003年3月，美国化学会举行的年会上报告了纳米颗粒对生物可能存在的作用，引起了世界的广泛关注，掀起了纳米材料安全性研究的热潮。在美国化学会的报告当中，纽约罗切斯特大学(Rochester University)医学和牙科学院的毒物学家Oberdorster发现，在含有直径为20 nm的"特氟龙"塑料(聚四氟乙烯)颗粒的空气中生活了15 min的大多数实验鼠会在随后4 h内死亡；而暴露在含直径120 nm颗粒(相当于细菌的大小)的空气中的对照组则安然无恙，并没有致病效应。

纳米颗粒对于人类的毒副作用也相继被发现和报道出来。"Nature"杂志报道了瑞斯大学(Rice University)的生物和环境纳米技术中心(CBEN)科学家Mason Tomson的工作，即巴基球(Buckyball)可以在土壤中毫无阻碍地穿越。该课题组的实验结果表明，这些纳米颗粒易于被蚯蚓吸收，由此会通过食物链到达人体；2004年美国科学家Günter Oberdörster博士发现碳纳米颗粒(35 nm)可经嗅觉神经直接进入脑部；Vyvyan Howard博士发现金纳米颗粒可通过胎盘屏障由母体进入到胎儿体内。2004年2月加州大学圣地亚哥分校的科学家发现硒化镉纳米颗粒(量子点)可在人体中分解，由此可能导致镉中毒；2004年3月Eva Oberdörster博士发现巴基球会导致幼鱼的脑部损伤以及基因功能的改变。因此，在广泛使用该项新技术之前，需要进一步对其风险和利益进行测试与评估。

2005年我国科学家赵宇亮等对几种纳米材料(纳米二氧化钛、单壁碳纳米管、多壁碳纳米管及超细铁粉)进行了系统的研究，目前已取得的部分生物效应及毒理学的研究结果，包括纳米材料在生物体内的分布、作用的靶器官、纳米材料引起的细胞毒性、细胞凋亡等。研究结果表明纳米颗粒的尺寸越小，显示出生物毒性的倾向越大。尽管碳纳米管是由石墨层卷成的圆筒，但是根据石墨的安全剂量来外推碳纳米管的安全剂量是不可行的，碳纳米管的生物毒性远大于石墨粉。表观相对分子质量高达60万的水溶性碳纳米管，在小鼠体内却显示出小分子的生理行为；一种正在研究的磁性纳米颗粒在动物体内显示出迅速团聚、堵塞血管等现象。Thomas Jefferson 大学 Kimmel 癌症中心和 Jefferson 医学院的科学家利用透明的斑马鱼晶胚证明，纳米颗粒（富勒烯衍生物）能帮助保护正常组织免受辐射损伤。美国 Rice 大学发现富勒烯表面羟基化后，其细胞毒性可降低至一百万分之一，这对探讨如何降低纳米毒性，寻找纳米安全性的解决方案提供了很好的思路。

2006 年瑞士专家首次将氧化锆、二氧化钛和二氧化铈等极难溶解的纳米微粒以及氧化锌、氧化铁和磷酸三钙盐等可适度溶解的纳米微粒与已知部分有毒和无毒物质进行比较，研究发现某些纳米微粒对人体和啮齿动物细胞的毒性惊人，表明某些纳米微粒具有一种特殊的毒性反应。东京大学、日本电气公司等机构证实，在使用量正常的情况下，不含金属等杂质的纯净碳纳米管对人体细胞基本无害。他们制成了不含杂质且直径统一为 100 nm 的“标准物质”，把碳纳米管放进人体细胞培养液中使它们溶解，观察其是否妨碍细胞分裂。结果显示，当 1 L 培养液混有 0.1 g 碳纳米管时，细胞分裂不受影响；当培养液中的碳纳米管含量达到 1 g/L 的极高浓度时，仍有 75%的细胞正常分裂。

纵观以上研究进展，由于存在一些方法学的问题，仍然不能证明人造纳米材料一定有害，特别是不能说明存在的问题是由纳米材料本身造成的。在以上这些研究中，首先，存在纯度的问题，目前进行实验的材料往往混有其他杂质，这些杂质所起到的作用，在当无法使用高纯材料进行科学实验之前，是无法排除的。其次，存在粒度均匀性问题，目前进行实验的材料，粒度分布很宽，从几个纳米到几百纳米的颗粒都存在，不同粒径的性质无法检验出来，目前的实验结果到底是小颗粒作用的结果，还是大颗粒作用的结果，有待于粒径均匀颗粒实验结果的出现。此外，目前所有的评估都没有一个标准的方法，不同方法之间的结果也不具备可比性。

2007 年 1 月 9 日，美国自然科学基金会支持国际纳米联合会与美国国家健康研究院(NIH)共同组织召开了纳米安全性会议，讨论并确定未来安全性的研究重点方向和重点领域。同时，美国、日本等政府相继组织力量，投入经费，在国家层面上启动了系统的纳米安全性研究计划，研究纳米材料与生命过程的相互作用以及对生命健康的影响。

纳米安全性也受到了我国政府、科研人员和企业界的关注和重视，我国在纳米安全领域的研究几乎与国际同步。我国可能发展成为纳米产品的生产大国，能否抢先制定、提出各种纳米材料的安全指标，率先获得国际认可，事关国家利益。要实现这一点，就必须率先获取充分的基础研究数据，迅速与国际接轨，培养和建立我国在纳米安全领域的专业队伍。

纳米安全性和生物效应与生物医学应用是交叉学科的代表，对相关科学问题和技术问题的深入研究，可以推动相关基础学科的交叉发展。也对建立具有自主知识产权的纳米安全预防体系、保护纳米科学和纳米产业、维护国家安全、促进纳米技术的发展具有重要的作用。

三、纳米标准化

美国“The Scientist”通过对 2004 年前 8 个月的 SCI 论文数据库的检索，给出了纳米技术高度关键领域研究论文最多的 20 个国家或地区的排名，中国以 3 621 篇论文高居排名榜榜首，其纳米技术高度关键领域的论文数比排在第二位的美国的论文数高出 14%。我国在纳米其他技术的基础研究方面，已经接近世界水平。但是如果我们不能在世界纳米标准制定上抢占一席之地，结果只能重演我国其他一些行业在世界产业化分工中“在下游喝汤”的被动局面。据估计，到 2010 年，全球纳米产业市场将达 15 000 亿美元规模，因此有人说“输掉了纳米，就输掉了未来”。

美国标准研究院早已展开对纳米标准的研究和制定工作，目前已取得较大进展；日本则由通产省、文部科学省牵头，由各行业协会具体负责，制定纳米科研和产业的各项标准；欧盟各国在纳米基础科学的研究上实力雄厚，制定标准也具有得天独厚的条件。美国国家标准化组织宣布成立纳米技术标准小组（ANSI-NSP），这是一个负责纳米技术领域标准开发的新联络组织，对所有兴趣团体开放。ANSI-NSP 已呼吁从事纳米技术研发或熟悉纳米技术的组织和个人考虑加入该组织及其筹划指导委员会。该组织于 2004 年 9 月 29 到 30 日在美国国家标准化组织召开首次工作会议，制定命名法则和术语。

目前一些纳米研究大国加紧通过制定纳米标准而抢占未来行业市场。为了避免其他国家的《纳米产品及技术标准》抢先问世，并上升为国际标准，届时中国纳米产业界将陷入被动挨打的局面，我国于 2001 年加入了这场激烈的争夺战，开始着手制定自己的第一个《纳米产品及技术标准》。这是一个关于纳米粉体材料及其相关检测技术的标准，该标准由中国科学院纳米科技中心和冶金工业信息标准研究院等单位主持制定，标准对鉴定纳米粉体材料的测量仪器、测量方法作出详细而统一的规定。由此入手，未来我国将制定出一揽子覆盖整个纳米科研和产业界的普遍标准。

为了在未来高技术产业化方面的国际竞争中占据有利地位，我国实施“人才、专利和技术标准”三大战略。在标准化方面，国务院科教领导小组批准了“十五”期间重大专项——重要技术标准研究，该专项由科技部、国家质检总局和国家标准化管理委员会组织实施，纳米产品及技术标准是其中重要一项。经过多年来的艰苦努力，投入了大量的人力、物力，国家标准化管理委员会于 2005 年 2 月 28 日正式发布七项纳米标准，并于 4 月 1 日正式生效实施。这七项标准包括《气体吸附 BET 法测定固态物质比表面积》、《纳米镍粉》、《纳米氧化锌》等一项术语标准、两项检测方法标准和四项产品标准。这首批七项纳米技术标准的批准实施，使我国抢在世界之先发布纳米技术和产品标准成为事实，奠定了我国在纳米技术和标准方面领跑的地位，避免了“在别人划定的圈子中跳舞”的尴尬，同时使中国的技术和产品标准有可能成为世界标准，具有重大的理论和现实意义，是我国纳米技术发展过程中一个重要的里程碑，也是我国技术标准的一个新的起点。

（徐云龙）

复习思考题

1. 纳米科技与物理学、化学学科有何联系与区别？
2. 纳米科技与信息技术和生物科技有何联系与区别？
3. 何谓纳米物理？何谓纳米化学？纳米科技与物理学和化学有何联系？
4. 纳米材料与其他常规材料有何联系与区别？两者的研究对象有何不同？
5. 纳米材料为何常常按维数划分？为何零维、一维和二维纳米结构单元分别又有量子点、量子线和量子阱之称？
6. 纳米材料为何又称为纳米结构材料？
7. 何谓纳米结构自组装体系？非生命体自组装与生命体自组装有何不同？

8. 何为纳米仿生学？它有何研究意义？
9. 纳米材料将在哪些领域首先取得实质性突破？
10. 纳米科技的未来发展将面临哪些挑战？为什么？
11. 你对于纳米安全性问题有何认识？为什么？

参考文献

[1] 黄德欢. 纳米技术与应用. 上海：中国纺织大学出版社,2001.
[2] 张立德,牟季美. 纳米材料和纳米结构. 北京：科学出版社,2001.
[3] 曹茂盛. 纳米材料导论. 哈尔滨：哈尔滨工业大学出版社,2001.
[4] 顾宁,付德刚,张海黔,等. 纳米技术及应用. 北京：人民邮电出版社,2002.
[5] 徐国财,张立德. 纳米复合材料. 北京：化学工业出版社,2002.
[6] 瞿庆洲,裘式纶,肖丰收,等. 纳米材料研究进展Ⅰ——纳米材料结构与化学性质. 化学研究与应用,1998,10(3)：226－235.
[7] 裘式纶,瞿庆洲,肖丰收,等. 纳米材料研究进展Ⅱ——纳米材料的制备、表征与应用. 化学研究与应用,1998,10(4)：331－341.
[8] 任红轩. 人造纳米材料安全性研究进展及存在问题. 自然杂志,2007,29(5)：270－272.
[9] 程开富. 崛起的纳米科学. 微纳电子技术,2005,42(3)：107－110.
[10] 薛宽宏,包建春. 纳米化学. 北京：化学工业出版社,2006.

第二章 纳米材料的基本效应

本章要求

1. 理解有关德布罗意波长、超导态的相干长度和超顺磁性等物理学概念。
2. 掌握纳米材料的八个基本效应，了解不同纳米效应的适用对象。
3. 理解纳米材料的特性与其纳米尺度之间的对应关系，并领会其作用本质。
4. 学会运用纳米效应的基本原理分析和解释纳米材料的新奇现象与特殊性质。
5. 理解纳米隐身材料的隐身原理及其应用。

在纳米尺度下，物质中电子的波动性以及原子之间的相互作用将受到尺度大小的影响，物质会因此而出现完全不同的性质。即使不改变材料的成分，纳米材料的熔点、磁学性能、电学性能、光学性能、力学性能和化学活性等都将与传统材料大不相同，呈现出用传统模式和理论无法解释的独特性能和奇异现象。随着纳米科技研究的广泛和深入，科学界对纳米材料的这些独特性能和奇异现象从理论上进行了系统分析，发现了纳米材料的小尺寸效应、表面效应、量子尺寸效应、宏观量子隧道效应等基本效应，从而为人们学习和研究纳米科技和纳米材料提供了理论基础。

第一节 小尺寸效应

当超细微粒的尺寸与光波波长、德布罗意波长(De Broglie Wavelength)以及超导态的相干长度或透射深度等物理特征尺寸相当或更小时，晶体周期性的边界条件将被破坏；非晶态纳米微粒的表面层附近原子密度减小，声、光、电磁、热力学等物性均会发生变化，这就是所谓的纳米粒子的小尺寸效应，又称体积效应。纳米粒子体积小，所包含的原子数很少，相应的质量极小，因此许多现象不能用通常有无限个原子的块状物质的性质加以说明。

一、特殊的热力学性质

固态物质在其形态为大尺寸时，其熔点是固定的，超细微化后发现其熔点将显著降低。例如，如图 2－1 所示为金的熔点与金纳米粒子的尺度关系图。金的常规熔点为 1 064℃，当颗粒尺寸减小到 2 nm 时，熔点仅为 500℃左右。又如，以银的熔点和银粒子的尺度作图，则当粒子尺度在 150 nm 以上时，熔点不变，为 960.3℃，即通常的熔点；以后银粒子的熔点随尺度变小而下降，当粒子尺度下降到 5 nm 时，熔点为 100℃。超微颗粒熔点下降的性质对粉末冶金工业具有一定的吸引力。在钨颗粒中附加 0.1%～0.5%(质量分数)的超微镍颗粒后，可使烧结温度从 3 000℃降低到 1 200～1 300℃。在纳米尺度，热运动的涨落和布朗运动将起重要的作用。因此许多热力学性质，包括相变和“集体现象”(Collective phenomena)，如铁磁性(Ferromagnetism)、铁电性(Ferroelectricity)、超导性(Superconductivity)和熔点等都与粒子尺度有重要的关系。

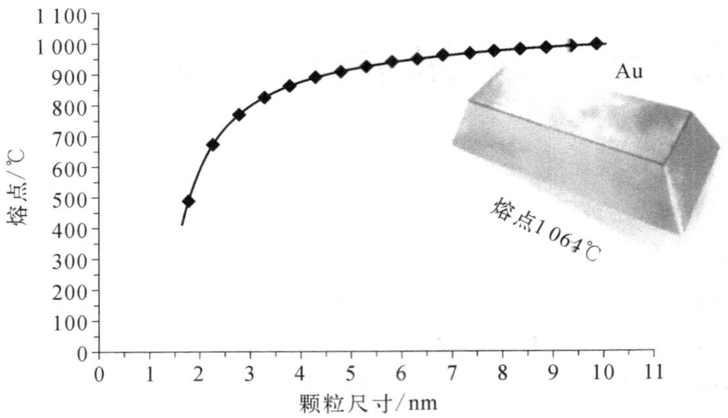

图 2-1　金的熔点与金纳米粒子的尺度关系图

二、特殊的磁学性质

小尺寸的超微颗粒磁性与大块材料显著不同。例如,大块的纯铁矫顽力约为 80 A/m,而当颗粒尺寸减小到 20 nm 以下时,其矫顽力可增加 1 000 倍.若进一步减小其尺寸,当颗粒尺寸小于 6 nm 时,其矫顽力反而降低到零,呈现出超顺磁性(Superparamagnetism)。一个典型利用磁性纳米微粒导航,进行几万公里长途跋涉的案例是大海龟。我们知道海龟是世界上珍贵的稀有动物,美国科学家对东海岸佛罗里达的海龟进行了长期研究,发现了一个十分有趣的现象:海龟通常在佛罗里达的海边上产卵,幼小的海龟为了寻找食物通常要到大西洋的另一侧靠近英国的小岛附近的海域生活,从佛罗里达到这个岛屿的海面再回到佛罗里达来回的路线不一样,相当于绕大西洋一圈,需要 5～6 年的时间。这样准确无误地航行靠什么导航?美国科学家发现海龟的头部有磁性的纳米微粒,它们就是凭借这种纳米微粒准确无误地完成几万公里的迁移。

三、特殊的力学性质

陶瓷材料在通常情况下呈脆性,然而由纳米超微颗粒压制成的纳米陶瓷材料却具有良好的韧性。因为纳米材料具有大的界面,界面的原子排列是相当混乱的,在由于外部作用力而产生内部应力的情况下,边界原子很容易发生迁移而消耗掉内应力,从而表现出极强的韧性与一定的延展性,使陶瓷材料具有新奇的力学性质。美国学者报道氟化钙纳米材料在室温下可以大幅度弯曲而不断裂。研究表明,人的牙齿之所以具有很高的强度,是因为它是由磷酸钙等纳米材料构成的。此外,纳米晶粒的金属要比传统的粗晶粒金属硬 3～5 倍。

第二节　表 面 效 应

表面效应又称界面效应,它是指纳米粒子的表面原子数与总原子数之比随粒径减小而急剧增大后所引起的性质上的变化。纳米粒子尺寸小,表面能高.位于表面的原子占相当大的比例。随着粒径的减小,表面原子百分数迅速增加。

如图 2－2 所示为纳米粒子表面原子数与尺寸的关系。当纳米粒子的粒径为 10 nm 时，表面原子数为完整晶粒原子总数的 20%；而粒径降到 1 nm 时，表面原子数比例达到 90%以上，原子几乎全部集中到纳米粒子的表面。

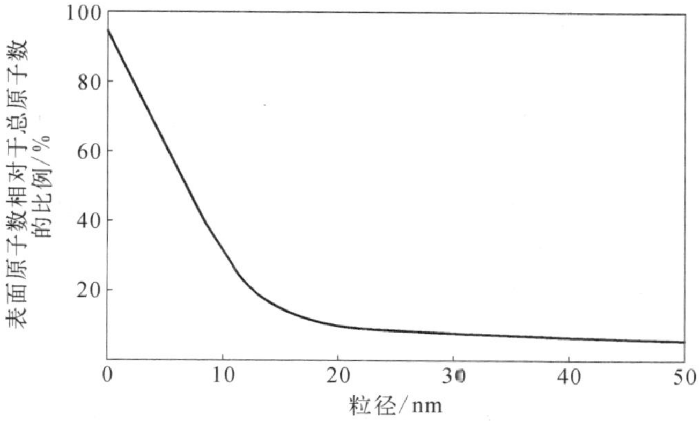

图 2－2 纳米粒子的表面原子数与粒径的关系

这样高的比表面，使处于表面的原子数越来越多，同时表面能迅速增加。纳米微粒的表面原子所处环境与内部原子不同，它周围缺少相邻的原子，存在许多悬空键，具有不饱和性，易与其他原子相结合而稳定。因此，纳米晶粒尺寸减小的结果导致了其表面积、表面能及表面结合能都迅速增大，进而使纳米晶粒表现出很高的化学活性；并且表面原子的活性也会引起表面电子自旋构象电子能谱的变化，从而使纳米粒子具有低密度、低流动速率、高吸气体、高混合性等特点。例如，金属纳米粒子暴露在空气中会燃烧，无机纳米粒子暴露在空气中会吸附气体，并与气体进行反应。

第三节 量子尺寸效应

金属费密能级（Fermi Level）附近电子能级在高温或宏观尺寸情况下一般是连续的，但当粒子尺寸下降到某一纳米值时，金属费密能级附近的电子能级由准连续变为离散能级的现象，以及纳米半导体微粒存在不连续的最高被占据分子轨道和最低未被占据的分子轨道能级而使能隙（Energy Gap）变宽的现象均称为量子尺寸效应。

20 世纪 60 年代，久保（Kubo）与其合作者针对金属超微粒子费密面附近电子能级状态分布提出了久保理论，对小颗粒的大集合体的电子能态作了两点主要假设。

（1）简并费密液体假设：把超微粒子靠近费密面附近的电子状态看作是受尺寸限制的简并电子气，并进一步假设它们的能级为准粒子态的不连续能级，而准粒子之间交互作用可忽略不计。

（2）超微粒子电中性假设：对于一个超微粒子取走或放入一个电子都是十分困难的。

针对低温下电子能级是离散的，且这种离散对材料热力学性质起很大的作用，例如，超微粒子的比热容、磁化率明显区别于大块材料，久保及其合作者采用电子模型求得金属纳米晶粒的能级间距 δ 为：

$$\delta=\frac{4E_F}{3N} \quad (2-1)$$

式中，E_F为费密能级；N为微粒的总导电电子数。

能级的平均间距与组成物体的微粒中自由电子总数成反比。

对于宏观物体包含无限个原子(即导电电子数$N\to\infty$)，能级间距$\delta\to 0$，即对大粒子或宏观物体能级间距几乎为零。

对于纳米微粒，所包含原子数有限，N值很小，这就导致δ有一定的值，即能级间距发生分裂。

当能级间距大于热能、磁能、静磁能、静电能、光子能量或超导态的凝聚能时，这时必须要考虑量子尺寸效应，这会导致纳米微粒磁、光、声、热、电以及超导电性与宏观特性有着显著的不同，如光谱线频移、导体变绝缘体等。

一、光谱线频移

微粒下降到纳米尺度时，费密能级附近的电子能级由准连续能级变为分立能级，吸收光谱阈值向短波方向移动。如图2-3所示为CdSe纳米粒子的吸收光谱随粒径的变化关系图。由图2-3可见，随着粒径的不断减小，吸收光谱阈值逐渐向短波方向移动。

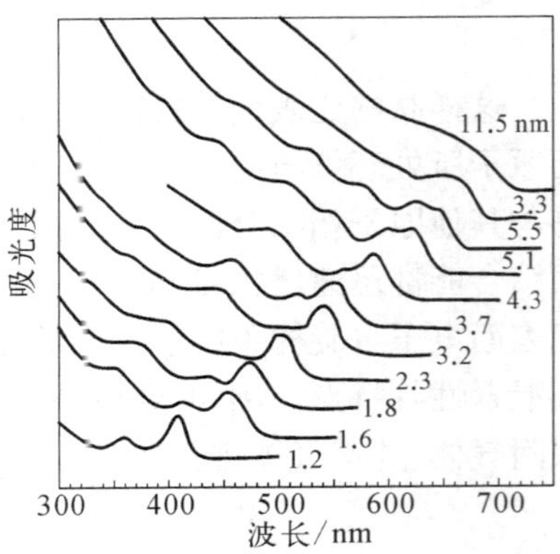

图2-3 不同尺寸CdSe纳米粒子的吸收光谱

二、导电性能的转变

用久保关于能级间距的公式，估计Ag微粒在1 K时出现量子尺寸效应(由导体→绝缘体)的临界粒径d_o。(Ag的电子数密度$n=6\times10^{22}/cm^{-3}$)。

由公式
$$E_F=\frac{H}{2m}(3\pi^2 n_1)^{2/3} \quad (2-2)$$

和
$$2\delta=\frac{4E_F}{3N} \quad (2-3)$$

得到
$$\frac{\delta}{k_B}=(8.7\times10^{-18})/d^3 \quad (2-4)$$

根据久保理论，只有$\delta>k_B T$时才会产生能级分裂，从而出现量子尺寸效应，即

$$\frac{\delta}{k_B}=(8.7\times10^{-18})/d^3>1 \quad (2-5)$$

由此得出，当粒径$d_o<20$ nm时，Ag纳米微粒变为绝缘体；如果温度高于1 K，则要求$d_o\ll 20$ nm才有可能变为绝缘体，此外还需满足电子寿命$\tau>H/\delta$的条件。实验表明，纳米Ag的确具有很高的电阻，类似于绝缘体，满足上述两个条件。

第四节　宏观量子隧道效应

微观粒子具有贯穿势垒的能力称为隧道效应。近年来，人们发现一些宏观量，如微粒的

磁化强度，量子相干器件中的磁通量等亦具有隧道效应，称为宏观量子隧道效应。早期曾用来解释超细镍微粒在低温继续保持超顺磁性。近年来人们发现 Fe-Ni 薄膜中畴壁运动速度在低于某一临界温度时基本上与温度无关。于是，有人提出量子力学的零点振动可以在低温起着类似热起伏的效应，从而使零温度附近微颗粒磁化矢量的重取向，保持有限的弛豫时间(Relaxation Time)，即在绝对零度仍然存在非零的磁化反转率。相似的观点解释高磁晶各向异性单晶体在低温产生阶梯式的反转磁化模式，以及量子干涉器件中一些效应。

宏观量子隧道效应的研究对基础研究及应用研究都有着重要意义，它限定了磁带、磁盘进行信息存储的时间极限。量子尺寸效应、隧道效应将会是未来微电子器件的基础，或者它们确立了现存微电子器件进一步微型化的极限。当微电子器件进一步细微化时，必须要考虑上述的量子效应。如在制造半导体集成电路时，当电路的尺寸接近电子波长时，电子就通过隧道效应而溢出器件，使器件无法正常工作，经典电路的极限尺寸大概在 0.25 μm。目前研制的量子共振隧穿晶体管就是利用量子效应制成的新一代器件。

第五节　库仑堵塞与量子隧穿效应

库仑堵塞效应是 20 世纪 80 年代介观领域所发现的极其重要的物理现象之一。当体系的尺度进入到纳米级(一般金属粒子为几个纳米，半导体粒子为几十纳米)时，体系是电荷“量子化”的，即充电和放电过程是不连续的，充入一个电子所需的能量 E_c 为 $e^2/2C$，e 为一个电子的电荷，C 为小体系的电容，体系越小，C 越小，能量 E_c 越大。我们把这个能量称为库仑堵塞能。换句话说，库仑堵塞能是前一个电子对后一个电子的库仑排斥能，这就导致了对一个小体系的充放电过程，电子不能集体传输，而是一个一个单电子的传输。通常把小体系这种单电子输运行为称库仑堵塞效应。如果两个量子点通过一个“结”连接起来，一个量子点上的单个电子穿过能垒到另一个量子点上的行为称作量子隧穿。为了使单电子从一个量子点隧穿到另一个量子点，在一个量子点上所加的电压必须克服 E_c，即 $U>e/C$。通常，库仑堵塞和量子隧穿都是在极低温情况下观察到的，观察到的条件是 $(e^2/2C)>k_B T$。有人已作了估计，如果量子点的尺寸为 1 nm 左右，我们可以在室温下观察到上述效应。当量子点尺寸在十几纳米范围，观察上述效应必须在液氮温度下。原因很容易理解，体系的尺寸越小，电容 C 越小，$e^2/2C$ 越大，这就允许我们在较高温度下进行观察。

利用库仑堵塞和量子隧穿效应可以设计下一代的纳米结构器件，如单电子晶体管和量子开关等。由于库仑堵塞效应的存在，电流随电压的上升不再是直线上升，而是在 I-U 曲线上呈现锯齿形状的台阶。如图 2－4 所示为尺寸约为 4 nm 的 Au 颗粒在不同温度下的 I-U 曲线，在低温下可明显地观察到分别具有库仑阻塞和库仑台阶特征的零电流间隙和电流平台。

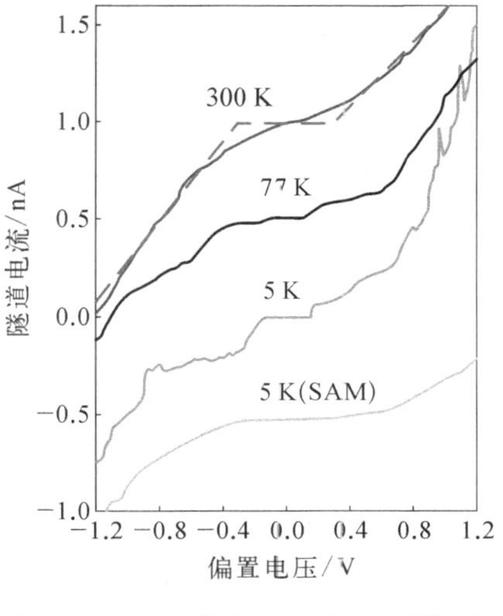

图 2－4　尺寸约为 4 nm 的 Au 颗粒在不同温度下的 *I-U* 曲线

第六节　介电限域效应

介电限域是纳米微粒分散在异质介质中由于界面引起的体系介电增强的现象，这种介电增强通常称为介电限域，主要来源于微粒表面和内部局域强的增强。当介质的折射率与微粒的折射率相差很大时，产生了折射率边界，这就导致微粒表面和内部的场强比入射场强明显增加，这种局域强的增强称为介电限域。一般来说，过渡金属氧化物和半导体微粒都可能产生介电限域效应。纳米微粒的介电限域对光吸收、光化学、光学非线性等会有重要的影响。因此，我们在分析这一材料光学现象的时候，既要考虑量子尺寸效应，又要考虑介电限域效应。下面从布拉斯(Brus)公式分析介电限域对光吸收带边移动(蓝移、红移)的影响。

$$E(r)=E_g(r=\infty)+h^2\pi^2/2\mu r^2-1.786e^2/\varepsilon\cdot r-0.248E_{Ry} \tag{2-6}$$

式中，$E(r)$为纳米微粒的吸收带隙；$E_g(r=\infty)$为体相的带隙；r 为粒子半径；h 为普朗克常数；μ 为粒子的折合质量；E_{Ry}表示有效的里德伯能量；第二项为量子限域能(蓝移)；第三项表明，介电限域效应导致介电常数 ε 增加，同样引起红移；第四项为有效里德伯能。

其中
$$\mu=\left[\frac{1}{m_e}+\frac{1}{m_h}\right]^{-1} \tag{2-7}$$

式中，m_e和 m_h分别为电子和空穴的有效质量。

过渡金属氧化物，如 Fe_2O_3，Co_2O_3，Cr_2O_3和 Mn_2O_3等纳米粒子分散在十二烷基苯磺酸钠(DBS)中出现了光学三阶非线性增强效应。Fe_2O_3纳米粒子测量结果表明，三阶非线性系数 $\chi^{(3)}$ 达到 90 m^2/V^2，比在水中高 2 个数量级。这种三阶非线性增强现象归结于介电限域效应。

第七节　量子限域效应

半导体纳米微粒的半径 $r<\alpha_B$(激子玻尔半径)时，电子的平均自由程受小粒径的限制，被局限在很小的范围，空穴很容易与它形成激子，引起电子和空穴波函数的重叠，这就很容易产生激子吸收带。随着粒径的减小，重叠因子(在某处同时发现电子和空穴的概率$|U(0)|^2$)增加，对半径为 r 的球形微晶忽略表面效应，则激子的振子强度 f 为：

$$f=\frac{2m}{h^2}\Delta E\mid\mu\mid^2\mid U(0)\mid^2 \tag{2-8}$$

式中，m 为电子质量；ΔE 为跃迁能量；μ 为跃迁偶极矩。当 $r<\alpha_B$时，电子和空穴波函数的重叠$|U(0)|^2$将随粒径减小而增加，近似于$(\alpha_B/r)^3$。因为单位体积微晶的振子强度 f 微晶/V(V为微晶体积)决定了材料的吸收系数，粒径越小，$|U(0)|^2$越大，f 微晶/V 也越大，则激子带的吸收系数随粒径下降而增加，即出现激子增强吸收并蓝移，这就称作量子限域效应。纳米半导体微粒增强的量子限域效应使它的光学性能不同于常规半导体。

纳米材料界面中的空穴浓度比常规材料高得多。纳米材料的颗粒尺寸小，电子运动的平均自由程短，空穴约束电子形成激子的概率高，颗粒愈小，形成激子的概率愈大，激子浓度愈高。这种量子限域效应，使能隙中靠近导带底形成一些激子能级，产生激子发光带。激子发光带的强度随颗粒尺寸的减小而增加。

上述的小尺寸效应、表面效应、量子尺寸效应及量子隧道效应是纳米微粒和纳米固体的基本特性。它使纳米微粒和纳米固体呈现许多奇异的物理、化学性质，并出现一些反常现象。例如，金属为导体，但纳米金属微粒在低温由于量子尺寸效应会呈现电绝缘性，一般 $PbTiO_3$、$BaTiO_3$ 和 $SrTiO_3$ 等是典型铁电体，但当其尺寸进入纳米级时就会变成顺电体；铁磁性的物质进入纳米级（约 5 nm），由多畴变成单畴显示极强顺磁效应；当粒径为十几纳米的氮化硅微粒组成了纳米陶瓷时，已不具有典型共价键特征，界面键结构出现部分极性，在交流电下电阻很小；化学惰性的金属铂制成纳米微粒（铂黑）后却成为活性极好的催化剂；金属由于光反射显现各种美丽的特征颜色，金属的超微粒光反射能力显著下降，通常可低于1%，因为小尺寸和表面效应使纳米微粒对光吸收表现极强能力；由纳米微粒组成的纳米固体在较宽谱线范围显示出对光的均匀吸收性，纳米复合多层膜在 7～17 GHz 频率的吸收峰高达 14 dB，在 10 dB 水平的吸收频宽为 2 GHz；颗粒为 6 nm 的纳米 Fe 晶体的断裂强度较之多晶 Fe 提高 12 倍；纳米 Cu 晶体自扩散是传统晶体的 10^{16}～10^{19} 倍，晶界扩散是传统晶体的 10^3 倍；纳米 Ag 晶体作为稀释制冷机的热交换器效率较传统材料高 30%；纳米磁性金属的磁化率是普通金属的 20 倍，而饱和磁矩是普通金属的 1/2。

第八节 应用实例

1991 年，美国在海湾战争中首次使用的 F117A 隐身战斗机，由于飞机的机身表面涂敷了多种纳米尺度的红外和微波隐身材料，飞机对雷达电磁波优异的宽频带微波吸收能力和散射能力，躲避了伊拉克雷达和红外探测器的监视。而伊拉克的军事目标、坦克、军队等防御红外线探测的隐身材料，易被美国战斗机上灵敏红外线探测器发现，通过激光制导或巡航导弹很准确地击中目标。据报道，在历时一个半月的海湾战争中，F117A 隐身战斗机执行任务达 1 270 余架次，摧毁了伊拉克 95%的重要军事目标，却无一架飞机受损。

纳米微粒尺寸远小于红外及雷达波波长，纳米微粒材料对该两大波段内透过率比常规宏观材料大很多，这就大大减少对该两大波段的反射率，使得红外探测器和雷达等接收到反射信号后降至很微弱，从而达到隐身目的。纳米微粒材料的比表面比常规粗颗粒大 3～4 个数量级，因此对红外波段和电磁波段的吸收率就比常规材料大很多，这就使红外探测器及雷达等得到的反射信号很微弱，很难发现被探测目标，起到隐身作用。

纳米磁性材料，既有优良的吸波特性，又有良好的吸收和耗散红外线的性能，加之相对密度小，在隐身方面的应用有明显的优越性；同时纳米磁性材料可与驾驶、内信号控制装置相配合，通过开关发出干扰；改变雷达波的反射信号，使波形畸变，或使波形变化不定，能有效地干扰、迷惑雷达操纵员，达到隐身目的。利用等离子共振频率随颗粒尺寸变化的性质，可以改变颗粒尺寸，控制吸收边的位移，制造具有一定波宽的吸波纳米材料。

综上所述，人们可以根据隐身技术需要，依据纳米材料各种隐身原理，研究和开发不同的纳米隐身材料体系。

（徐云龙）

复习思考题

1. 为何纳米材料的小尺寸效应又称体积效应？纳米材料的表面效应又称界面效应？
2. 何谓德布罗意波长、超导态的相干长度和透射深度？它们的特征尺寸范围是多少？
3. 纳米材料与微米材料的熔点和磁学性质为何显著不同？
4. 纳米材料的熔点为何比相同组成的常规材料的低？与其纳米尺寸有何普适性的规律？为什么？
5. 量子尺寸效应、宏观量子限域效应与量子限域效应三者的适用对象有何不同？
6. 什么尺度的量子点可以在常温下观察到库仑堵塞与量子隧穿效应？为什么？
7. 介电限域效应的是怎样产生的？纳米金属粉末也会产生介电限域效应吗？
8. 纳米微粒有哪些特殊的光学性质？它们分别与哪些纳米效应有关？
9. 家鸽可以从离家几十、几百甚至上千公里的地方飞回家里，一些海龟从栖息的海湾游出几百几千公里后又能回到原来的栖息处。它们是如何辨别方向的？
10. 纳米隐身材料隐身的基本原理是什么？它们在哪些领域可望大显身手？

参考文献

[1] 张立德，牟季美. 纳米材料和纳米结构. 北京：科学出版社，2001.

[2] 曹茂盛，关长斌，徐甲强. 纳米材料导论. 哈尔滨：哈尔滨工业大学出版社，2001.

[3] 苏品书. 超微粒子材料技术. 台湾：复汉出版社，1989.

[4] Halperin W P. Quantum size effects in metal particles. Rev of Modern Phys，1986，58(3)：532－606.

[5] 张立德. 跨世纪的新领域：纳米材料科学. 科学，1993，45(1)：13－17.

[6] Ball P，Garwin L. Science at the atomic scale. Nature，1992，355：761－766.

[7] 张立德，牟季美. 开拓原子和物质的中间领域——纳米微粒与纳米固体. 物理，1992，21(3)：167－173.

[8] 卢嘉，Tinkhan M. 单电子晶体管. 物理，1998，27(3)：137－140.

[9] Feldheim D L，Keating C D. Self-assembly of single electron transistors and related devices. Chem Soc Rev，1998，27：1－12.

第三章　零维纳米结构单元

本章要求

1. 理解零维纳米材料的基本概念。
2. 熟悉零维纳米材料基本纳米效应的特点。
3. 了解单个原子、原子团簇、人造原子和纳米粒子的尺度范围。
4. 深刻领会原子团簇与单个原子为何具有不同的性能特征。
5. 理解人造原子与真正原子的联系和区别，清楚人造原子研究的意义。
6. 熟悉纳米粒子的主要制备方法以及不同方法的优势和劣势。
7. 了解纳米粒子的晶体结构特征和复合结构类型。
8. 理解纳米粒子产生团聚现象的本质原因，掌握抑制和消除纳米粒子团聚的基本方法。
9. 熟悉纳米材料修饰的目的，掌握纳米材料修饰改性的基本原理和主要方法。
10. 了解纳米材料的研究和发展现状。
11. 熟悉纳米脂质体的组成、结构和形成原理。
12. 理解纳米脂质体靶向制剂的设计原理、了解载药系统与给药系统的区别与联系。

零维纳米结构单元的种类和称谓多种多样，常见的有纳米粒子(Nano-particle)、超细粒子(Ultrafine Particle)、超细粉(Ultrafine Powder)、烟粒子(Smoke Particle)、人造原子(Artificial Atoms)、量子点(Quantum Dop)、原子团簇(Atomic Cluster)及纳米团簇(Nano-cluster)等，它们之间的不同之处在于各自的尺寸范围稍有区别。零维纳米结构单元具有量子尺寸效应、小尺寸效应、表面效应和宏观量子效应等，因而呈现出许多特有的性质，例如，纳米粒子的吸附性比相同材质的本体材料更强，纳米粒子的表面活性使得它们很容易团聚，从而形成带有若干弱连接界面的尺寸较大的团聚体。有关这些基本的物理、化学性质，对于零维纳米材料的研究与应用极为重要。限于篇幅，本章在简要介绍原子团簇和人造原子的结构和特性的基础上，系统地介绍纳米粒子的研究内容。

第一节　原 子 团 簇

原子团簇是在 20 世纪 80 年代才出现的，它是指几个至几百个原子的聚集体(粒径小于或等于 1 nm)，如 Fe_n，Cu_nS_m，C_nH_m(n 和 m 都是整数)和碳簇(C_{60}、C_{70}、富勒烯)等。原子团簇的性质既不同于单个原子和分子，又不同于固体和液体，而是介于气态和固态之间物质结构的新形态，常被称为“物质第五态”。

原子团簇研究是多学科的交叉，是跨合成化学、化学动力学、晶体化学、结构化学、原子簇化学等化学分支，又是跨原子、分子物理、表面物理、晶体生长、非晶态等物理学分支，也与星际分子、矿岩成因、燃烧烟粒、大气微晶等交叉。

一、原子团簇分类

原子团簇不同于有特定大小和形状的分子，也不同于以弱的分子间作用力结合起来的分子团簇，或周期性很强的晶体，其形状可以是多种多样的。除了惰性气体外，它们都是以化学键紧密结合的聚集体。

原子团簇可分为一元原子团簇、二元原子团簇、多元原子团簇、原子簇和原子簇化合物，其具体分类如图 3－1 所示。

- 原子团簇
  - 一元原子团簇
    - 金属团簇（如 Na_n）
    - 非金属团簇
      - 碳簇（富勒烯等）
      - 非碳簇（如 B、P 簇等）
  - 二元原子团簇（如 In_nP_m、Ag_nS_m 等）
  - 多元原子团簇（如 $V_n(C_6H_6)_m$ 等）
  - 原子簇和原子簇化合物

图 3－1　原子团簇的分类

原子簇化合物是原子团簇与其他分子以配位化学键结合形成的化合物。绝大多数原子团簇的结构不清楚，但已知的有线状、层状、管状、洋葱状、骨架状、球状等。

原子团簇有许多奇异的特性，如具有幻数(Magic Number)效应、原子团尺寸小于临界值时的“库仑爆炸”、原子团逸出功的振荡行为、极大的比表面使它具有异常高的化学活性和催化活性、光的量子尺寸效应和非线性效应、C_{60}掺杂及掺包原子的导电性和超导性、碳管和碳葱的导电性等。

二、碳原子团簇

已知的碳单质主要包括金刚石(Diamond)和石墨(Graphite)，其中，金刚石即我们熟悉的钻石，其晶格上的每个碳原子向外伸出四个碳单键，指向正四面体的四个顶点；石墨用于制造铅笔以及很多其他的生活必需品，它的每个碳原子通过两个单键和一个双键与其周围的三个相邻的碳原子键合。它们的实体和结构模型如图 3－2 和图 3－3 所示。

(a) 实体　　(b) 结构模型

图 3－2　金刚石的实体和结构模型

碳原子之间可以通过单键、双键或叁键键合，这使得碳的单质和化合物有可能出现足够的复杂性，如 C_{60} 和 C_{70}。

目前炙手可热的“足球烯”正是原子团簇的典型代表，当前能大量制备并分离的团簇是

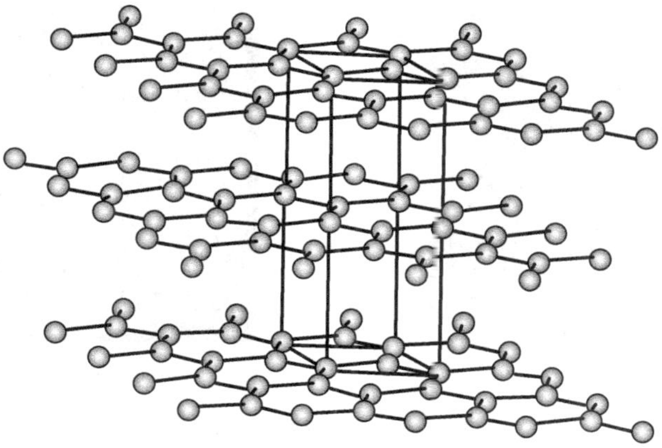

图 3-3　石墨的结构模型

C_{60}及其他富勒烯。1985 年斯摩雷(R. E. Smalley)与英国的科洛托教授(H. W. Kroto)等在瑞斯(Rice)大学的实验室采用激光轰击石墨靶，并用苯来收集碳团簇，用质谱仪分析发现了由 60 个碳原子构成的碳团簇丰度最高，同时还发现了 C_{70}等团簇。如图 3-4 所示为 C_{60}、C_{70}、$C_{1\,000\,000}$的实物图。

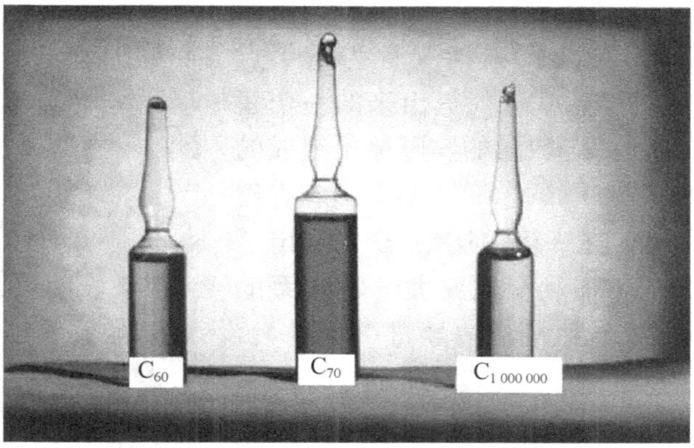

图 3-4　C_{60}、C_{70}、$C_{1\,000\,000}$的实物图

C_{60}分子是由 20 个六边形环和 12 个五边形环组成的球形 32 面体，其中五边形环只与六边形环相邻，而不相互连接；32 面体共有 60 个顶角，每个顶角由一个碳原子占据，这种 32 面体也可看成是由 20 面体经截顶后形成的，故又称截顶 20 面体。球形 C_{60}分子的直径的理论计算值为 0.71 nm，大约有 0.3 nm 的空心，如图 3-5(a)所示，堪称是世界上最小的“足球”了。当它在 20 世纪 80 年代中期第一次被发现时，科学家们为其独特完美的结构而感叹不已，大自然造物是简单与美的和谐在这个结构上得到了最充分的体现。“足球烯”本身更有着无数优异的性质：它本身是半导体，掺杂后可变成临界温度很高的超导体，由它衍生出来的碳微管比相同直径的金属强度高 100 万倍。

C_{70}原子团簇的结构与 C_{60}类似，呈椭圆球结构，也被称为“橄榄球”(Rugby Ball)，它是由 12 个五边形环和 25 个六边形环组成的 37 面体，如图 3-5(b)所示。

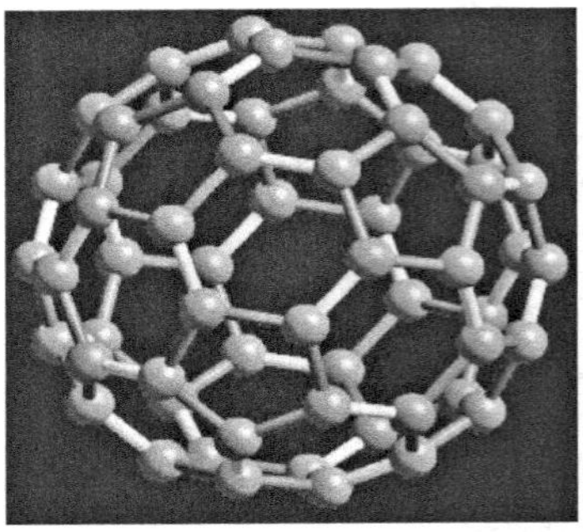
(a) C_{60}的原子结构图

(b) C_{70}的原子结构图

图 3－5　原子结构示意图

构成碳团簇的原子数称为幻数，当它为 20、24、28、32、36、50、60 和 70 时具有高稳定性，其中又以 C_{60} 最稳定。因此，可以用酸溶去其他的碳团簇，从而获得较纯的 C_{60}。

第二节　人 造 原 子

一、人造原子的概念

人造原子（Artificial Atoms）有时又称为量子点（Quantum Dop），是 20 世纪 90 年代提出来的一个新概念。所谓人造原子是由一定数量的实际原子组成的聚集体，它们的尺寸小于 100 nm。1996 年美国麻省理工学院的阿休理（Ashoori）在一篇综述中，正式提出了人造原子的概念。1997 年加利福尼亚大学物理系的迈克尤恩（Mc Euen）把人造原子的内涵进一步扩大，从维数来看，包括准零维的量子点、准一维的量子棒和准二维的量子圆盘，甚至把 100 nm 左右的量子器件（Quantum Device）也看成人造原子，如图 3－6 所示为硅量子点在扫描隧道显微镜下获得的图片。

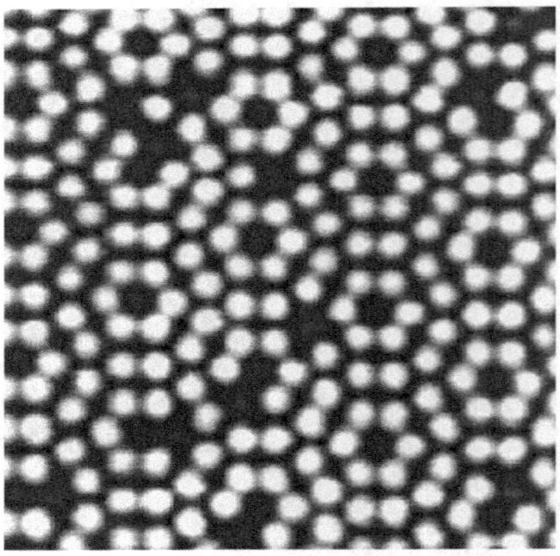
图 3－6　硅量子点扫描隧道显微图片

二、人造原子的特征

人造原子与真正原子的运动行为特征和电学性质既相互联系又相互区别。二者相似之处主要表现在以下两方面：首先，人造原子有离散的能级，电荷也是不连续的，电子在人造原子中也是以轨道的方式运动，这与真正原子极为相似；其次，电子填充的规律也与真正原子相似，服从洪德法则（Hund's Rule），第 1 激发态存在三重态。人造原子与真正原子的差别主要在于：一是人造原子含有一定数量的真正原子；二是人造原子的形状和对称性是多种多样的，真正的原子可以用简单的球形和立方形来描述，而人造原子不局限于这些简单的形状，除了高对称性的量子点外，尺寸小于 100 nm 的低对称性复杂形状的微小体系都可以称为人造原子；三是人造原子电子间强交互作用比实际原子复杂得多，随着人造原子中真正原子数目的增加，电子轨道间距减小，强的库仑排斥和系统的限域效应及泡利不相容原理使电子自旋朝同样方向进行有序排列，因此，人造原子是研究多电子系统的最好对象；四是实际原子中电子受原子核吸引做轨道运动，而人造原子中电子处于抛物线形的势阱中，具有向势阱底部下落的趋势，由于库仑排斥作用，部分电子处于势阱上部，弱的束缚使它们具有自由电子的特征。人造原子还有一个重要特点是放入一个电子或拿出一个电子很容易引起电荷涨落，放入电子相当于对人造原子充电。

人造原子的研究意义在于，当体系的尺度与物理的特征量相比拟时，量子效应十分显著。当大规模集成线路微细化到 100 nm 左右，以传统观念、原理为基础的大规模集成线路的工作原理受到了严峻的挑战，量子力学原理将起重要的作用，电子在这样一个细微体系即人造原子中，运动的规律将出现经典物理难以解释的新现象，荷兰德尔夫特(Delft)大学和英国的剑桥大学卡文迪什实验室在 GaAs/GaAlAs 人造原子中观察到电子输运的量子化台阶现象。在人造原子中电子波函数的相干长度与人造原子的尺度相当时，电子不再可能被看成是在外场中运动的经典粒子，电子的波动性在输运中得到充分的发挥，这将导致普适电导涨落、非局域电导等。因此，研究人造原子中电子的输运特性，特别是该系统表现出的独有的量子效应将为设计和制造量子效应原理性器件和纳米结构器件奠定理论基础。

第三节　纳 米 粒 子

纳米粒子(Nano-particle，NP)又称为纳米粉末，一般是指粒度在 100 nm 以下的固体粉末或纳米颗粒。纳米粒子按组成可分为：无机纳米颗粒、有机纳米颗粒和有机/无机复合纳米粒子。无机纳米粒子包括金属与非金属(半导体、陶瓷、铁氧体等)，有机纳米粒子主要包括高分子和纳米药物。

纳米粒子是纳米体系的典型代表，一般为球形或类球形，它属于超微粒子范围(1～1 000 nm)。由于尺寸小、比表面积大和量子尺寸效应等原因，纳米粒子具有不同于常规固体的新特性，也有异于传统材料科学中的尺寸效应。纳米粒子既不同于微观原子、分子团簇，又不同于宏观体相材料，是介于团簇和体相之间的特殊状态，既具有宏观体相的元胞和键合结构，又具备块体所没有的崭新的物理化学性能，即它的光学、热学、电学、磁学、力学以及化学方面的性质和大块固体相比有显著的不同，从而使它在催化、粉末冶金、燃料、磁记录、涂料、传热、雷达波吸收、光吸收、光电转换、气敏传感等方面有巨大的应用前景，可作为高密度磁记录材料、吸波隐身材料、磁流体材料、防辐射材料、单晶硅和精密光学器件抛光材料、微芯片导热基片与布线材料、微电子封装材料、光电子材料进的电池电极材料、太阳能电池材料、高效催化剂、高效助燃剂、敏感元件、高韧性陶瓷材料、人体修复材料及抗癌制剂等。

一、纳米粒子的制备

纳米粒子的制备方法多种多样，一般可归结为两大类，即“从下至上”法，或称构筑法；“从上至下”法，或称粉碎法。其中，构筑法是纳米粒子制备的主流技术，由于它能从原子、分子出发构筑纳米粒，易于在原子、分子尺度上对纳米粒子的结构和性能进行设计和剪裁，制备的纳米粒子形态规整、粒径分布均匀。因此，本小节主要介绍构筑法制备无机纳米粒子和有机纳米粒子的方法及其技术特征。

1. 无机纳米粒子

无机物与金属纳米粒子的构筑方法主要有气相法和液相法两种，而涉及的具体技术有数百种之多。例如，采用等离子体、激光等高能热源将块体物质汽化，通过冷凝而获得纳米颗粒；采用溶胶-凝胶法(Sol-gel Method)合成纳米粒子；采用扩散燃烧法制备氧化物纳米粒子等等。常见的无机纳米粒子的制备技术及其特点如表3.1所示。

表3.1 常见的无机纳米粒子的制备技术特点

分类	技术名称	所用能源	原料	辅助物质	产品类型	技术特征
气体蒸发冷凝法(气相法)	激光复合加热蒸发法	激光与其他热源	固态金属、合金、碳素材料	惰性气体、反应性气体	各种金属和合金、氧化物、氮化物、碳化物	(1) 能连续和批量生产，产率高；(2) 能量利用率高；(3) 粒径可控，无团聚；(4) 对环境无污染
	激光诱导CVD法	激光	气态SiH_4、羰基化合物等	NH_3、CH_4、C_2H_2等	铁、镍、钴、氮化物、碳化物等	(1) 粒径可控，无团聚；(2) 适合于气态原料；(3) 可工业化生产
	激光剥离法	激光	固态金属和各种化合物	惰性气体、反应性气体	各种金属和合金、氧化物、氮化物、碳化物	(1) 适合于高熔点物质；(2) 粒径和形态可控，无团聚；(3) 产率低，适合于理论研究
	等离子体加热蒸发法	等离子体	固态金属和气体原料	惰性气体、反应性气体	金属和合金、氧化物、氮化物、碳化物	(1) 能连续和批量生产，产率高；(2) 粒径可控，无团聚；(3) 对环境无污染
	丝爆炸蒸发法	脉冲大电流	固态金属丝	惰性气体、反应性气体	金属和合金	(1) 能连续和批量生产，产率高；(2) 能量利用率高；(3) 粒径分布范围较宽；(4) 要求原料导电并易制成丝状
	感应加热法	感应电流	固态金属、合金	惰性气体、反应性气体	各种金属和合金、氧化物	(1) 有电磁搅拌作用，可加速金属蒸发；(2) 能制备成分均匀的合金纳米粒；(3) 蒸发速率较大，可连续生产；(4) 能量利用率不高

续　表

分类	技术名称	所用能源	原　料	辅助物质	产品类型	技　术　特　征
气体蒸发冷凝法(气相法)	燃烧法	燃烧热	气态或液态前驱体	氧化性气氛	氧化物	(1) 所需设备简单；(2) 可工业化生产；(3) 存在其他燃烧产物(如碳等)的污染
液相法	沉淀法	一般需采用普通热源对获得的半成品进行脱水、焙烧	可溶性盐溶液	沉淀剂	氧化物、金属和合金	产率低、有杂质污染、粒径较难控制
	水热法		金属、合金、金属盐类等	水、碱溶液等	氧化物	产物纯度高，粒径分布窄，但产率较低
	溶剂挥发分解法		金属盐类等	水、有机溶剂等	氧化物、其他化合物	粒子分散性好，但粒径较大，不易控制
	溶胶-凝胶法		金属醇盐或无机盐	水、有机溶剂等	氧化物	产物粒径小，尺寸可控，但粒子易团聚

2. 有机纳米粒子

有机物纳米粒子包括天然有机物纳米粒子和人工合成聚合物纳米粒子。天然有机物纳米粒是由脂质体、白蛋白和多糖等天然材料制成的，它与生物体的亲和性好，毒副作用小，以此开发的药物载体，在药物传输体系中有广泛的应用。但该类材料存在两大缺点：(1) 由于是天然材料，其结构和成分不均一，使药物在体内的释放缺乏规律；(2) 性能不稳定，不能长期保存。

合成聚合物纳米粒子包括不可生物降解纳米粒子和可生物降解纳米粒子两类。不可生物降解聚合物纳米粒子是由丙烯酸酯、甲基丙烯酸酯、聚苯乙烯等高分子材料构成，并作为药物载体使用。此类材料的结构和成分比较均一，容易使药物在体内有规律地释放，但有两大缺陷影响了其应用：(1) 由于不能生物降解，残存在体内的载体容易产生坏疽；(2) 该类药物载体通过在单体和药物混合后再合成制备，容易形成有毒残留物。

有机物纳米粒子的制备方法较多，依据纳米粒子形成机理的不同可分为聚合反应法和聚合材料分散法两种。聚合反应法的纳米粒子由聚合反应生成，主要采用乳液聚合法和界面聚合法；聚合材料分散法的纳米粒子则由大分子或聚合物分散制得。在对纳米粒子进行表面修饰制备体内长循环纳米粒子时多采用聚合材料分散法。

二、纳米粒子的表面修饰

纳米粒子的表面修饰(Surface Modification)是纳米材料科学领域十分重要的研究内容。20 世纪 90 年代中期，国际材料会议提出了纳米粒子的表面工程新概念。所谓纳米粒子的表面工程就是用物理、化学方法改变纳米粒子表面的结构和状态，实现人们对纳米粒子表面的控制。纳米粒子的表面修饰把纳米材料研究推向了一个新的阶段，它使人们不但可以有更多的自由度对纳米粒子表面改性，而且可以扩大纳米粒子的应用范围，提高纳米材料的使用效果。纳米粒子通过表面修饰技术手段，可以达到以下四个方面的目的或效果：

(1) 改善或改变纳米粒子的分散性;

(2) 提高粒子表面活性;

(3) 使粒子表面产生新的物理、化学、生物性能及赋予新的功能;

(4) 改善纳米粒子与其他物质之间的相容性。

纳米粒子表面修饰改性的方法很多,新的表面修饰技术也在不断发展之中,但基本可分为物理修饰法和化学修饰法。

1. 表面物理修饰

物理法修饰纳米粒子表面通常采用以下两种技术途径。一种是通过范德瓦尔斯力(Vander Waals Attraction)等将异质材料吸附在纳米粒子的表面,来防止纳米粒子之间团聚,采用表面活性剂对无机纳米粒子表面的修饰。表面活性剂分子中含有两类性质截然不同的官能团,一种是极性基团,具有亲水性;另一种是非极性基团,具有亲油性。无机纳米粒子在水溶液中分散,表面活性剂的非极性的亲油基吸附到微粒表面,而极性的亲水基团与水相溶,这就达到了无机纳米粒子在水中良好分散的目的。反之,在非极性的油性溶液中分散纳米粒子,表面活性剂的极性官能团吸附到纳米粒子表面,而非极性的官能团与油性介质相溶合。例如,以十二烷基苯磺酸钠为表面活性剂修饰的纳米 Cr_2O_3、Mn_2O_3 粒子能稳定地分散在乙醇中。

表面沉积法是另一种表面物理修饰法。此法是将一种物质沉积到纳米粒子表面,形成与颗粒表面无化学结合的异质包敷层。例如,纳米 TiO_2 粒子表面包敷无机 Al_2O_3 或金属。此外,利用溶胶也可以实现对无机纳米粒子的包敷,例如,将 $ZnFeO_3$ 纳米粒子放入 TiO_2 溶液中,TiO_2 溶胶会沉积到 $ZnFeO_3$ 纳米粒子表面,结果发现这种带有 TiO_2 包敷层的 $ZnFeO_3$ 纳米粒子的光催化效率大大提高。

2. 表面化学修饰

化学法修饰纳米粒子表面是通过纳米粒子表面与修饰剂之间进行化学反应,改变纳米粒子表面结构和状态,实现表面改性的一种方法,它在纳米粒子表面改性中占有极其重要的地位。纳米粒子比表面积很大,表面键态、电子态不同于颗粒内部,配位不全导致大量悬空键存在,这就为人们用化学反应方法对纳米粒子表面修饰改性提供了有利条件。表面化学修饰大致可分下述三种方法。

(1) 偶联剂法

无机纳米粒子的表面能一般比较高,与表面能比较低的有机体的亲和性较差,因此,两者在相互混合时不能相溶,导致界面上出现空隙。如果有机物是高聚物,空气中的水分进入上述空隙就会引起界面处高聚物的降解、脆化。因此,当无机纳米粒子与有机物进行复合时,表面修饰变得十分重要。

上述问题可以通过采取偶联技术来解决。用于此类用途的偶联剂分子必须具备两种基团,一种能与无机物表面进行化学反应,另一种(有机官能团)与有机物具有反应性或相容性。在众多偶联剂中硅烷偶联剂最具代表性,硅烷偶联剂可用下面的结构式表示:

$$Y—R—Si\equiv(OR)_3$$

式中,Y 表示有机官能团,SiOR 表示硅氧烷基,可以与无机物表面进行化学反应。

硅烷偶联剂对于表面具有羟基的无机纳米粒子最有效。表 3.2 列出了硅烷偶联剂在各种无机纳米粒子表面化学结合程度的评价。很明显，硅烷偶联剂不适用于羟基含量少的碳酸钙、炭黑、石墨和硼化物陶瓷材料。

表 3.2 硅烷偶联剂与无机纳米粒子表面化学结合程度的评价

结合程度 强←→弱			
玻璃、二氧化硅、氧化铝等	滑石、黏土、云母、高岭土、硅灰石（硅酸钙）、氢氧化铝、各种金属等	铁氧体、氧化钛、氢氧化镁等	碳酸钙、炭黑、石墨、氮化硼等

（2）酯化反应法

金属氧化物与醇的反应称为酯化反应（Esterification）。用酯化反应对纳米粒子表面修饰改性最重要的用途是可使原来亲水疏油的表面变成亲油疏水的表面，这种表面功能的改性在实际应用中十分重要。例如为了得到表面亲油疏水的纳米氧化铁，可用铁黄（α-FeO(OH)）与高沸点的醇进行反应，在 200℃左右脱水后得到 α-Fe_2O_3，在 275℃脱水后成为 Fe_3O_4，这时氧化铁表面表现为亲油疏水性。

酯化反应中采用的醇类最有效的是伯醇，其次是仲醇，叔醇通常是无效的。

酯化反应表面修饰法对于表面为弱酸性和中性的纳米粒子最有效，例如，SiO_2、Fe_2O_3、TiO_2、Al_2O_3、Fe_3O_4、ZnO 和 Mn_2O_3等。此外，该方法也可用于碳纳米粒子。

（3）表面接枝法

通过化学反应将高分子链连接到无机纳米粒子表面上的方法称为表面接枝法，这种方法可分为下面三种类型。

① 聚合与表面接枝同步进行法。这种方法的条件是无机纳米粒子表面有较强的自由基捕捉能力。单体在引发剂作用下完成聚合的同时，立即被无机纳米粒子表面强自由基捕获，使高分子的链与无机纳米粒子表面化学连接，实现颗粒表面的接枝。这种边聚合边接枝的修饰方法对炭黑等纳米粒子特别有效。

② 颗粒表面聚合生长接枝法。这种方法是单体在引发剂作用下直接从无机粒子表面开始聚合，诱发生长，完成了颗粒表面高分子包敷，这种方法的特点是接枝率较高。

③ 偶联接枝法。这种方法是通过纳米粒子表面的官能团与分子的直接反应实现接枝，接枝反应可由下式来描述：

$$\text{颗粒—OH} + \text{OCN}\sim\text{P} \longrightarrow \text{颗粒—OCONH}\sim\text{P}$$

$$\text{颗粒—NCO} + \text{HO}\sim\text{P} \longrightarrow \text{颗粒—NHCDO}\sim\text{P}$$

这种方法的优点是接枝的量可以控制，效率高。

表面接枝改性方法可以充分发挥无机纳米粒子与高分子各自的优点，实现优化设计，制备出具有新功能的纳米粒子。纳米粒子经表面接枝后，大大地提高了它们在有机溶剂和高分子中的分散性，这就使人们有可能根据需要制备含有量大、分布均匀的纳米粒子添加的高分子复合材料。

三、纳米粒子的结构特征

物质的特性是由其结构特点决定的，那么纳米粒子的奇异的物理化学性质是由怎样的特异结构决定的呢？从第一章可以得知，纳米粒子既不属于微观物质也不属于宏观物质，推而言之，纳米粒子既具有微观物质的特征也具有宏观物质的特征。纳米粒子按相结构分为单相和多相；按其对称性和有序性可分为晶态、非晶态、准晶态，显然这些都是宏观固体的性质，但这是人们先把它归属于固体，用固体的分类法去观察它才得到这样的分类结果。事实上，当超微粒子的尺寸与光波波长、德布罗意波波长以及超导态的相干波长或透射深度等物理特征尺寸相当时，晶体周期性的条件被破坏，点阵结构的周期性也已经失去，可以说此尺度下的超微粒子已经不再是原来意义上的晶体，因此，纳米粒子的结构和性质有其自身的特征和规律。

1. 能级结构特征

原子是由原子核和核外电子构成的，电子在一定的轨道(或称能级)上高速运动，单个原子的电子能级是离散的，而众多原子聚集到一起形成固体时，原子之间的相互作用导致能级发生分裂，最终形成能带。块体物质由于含有几乎无限多的电子，其能带基本上是连续的，但是对于只有有限个原子的纳米粒子来说，能带则不再连续。

2. 晶体结构与纳米晶体超点阵结构

纳米粒子的晶体结构受粒子的几何尺寸影响，如金属钴粒子，当直径小于 50 nm 后，晶体结构为面心立方(fcc)，而不是块体状态时的密排立方(hcp)。同时，由于各向异性，纳米晶体粒子的形态受晶向的生长速率的竞争结果所控制。图 3－7(a)给出了一组立方-八面体的演变过程示意图，最终形态受 R 值影响，R 定义为沿〈100〉晶向的生长速率与沿〈111〉晶向的生长速率之比。从图 3－7 中可见，当 $R=0.58$ 时，纳米晶体粒子的形态为立方-八面体(其表面由 6 个正方形和 8 个正三角形组成)；当 $0.87<R<1.73$ 时，纳米晶体粒子的形态称之为去角八面体(TO)，其表面由{100}和{111}晶面组成。如果以{111}晶面为基面，随着{111}晶面与{100}晶面面积比的增加，纳米粒子的形态由金字塔形态向四面体形态演变，如图 3－7(b)所示。

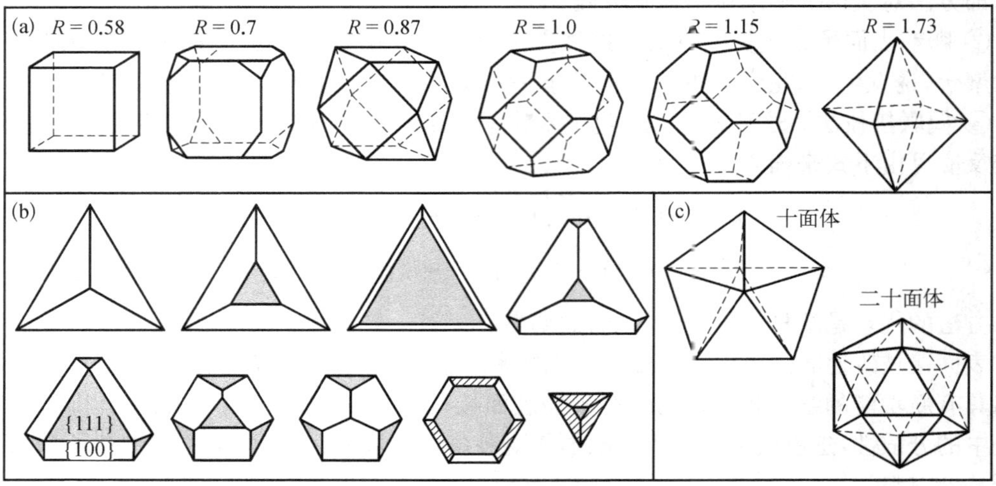

(a) 立方-八面体纳米晶体粒子形态随 R 值的变化；
(b) 以{111}晶面为基面，随着{111}晶面与{100}晶面面积比的增加，纳米粒子的形态的变化；
(c) 十面体和二十面体形态的纳米粒子

图 3－7　纳米粒子的晶体结构受粒子几何尺寸的影响

在纳米晶体粒子中较少观察到位错，但却存在大量的平面缺陷（如孪晶和层错），例如在十面体和二十面体形态的纳米粒子中就存在大量的孪晶，这种纳米粒子称之为多孪晶粒子（MTP）。从几何角度出发，MTP 可以视为由若干个四面体堆砌而成，如图 3－7(c)所示。十面体 MTP 由 5 个四面体组成，二十面体 MTP 由 20 个四面体组成。

利用胶体化学的方法，将尺寸和形态可控的无机纳米粒子与有机物分子耦合在一起，形成超点阵结构（Nanocrystal Superlattice，NCS），如图 3－8 所示。NCS 的宏观性能不仅取决于纳米粒子本身的特性，也与纳米粒子之间的交互作用、纳米粒子与有机物分子的耦合密切相关。目前，科学家已成功地制备出 Au、Ag、Ag_2S 等纳米粒子的超点阵结构。

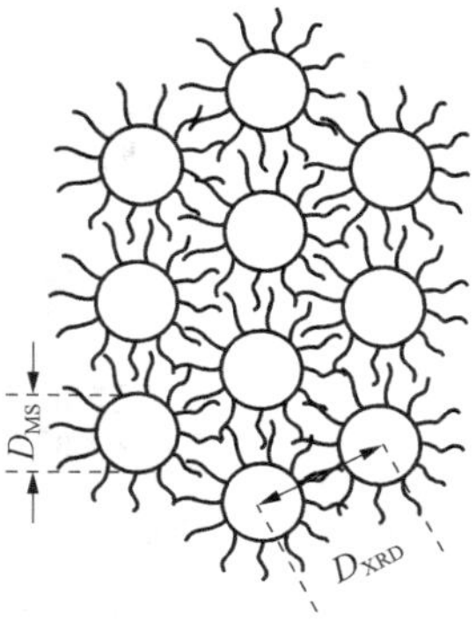

(a) 球状纳米粒

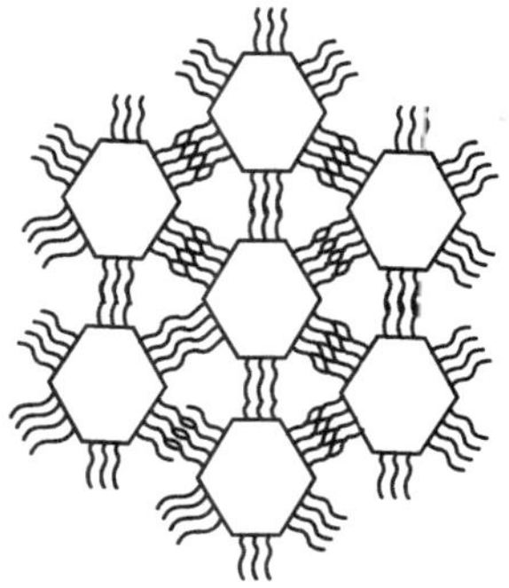

(b) 多面体纳米粒

图 3－8　纳米粒的超点阵结构示意图

（D_{MS}、D_{XRD}分别为纳米粒的直径和在超点阵中的间距）

3. 有机物纳米粒子的结构

中空纳米球：由于脂质体特殊的分子形态和双亲特性，它在水性溶液中能形成分子致密排列的中空球状双层结构。这种中空球状双层结构可以作为聚合物纳米粒子和纳米球的前驱体，经过聚合反应形成中空纳米球（如图 3－9 所示）。

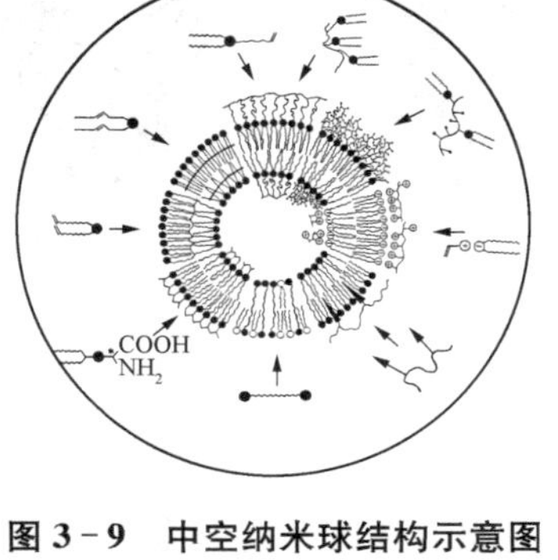

图 3－9　中空纳米球结构示意图

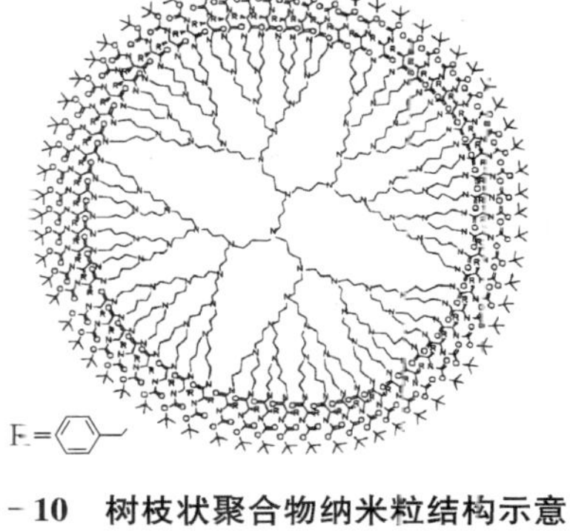

图 3－10　树枝状聚合物纳米粒结构示意图

树枝状聚合物（Dendrimer）纳米粒子：采用有机合成法（收敛法或扩散法）制备的具有规整的分子结构和三维结构的大分子，形似树枝，表面致密堆砌，内部有空隙，分子尺度在纳米级（如带 127 个苯单元的苯乙烯树枝状聚合物球的直径为 12.5 nm），其结构示意图如图 3－10 所示。

层状结构纳米粒子：采用逐层沉积方法(Layer-by-layer Deposition)可形成聚合物层状纳米粒子，如聚阴离子电解质和聚阳离子电解质静电作用的逐层组装。对于带有电荷的胶体粒子(如带有负电荷)，具有相反电荷的聚电解质分子通过静电作用吸附在其表面。由于被吸附的聚电解质的离子基团在胶体粒子表面的电荷未被全部抵消，存在过剩的电荷，因而为吸附下一层带有相反电荷的聚电解质做好了准备。如此循环，可以获得多层结构的纳米粒子(如图 3－11 所示)。

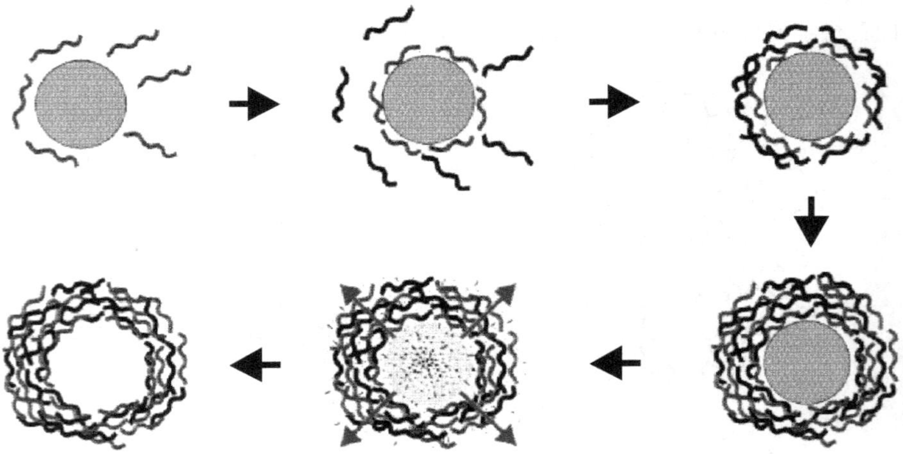

图 3－11　多层结构的纳米粒子的形成过程示意图

4. 复合结构

随着对纳米尺度新现象探索的不断深入，人们已经可以从原子或分子尺度对纳米粒子的结构进行设计和裁剪，以期获得具有特殊结构和性质的纳米粒子。典型例子包括：固溶/混合型、壳/核型、中空型、多层型和介孔或组合型，其结构如图 3－12 所示。

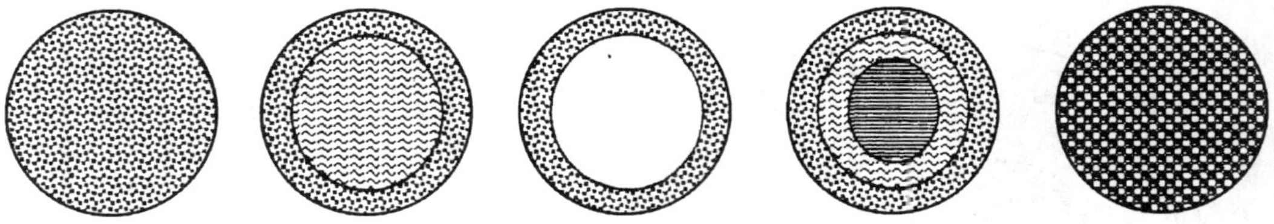

图 3－12　纳米粒子复合结构示意图

四、纳米粒子的特性

纳米粒子的比表面积、表面原子数、表面能和表面张力随粒径的下降而急剧增加，因此具有小尺寸效应、表面效应、量子尺寸效应及宏观量子隧道效应等，所以在物理、化学和生物学等方面呈现出优异或特殊的性质。

1. 热学性质

纳米粒子的熔点、开始烧结温度和晶化温度均比常规粉体低得多。纳米粒子由于颗粒小，其表面能高、表面原子数多，这些表面原子近邻配位不全，活性大以及体积远小于大块材料，因此纳米粒子熔化时所需增加的内能小得多，这就使得纳米粒子熔点急剧下降。例如，纳米 Ag 微粒在低于 373 K 开始熔化，而常规尺寸 Ag 的熔点远高于 1 173 K。

纳米粒子尺寸小，表面能高，压制成块材后的界面具有高能量，在烧结中高的界面能成为原子运动的驱动力，有利于界面中的孔洞收缩，空位团的湮没，因此，在较低的温度下烧结就能达到致密化的目的，即烧结温度降低。例如，常规微米 Al_2O_3 在 2 073～2 173 K 烧结，而纳米 Al_2O_3 可在 1 423～1 773 K 烧结，致密度就可达 99.7%。

非晶纳米粒子的晶化温度低于常规粉体。例如，本体非晶 Si_3N_4 在 1 793 K 晶化成 α 相，纳米非晶 Si_3N_4 微粒在 1 673 K 加热 4 h 全部转变成 α 相，纳米微粒开始长大的温度随粒径的减小而降低。

2. 磁学性质

（1）超顺磁性

纳米粒子尺寸小到一定临界值时进入超顺磁状态，这时磁化率 χ 不再服从居里-外斯定律

$$\chi = \frac{C}{T - T_C} \tag{3-1}$$

式中，C 为常数；T_C 为居里温度。磁化强度 M 可以用朗之万公式来描述。当 $\mu H/k_B T \ll 1$ 时，$M \approx \mu^2 H/(3k_B T)$，$\mu$ 为粒子磁矩。在居里点附近没有明显的 χ 值突变，例如，粒径为 85 nm 的纳米 Ni 微粒，矫顽力很高，χ 服从居里-外斯定律，而粒径小于 15 nm 的纳米 Ni 微粒，矫顽力 $H_C \to 0$，这说明它们进入了超顺磁状态（如图 3-13 所示）。图 3-14 给出了粒径为 85 nm、13 nm 和 9 nm 的纳米 Ni 微粒的 $V(\chi)$-T 升温曲线，其中，$V(\chi)$ 是与交流磁化率有关的检测电信号。由图 3-14 看出，85 nm 的纳米 Ni 微粒在居里点附近 $V(\chi)$ 发生突变，这意味着 χ 的突变；而 9 nm 和 13 nm 的纳米 Ni 微粒，其 $V(\chi)$ 随温度呈缓慢的变化，未见有 $V(\chi)$ 的突变现象。

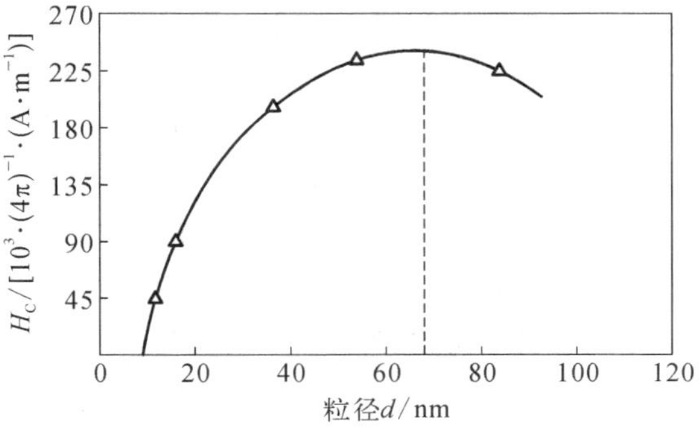

图 3-13　纳米 Ni 微粒的矫顽力 H_C 与颗粒直径 d 的关系曲线

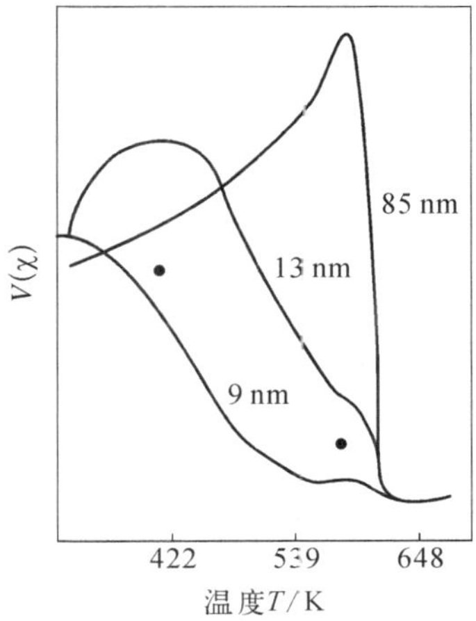

图 3-14　纳米 Ni 微粒升温过程 $V(\chi)$ 随温度变化曲线

超顺磁状态的起源可归为以下原因：在小尺寸下，当各向异性能减少到与热运动能可相比拟时，磁化方向就不再固定在一个易磁化方向，易磁化方向作无规律的变化，结果导致

超顺磁性的出现。不同种类的纳米磁性微粒显现超顺磁的临界尺寸是不相同的。

(2) 矫顽力

纳米粒子尺寸高于超顺磁临界尺寸时通常呈现高的矫顽力 H_C,例如,纳米 Fe 微粒随着颗粒变小,饱和磁化强度 M_s 有所下降,但矫顽力却显著地增加(如图 3-15 所示)。由图 3-15 看出,粒径为 16 nm 的 Fe 微粒,矫顽力在 5.5 K 时达 1.27×10^5 A/m。而室温下 Fe 微粒矫顽力仍保持 7.96×10^4 A/m,但常规的 Fe 块体矫顽力通常低于 79.62 A/m。对于纳米粒子高矫顽力有两种解释:一致转动磁化模式和球链反转磁化模式。一致转动磁化模式的基本内容是:当粒子尺寸小到某一尺寸时,每个粒子就是一个单磁畴,例如,Fe 和 Fe_3O_4 单磁畴的临界尺寸分别为 12 nm 和 40 nm。每个单磁畴纳米粒子实际上成为一个永久磁铁,要使这个磁铁去掉磁性,必须使每个粒子整体的磁矩反转,这需要很大的反向磁场,即超顺磁状态的纳米粒子具有较高的矫顽力。许多实验表明,纳米粒子的 H_C 测量值与一致转动的理论值不相符合,例如,粒径为 65 nm 的 Ni 微粒具有大于其他粒径微粒的矫顽力,$H_{Cmax}\approx1.99\times10^4$ A/m,这远低于理论值,$H_C=4K_1/3M_s\approx1.27\times10^5$ A/m。Ohshiner 引入缺陷对球链模型进行修正后,矫顽力比上述理论计算结果低,他认为颗粒表面氧化层可能起着类似缺陷的作用,从而定性地解释了上述实验事实。

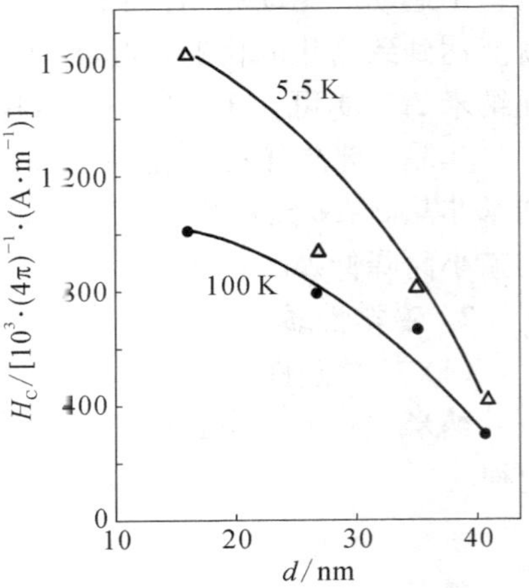

图 3-15 Fe 纳米粒子矫顽力与颗粒粒径和温度的关系

(3) 居里温度

1895 年,居里(Pierre Curie)发现,在多数具有正磁化率的物质中,正磁化率的倒数正比于绝对温度,即著名的居里定律。居里温度是指材料可以在铁磁体和顺磁体之间改变的温度,当温度低于居里温度时该物质成为铁磁体,此时和材料有关的磁场很难改变;当温度高于居里温度时,该物质成为顺磁体,磁体的磁场很容易随周围磁场的改变而改变。

居里温度 T_C 为物质磁性的重要参数,它与原子构型和间距有关。对于纳米粒子,由于小尺寸效应和表面效应而导致纳米粒子的本征和内禀的磁性变化,因此具有较低的居里温度。例如,粒径为 85 nm 的 Ni 微粒,由于磁化率在居里温度呈现明显的峰值,因此,通过测量低磁场下磁化率与温度关系可得到居里温度约为 623 K(如图 3-14 所示),略低于常规块体 Ni 的居里温度(631 K)。具有超顺磁性的粒径为 9 nm 的 Ni 微粒,在高磁场下(9.5×10^5 A/m)使部分超顺磁性颗粒脱离超顺磁性状态。目前,科学家亦通过 EXAFS 和 XRD 等实验方法获得了纳米粒子内原子间距随粒径下降而减小的定量数据。

(4) 磁化率

固体物质放置在磁场中磁化后,感应出许多磁偶极矩,单位体积中的磁偶极矩称为磁化强度 M,其与磁场强度 H 之比 χ 称为磁化率,即

$$M=\chi H \tag{3-2}$$

纳米粒子的磁性与它所含的总电子数的奇偶性密切相关。每个微粒的电子可以看成一

个体系，电子数的宇称可为奇或偶。一价金属微粉，一半粒子的宇称为奇，另一半的为偶；二价金属粒子的宇称都为偶。电子数为奇或偶数的粒子磁性有不同温度特点。电子数为奇数的粒子集合体的磁化率服从居里-外斯定律 $\chi=C/(T-T_C)$，量子尺寸效应使磁化率遵从 d^{-3} 规律。电子数为偶数的系统，$\chi\propto k_B T$，并遵从 d^2 规律，它们在高场下为泡利顺磁性。纳米磁性金属 χ 值是常规金属的 20 倍。

此外，纳米磁性微粒还具备许多其他的磁特性，例如，纳米金属 Fe（8 nm）的饱和磁化强度比常规 α－Fe 低 40%，纳米 Fe 的比饱和磁化强度随粒径的减小而下降（如图 3－16 所示）。纳米 FeF_2 颗粒（10 nm）在 78～88 K 由顺磁转变为反铁磁，即有一个宽达 12 K 的奈耳温度范围；而单晶 FeF_2 由顺磁转变为反铁磁的奈耳温度范围很窄，只有 2 K。1988 年日本发现纳米合金 Fe－Si－Bi－Cu（20～50 nm）具有好的软磁性能，可用作高频转换器，其芯耗低至 200 mW/cm³，有效磁导率高于 10^8。当晶粒度大于 100 nm 时，上述软磁性能消失。Sb 通常为抗磁性，其 $\chi<0$，但纳米微晶 Sb 的 $\chi>0$，表现出顺磁性。

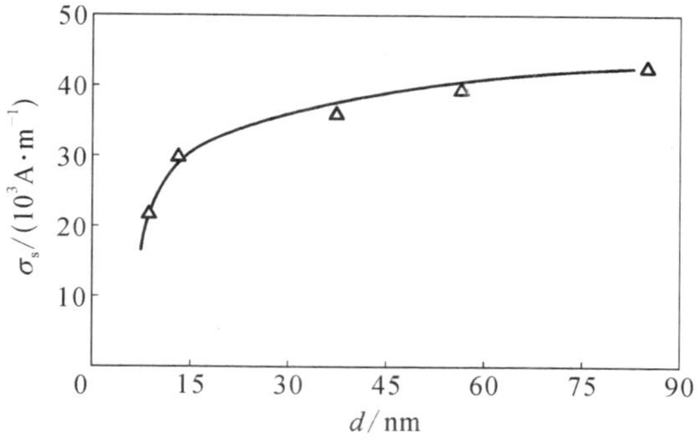

图 3－16　室温比饱和磁化强度 σ_s 与平均颗粒直径 d 的关系曲线

3. 光学性质

纳米粒子的表面效应和量子尺寸效应对纳米粒子的光学特性有很大的影响，纳米粒子甚至具有同样材质的宏观大块物体不具备的新的光学特性。主要表现为以下几方面。

（1）宽频带强吸收

大块金属具有不同颜色的光泽，这表明它们对可见光范围各种颜色（波长）的反射和吸收能力不同。当尺寸减小到纳米级时，各种金属纳米粒子几乎都呈黑色，它们对可见光的反射率极低。例如，Pt 纳米粒子的反射率为 1%，Au 纳米粒子的反射率小于 10%。对可见光低反射率、强吸收率导致金属粒子变黑。

纳米氮化硅、SiC 及 Al_2O_3 粉末对红外有一个宽带吸收谱。这是因为纳米粒子大的比表面导致了平均配位数下降，不饱和键和悬空键增多，与常规大块材料不同，没有一个单一的、择优的键振动模式，而存在一个较宽的键振动模的分布，在红外光场作用下它们对红外吸收的频率也就存在一个较宽的分布，这就导致了纳米粒子红外吸收带的宽化。

（2）蓝移与红移现象

纳米粒子与大块材料相比，吸收带普遍移向短波方向，即“蓝移”现象。如纳米 SiC 颗粒和大块 SiC 固体的红外吸收峰值分别是 814 cm^{-1} 和 794 cm^{-1}，纳米颗粒的红外吸收峰位置（波数）较大块固体红移了 20 cm^{-1}，也就是说，吸收峰的波长位置发生了蓝移。纳米氮化硅颗粒和大块氮化硅固体的红外吸收峰值分别为 949 cm^{-1} 和 935 cm^{-1}。对纳米粒子吸收带“蓝移”的解释有几种说法，归纳起来有两个方面：一是量子尺寸效应，由于颗粒尺寸下降能隙变宽，这就导致光吸收带移向短波方向。Ball 等对这种蓝移现象给出了普适性的解释：已被电子占据分子轨道能级与未被电子占据分子轨道能级之间的宽度（能隙）随颗粒直径减小而增大，这是产生蓝移的根本原因，这种解释对半导体和绝缘体都适用；另一种是表面效应，由于纳米粒子颗粒小，大的表面张力使晶格畸变，晶格常数变小，对纳米氧化物和氮化物小粒子研究表明第一近邻和第二近邻的距离变短，键长的缩短导致纳米粒子的键本征振动频率增大，结果使光吸收带移向了高波数。

在一些情况下，粒径减小至纳米级时，可以观察到光吸收带相对粗晶材料呈现"红移"现象，即吸收带移向长波方向。例如，在 200～1 400 nm 波长范围，单晶 NiO 呈现 8 个光吸收带，它们的峰位分别为 3.52 eV，3.25 eV，2.95 eV，2.75 eV，2.15 eV，1.95 eV 和 1.13 eV（E(eV)＝1 240/波长(nm)），纳米 NiO（粒径为 54～84 nm）不呈现 3.52 eV 的吸收带，其他 7 个带的峰位分别为 3.30 eV，2.93 eV，2.78 eV，2.25 eV，1.92 eV，1.72 eV 和 1.07 eV。很明显，前 4 个光吸收带相对单晶的吸收带发生了蓝移，后 3 个光吸收带发生红移，这是因为光吸收带的位置是由影响峰位的蓝移和红移因素共同作用的结果，如果前者的影响大于后者，吸收带蓝移；反之，则红移。随着粒径的减小，量子尺寸效应会导致吸收带的蓝移，但是粒径减小的同时，颗粒内部内应力会增加，这种内应力的增加会导致能带结构的变化，电子波函数重叠加大，结果带隙、能级间距变窄，这就导致电子由低能级向高能级及半导体电子由价带到导带跃迁引起的光吸收带红移。纳米 NiO 中出现的光吸收带的红移是由于粒径减小时红移因素大于蓝移因素所致。

(3) 发光现象

纳米粒子的尺寸小到一定值时，可在一定波长的光激发下发光。1990 年，日本佳能研究中心的 Tabagi 发现，粒径小于 6 nm 的 Si 颗粒在室温下可以发射可见光，随着粒径减小，发射带强度增强并移向短波方向，如图 3－17 所示；当粒径大于 6 nm 时，这种光发射现象消失。Tabagi 认为硅纳微粒的发光是载流子的量子限域效应引起的；而 Brus 认为，大块 Si 不发光是由于它的结构存在平移对称性，但当 Si 颗粒粒径小到某一程度(6 nm)时，平移对称性消失，因此出现发光现象。

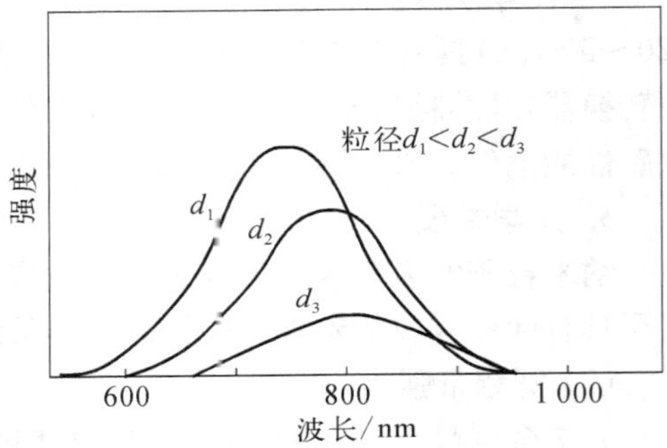

图 3－17　不同粒度纳米 Si 颗粒在室温下的发光光谱

4. 吸附特性

吸附是相接触的不同相之间产生结合的现象。吸附可分成两类，一是物理吸附(Physical Adsorption)，吸附剂与吸附相之间以范德瓦尔斯力之类较弱的物理力结合；二是化学吸附(Chemical Adsorption)，吸附剂与吸附相之间以化学键强结合。纳米粒子由于有大的比表面和表面原子配位不足，与相同材质的大块材料相比较，有较强的吸附性。纳米粒子的吸附性与被吸附物质的性质、溶剂的性质以及溶液的性质有关，尤其是电解质、非电解质溶液以及溶液的 pH 等对纳米粒子的吸附产生强烈的影响。此外，不同种类的纳米粒子吸附性质也有很大差别。下面仅以纳米陶瓷颗粒为例，阐述纳米粒子与电解质、非电解质溶液的作用机制、吸附过程和吸附特性。

(1) 非电解质的吸附

非电解质是指电中性的分子，它们可通过氢键、范德瓦尔斯力、偶极子(Dipole)的弱静电引力吸附在粒子表面，其中主要是以氢键形成吸附在其他相上。例如，氧化硅粒子对醇、酰胺、醚的吸附过程中氧化硅微粒与有机试剂的接触为硅烷醇层，硅烷醇在吸附中起着重要作用。上述有机试剂中的 O 或 N 与硅烷醇的羟基中的 H 形成 O－H 或 N－H 氢键，从而

完成 SiO_2 微粒对有机试剂的吸附，如图 3－18 所示。这里需要特别注意的是，对于一个醇分子与氧化硅表面的硅烷醇羟基之间只能形成一个氢键，所以结合力很弱，属于物理吸附；而对于高分子氧化物，例如聚乙烯氧化物在氧化硅粒子上的吸附也同样通过氢键来实现，由于大量的 O—H 氢键的形成，使吸附力变得很强，这种吸附为化学吸附。弱物理吸附容易脱附，强化学吸附脱附困难。

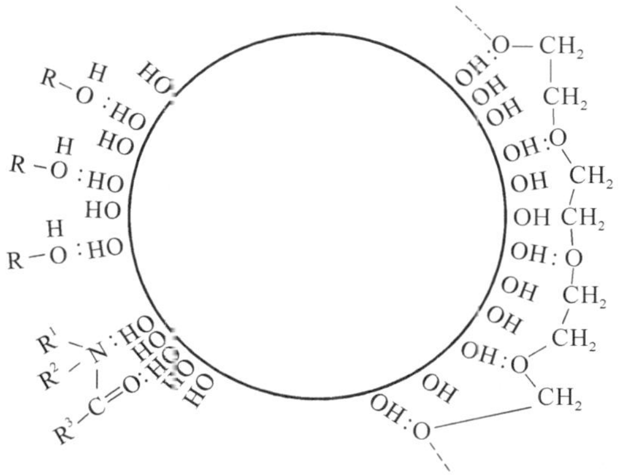

图 3－18　在低 pH 下吸附于氧化硅表面的醇、酰胺、醚分子

吸附不仅受粒子表面性质的影响，也受吸附相的性质影响，即使吸附相是相同的，但如果溶剂种类不同，吸附量也会不一样。例如，以直链脂肪酸为吸附相，以苯及正己烷为溶剂，结果以正己烷为溶剂时直链脂肪酸在氧化硅微粒表面上的吸附量比以苯为溶剂时多，这是因为在苯中形成的氢键很少。从水溶液中吸附非电解质时，pH 影响很大，pH 高时，氧化硅表面带负电，水的存在使得氢键难以形成，吸附能力就下降。

（2）电解质吸附

电解质在溶液中以离子形式存在，其吸附能力大小由库仑力来决定。纳米粒子在电解质溶液中的吸附现象大多数属于物理吸附。由于纳米粒子具有大的比表面积，常常产生键的不饱和性，致使纳米粒子表面失去电中性而带电（例如纳米氧化物、氮化物粒子），而电解质溶液中往往把带有相反电荷的离子吸引到表面上以平衡其表面上的电荷，这种吸附主要是通过库仑交互作用而实现的。

例如，纳米尺寸的黏土小颗粒在碱或碱土类金属的电解液中，带负电的黏土超微粒子很容易把带正电的 Ca^{2+} 吸附到表面，这里 Ca^{2+} 称为异电离子，这是一种物理吸附过程。它是有层次的，吸附层的电学性质也有很大的差别。一般来说，靠近纳米粒子表面的一层属于强物理吸附，称为紧密层，它的作用是平衡超微粒子表面的电性；离超微粒子稍远的 Ca^{2+} 形成较弱的吸附层，称为分散层。由于强吸附层内电位急骤下降，在弱吸附层中缓慢减小，结果在整个吸附层中产生电位下降梯度。

5. 分散特性

纳米粒子具有的奇特活性及大的表面能，能量处于不稳定状态，使纳米粒子很容易产生团聚，从而破坏了纳米粒子的超细性与均匀性，使其粒径变大失去纳米粒子的特性，严重影响纳米粒子的性能，因此在制备过程中应尽量减少团聚状态的产生与存在。

纳米粒子的团聚一般可分为软团聚体和硬团聚体两种形态。软团聚主要是由粒子间的静电力和范德瓦尔斯力或因团聚体内液体的存在而引起的毛细管力所致，相互作用力较小；硬团聚的形成除了静电力和范德瓦尔斯力之外，还存在化学键作用以及粒子间液相桥或固相桥的强烈结合作用，这种团聚体相互作用力大，强度高。

很多文献对纳米粒子团聚的形成作了详细阐述，归纳起来主要有以下几方面：（1）粒子细化到纳米数量级以后，其表面积累了大量的正电荷或负电荷.粒子形状极不规则造成表面电荷的聚集，使粒子极不稳定，因而易发生团聚；(2) 纳米粒子的比表面积大、表面能高、处于能量的不稳定状态，很容易发生聚集而达到稳定状态；(3) 随着粒子尺寸的减小，粒子之间的静电吸引力、范德瓦尔斯力等显得越来越重要，这些力导致粒子之间发生团聚(当粒子尺寸小于 50 nm 时，粒子之间的范德瓦尔斯引力已非常强)；(4) 纳米粒子之间表面的氢键、化学键的作用也易导致粒子之间的互相吸附而发生团聚；(5) 由于纳米粒子的量子隧道效应、电荷转移和界面原子的相互耦合，使纳米粒子极易通过界面发生相互作用和固相反应而团聚；(6) 由于纳米粒子的比表面积大，使之与空气或各种介质接触后，极易吸附气体、介质或与其作用，从而失去原来的表面性质，导致粘连与团聚；(7) 有些纳米粒子由于水解作用，表面存在较强的碱性、羟基性或配位水分子，它们可通过羟基和配位水分子缩合，生成硬团聚；(8) 晶桥理论的观点是，湿凝胶在干燥过程中，毛细管吸附力使颗粒相互靠近，颗粒由于表面羟基和溶解-沉淀形成的晶桥而变得更加紧密，随着干燥过程的进行，这些晶桥相互结合，进而形成较大的块状团聚体；(9) 毛细管吸附理论的观点是，在凝胶受热吸附水开始蒸发时，颗粒的表面部分裸露出来而水蒸气则从孔隙的两端出去，由于毛细管力的存在，在水中形成了静拉伸压强，它使得毛细管的孔壁收缩，从而使粉体聚集产生团聚。

纳米粒子在溶液中的团聚取决于吸附和排斥的共同作用.当吸附力大于排斥力时就会产生团聚，反之粒子就会处于分散状态。当前对于在溶液中的纳米粒子团聚的机理还没有一个统一明确的解释，不过有人提出了 DLVO 理论，即在溶液中的纳米粒子是否团聚主要由双电层和范德瓦尔斯力两个因素决定，当范德瓦尔斯作用能大于双电层作用能时，粒子就会产生团聚；反之当双电层作用能大于范德瓦尔斯作用能时，粒子将处于分散状态。

纳米粒子彼此易于团聚的内在属性是由于纳米粒子间存在着有别于常规粒子(或颗粒)间的作用能(纳米作用能)，进一步的原因是纳米粒子的表面因缺少邻近配位的原子，具有很高的活性而使纳米粒子团聚。这种纳米作用能的物理意义是单位比表面积纳米粒子具有的吸引力，它是纳米粒子几个方面吸附的总和：纳米粒子间氢键、静电作用产生的吸附；纳米粒子间的量子隧道效应、电荷转移和界面原子的局部耦合产生的吸附；纳米粒子巨大的比表面产生的吸附，纳米作用能是纳米粒子易团聚的内在因素。

防止纳米粒子团聚的方法主要有化学法和高能物理法，消除纳米粒子的团聚的方法主要是机械力分散法。

(1) 化学分散

纳米粒子在水介质中的分散是一个分散(Dispersion)与絮凝(Flocculation)平衡的过程，尽管物理方法可以较好地实现纳米粒子在水等液相介质中的分散，但一旦机械力的作用停止，粒子间由于范德瓦尔斯力的作用，又会相互聚集起来。而采用化学法，即在悬浮体中加入分散剂，使其在粒子表面吸附，可以改变粒子表面的性质，从而改变粒子与液相介质、粒子与粒子之间的相互作用，使粒子间有较强的排斥力，这种抑制浆料絮凝的作用更为持久。

① 加入反絮凝剂形成双电层

选择适当的电解质作分散剂，使纳米粒子表面吸引异电离子形成双电层，通过双电层之间库仑排斥作用使粒子之间发生团聚的引力大大降低，实现纳米粒子分散的目的。反絮凝剂的选择可依据纳米粒子的性质、带电类型等来确定，如根据纳米氧化物 SiO_2，Al_2O_3 和 TiO_2 等在水中的 pH 不同(粒子带正电或负电)，因此可选 Na^+、NH_4^+ 或 Cl^-、NO_3^- 异电离子作反絮凝剂，使微粒表面形成双电层，从而达到分散的目的。

② 加入表面活性剂包裹微粒

为了防止分散的纳米粒子团聚，也可加入表面活性剂，使其吸附在粒子表面，形成微胞状态，由于活性剂的存在而产生了粒子间的排斥力，使得粒子间不能接触，从而防止团聚体的产生。这种方法对于磁性纳米颗粒的分散制成磁性液体是十分重要的。磁性纳米粒子很容易团聚，这是通过颗粒之间磁吸引力实现的，因此，为了防止磁性纳米粒子的团聚，加入界面活性剂，例如油酸，使其包裹在磁性粒子表面，造成粒子之间的排斥作用，这就避免了团聚体的形成。

(2) 超声分散

超声分散是将需处理的颗粒悬浮体直接置于超声场中，用适当频率和功率的超声波处理，是一种精度很高的分散手段。目前普遍认为超声分散作用的机理与空化作用有关。实验证明，悬浮体的分散存在着最适宜的超声频率，它的值决定于被悬浮粒子的粒度。例如，具有平均粒度为 100 nm 的硫酸钡的水悬浮液，在超声分散时，其最大分散作用的超声频率为 960～1 600 kHz，粒度增加，其频率相应降低。超声分散用于超细粉体悬浮液的分散可获得理想的分散效果，但其能耗大，大规模使用成本高，目前只在实验室使用较多。不过随着超声技术的不断发展，超声分散在工业生产中应用也将成为可能。

(3) 机械分散

机械分散是借助外界剪切力或撞击力等机械能使纳米粒子在介质中充分分散的一种方法。机械分散法有研磨、普通球磨、振动球磨、胶体磨、空气磨、机械搅拌等。普通球磨是一个圆筒形容器沿其轴线水平旋转，研磨效率与填充物性质及数量、磨球种类大小及数量、转速等很多因素有关，是最常用的机械分散方式，缺点是研磨效率较低。振动球磨是利用研磨体高频振动产生的球对球的冲击来粉碎粉体粒子的。振动球磨机的振动方向一般是二维或三维的。振动球磨的研磨效率较高，可以有效地降低粉体的粒径，提高比表面积。但粉体磨细到一定程度，再延长时间，粉体粒径不会变化。这是由于细颗粒具有巨大的界面能，颗粒间自动聚集的趋势变大，分散作用与聚集作用达到平衡，粒径不再变化。在球磨过程中常加入分散剂，使其浆料在较长时间内保持其稳定性。强烈的机械搅拌也是破碎团聚的有效方法，主要靠冲击、剪切和拉伸等作用来实现浆料的分散。

机械力作用下的分散通常被认为是简单的物理分散，主要是借助外界剪切力或撞击力等机械能使纳米粒子在介质中充分分散的一种形式。事实上，这是一个非常复杂的分散过程，通过对分散体系施加机械力会引起体系内物质的物理、化学性质变化以及伴随的一系列化学反应才会达到分散目的，对这种特殊现象称之为机械化学效应，又叫力化学作用。虽然力化学作用的反应机理等一些理论问题还不明确，相间的化学结合方式尚处于探索阶段，但机械力分散法用于纳米粒子在高分子材料中的分散仍是一种有效的方法。在机械搅拌下纳米粒子的特殊表面结构容易产生化学反应，形成有机化合物支链或保护层，使纳米粒子更容易分散。例如，利用普通 Fe_3O_4 粉与微粒级聚氯乙烯(PVC)在高能球磨中球磨，借助化学作用，能够形成 $\alpha-Fe_3O_4$/聚氯乙烯纳米复合材料，$\alpha-Fe_3O_4$ 的粒径为 10 nm，具有超顺磁性。

从制备到应用，首先要解决的是纳米粒子的分散和表面改性问题，只有处理好这些问题，纳米粒子才能发挥其巨大的功能。目前，纳米粒子表面改性的方法很多，但能从根本上解决问题的方法很少，需进一步研究。纳米粒子表面改性是一门新兴的学科，许多与表面有关的新现象和问题迫切需要新的理论依据。表面改性机理的研究、改性方法及设备、改性效果的表征有待于进一步完善。纳米改性已成为纳米材料研究和开发中一个极其重要的课题，被视为未来产生新材料的重要手段，因而对其进行深入细致的研究必将使其具有良好的前景。

五、研究与发展现状

目前，众多的研究人员正在把研究的兴趣和重点放在较小粒径的纳米粒子的行为及特性的实验分析及理论研究上，并在不断地开拓新的研究领域。纳米粒子的粒径与气氛（组分、压力等）之间的关系虽然有定性的描述，但仍需系统的研究和数据积累。建立这样的关系对纳米粒子的制备和生产十分必要，因为应用上常常要求能够有效地控制粒径或粒径分布，同时平均粒径在 5 nm 以下的超微粒子的制造仍是一个具有一定挑战性的课题。纳米粒子的结晶惯态及粒子生长过程直接的实验观察对人们理解及控制纳米粒子的形成将是非常有意义的。继碳纳米管后，纳米胶囊（Nano-capsule）的研究正引起研究者的重视。早期的碳胶囊和碳纳米管是伴生的，并被认为是最稳定的 C_{60} 结构。现在，人们已能够采用不同的方法制备种纳米碳胶囊，并采用高分辨电镜对碳胶囊进行了观察和分析。从应用的角度看，纳米胶囊具有更明显的优势（粒径较小、防氧化、表面改性等），已经成为纳米材料领域新的研究热点。

近年来人们在小尺寸纳米粒子的制备、控制、应用和理解上都进入了一个新的阶段。实现了用多种物理、化学方法规模化制备金属与合金（晶态、非晶态）、氧化物、氮化物、碳化物等化合物纳米粉体的工艺，建立了相应的设备，做到纳米晶粒的尺寸与组成可控，为纳米材料的研究与开发奠定了基础。在零维纳米材料的表征、团聚体的起因和消除、表面吸附和脱附、纳米复合粉体的制备等方面都有所创新，取得了重大的进展。在应用方面，20 世纪 90 年代出现了初级纳米粉体产品（粒径小于 100 nm、粒径分布范围宽、无表面修饰的纳米粉），这类纳米粉体并没有充分显示纳米特性，多数只用于附加值不太高的涂层行业，如作建筑涂料、部分结构材料强韧化添加剂等。随着纳米生物，纳米医药，纳米电、磁、电子产品，纳米功能涂层等高附加值纳米技术产业的出现，国外纳米企业界根据不同行业用户的要求提出了第二代纳米粉体产品概念，其内涵包括以下几点。

(1) 出厂的纳米粉是经过表面有机高分子或表面活性剂改性的，便于保质和分散。

(2) 粒径是单一的，大小是限定的。例如纳米 Al_2O_3 粉用于节能灯高效反射涂层，但只有 30 nm 以下单一粒径才有此种功能；球形纳米 SiO_2 作光子晶体，一般是 30 nm 单一粒径球形，这是将引起 IT 产业大变革的新材料。

(3) 从工业应用角度讲，纳米粉体产品最小粒径极限是 3～5 nm。大多数物质细到这种程度（一般小于 10 nm）具有许多不同于较大粒径纳米粉的特性。首先是粉体颜色改变，SiC 粒径从 30 nm 变到 5 nm 时，颜色从深灰变为乳白，对可见光从不透明到透明；纳米 Si 粉粒径小于 10 nm 时，在不同波长光的辐射下，能发出不同单色光，这样的光学效应是光电子、防伪、功能涂层产业的基础原料。

(4) 核-壳结构纳米粒子设计，一种是以纳米粒子为核包覆一层或多层纳米尺寸的另外一种物质，但复合粒子总尺寸还是小于 100 nm；另一种是以次微米或微米粒子为核包覆一层或多层纳米厚度的其他物质。目前纳米药物就是前一类纳米复合粒子；吸波涂层和结构材料纳米复合改性多用后一类微-纳结构复合粒子。

可以预见，随着国际上第二代高性能纳米粉产品的不断出现，不仅将大大推动传统材料产业的升级与发展，而且将极大地促进其他纳米材料的研究和发展。

第四节　纳米脂质体及其靶向制剂

脂质体(Liposome)最初是由英国学者 Bangham 和 Standish 将磷脂分散在水中进行电镜观察时发现的。磷脂分散在水中自然形成多层囊泡，每层均为脂质的双分子层；囊泡中央和各层之间被水相隔开，双分子层厚度约为 4 nm。后来，将这种具有类似生物膜结构的双分子小囊称为脂质体。1971 年英国莱门(Rymen)等开始将脂质体用于药物载体。

一、脂质体的组成

(1) 磷脂

脂质体系由磷、胆固醇等脂为膜材及附加剂组成，这两种膜材不但是形成脂质体双分子层的基础物质，而且本身也具有极为重要的生理功能。磷脂是一类化合物的总称，并不是指一种特定的化合物。但磷脂的结构存在共性，即所有的磷脂都是由一个亲水的头部和两个疏水的尾部组成。头部由磷酸骨架与水溶性分子如胆碱、丝氨酸等酯化形成，可溶于水；向下延伸的两条平行尾部是脂肪酸链，每条链有 10～24 个碳原子和 0～6 个双键，不溶于水。由于这种分子的头部是亲水部分，尾部是疏水部分，所以被称为两亲分子或兼性分子，其结构简式如图 3-19 所示。

磷脂的两条脂肪酸链不溶于水，但在水中能自发地形成脂质双分子层，是构成脂质体的主要膜材。脂肪链的饱和度影响脂膜排列的紧密度，因而影响脂质体的稳定性，如饱和磷脂排列紧密，制备的脂质体稳定，药物的泄漏少。

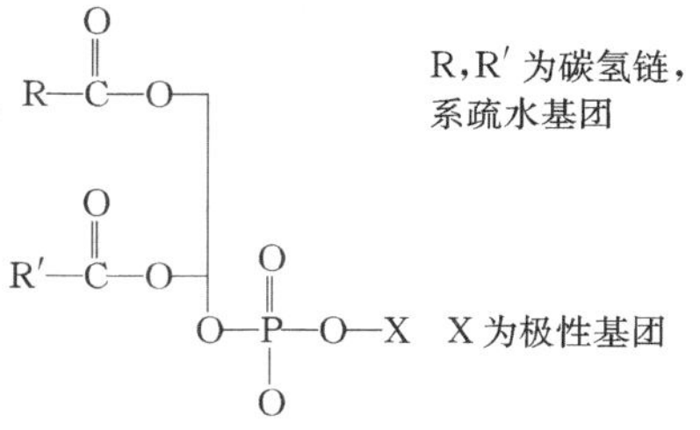

图 3-19　磷脂结构简式

(2) 胆固醇

最常用的附加剂是胆固醇，其他还有十八胺、磷脂酸等。胆固醇是一种中性脂质，也属于两亲物质，但是亲油性大于亲水性，其结构如图 3-20 所示。

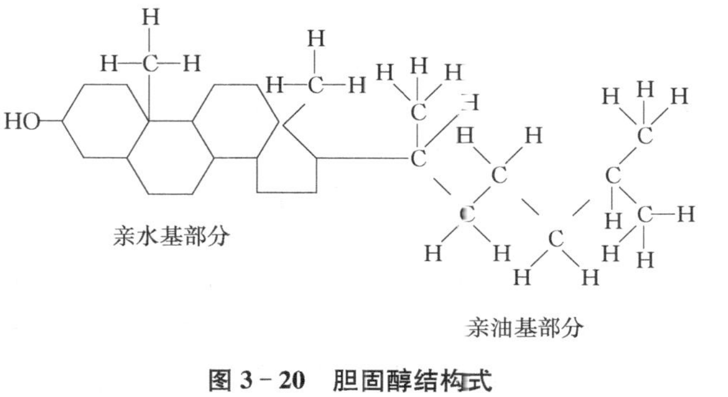

图 3-20　胆固醇结构式

胆固醇本身不形成脂质双层结构，但它作为两性分子能以高浓度方式镶嵌入脂质膜，羟基基团朝向亲水面，脂肪族的链朝向并平行于磷脂双层中心的烃链。由于胆固醇本身相聚合的能量较大，故通常不与蛋白质结合，而主要与磷脂相结合，阻止磷脂凝聚成晶体结构。单一磷脂中加入胆固醇可改变磷脂的相变温度，对脂质膜的流动性产生双向调节功能。在相变温度以上时，胆固醇能抑制脂质分子的旋转异构，降低膜的流动性；在相变温度以下时，它又能增加脂质双分子膜的不对称性，增加膜的流动性。而脂质膜流动性变化与膜的通透性变化相平行，流动性增加，通透性增大；反之亦然。

二、脂质体的形成原理

磷脂在一定条件下才能形成脂质体，并非把磷脂放在水中就产生脂质体，磷脂在水中或甘油中搅拌只能形成乳化颗粒。用磷脂与胆固醇作脂质体的膜材时，常常先将类脂质溶于有机溶剂中配成溶液，然后蒸发除去有机溶剂，在器壁上形成均匀的类脂质薄膜，此薄膜是由磷脂与胆固醇混合分子相互间隔定向排列的双分子层所组成。随后加入缓冲水溶液，水溶液在超声作用下分散为小水滴。脂质膜的亲水基吸附在水滴表面形成一层单分子膜，从而生成油包水微乳液。有机溶剂中多余的磷脂、胆固醇在有机相与缓冲液的油水界面迅速生成一层单分子膜，在离心作用下，油相中的小水滴穿过油水界面的单分子膜并被其包围，在水相中形成脂质体。如图 3－21 所示为脂质体的形成原理示意图。

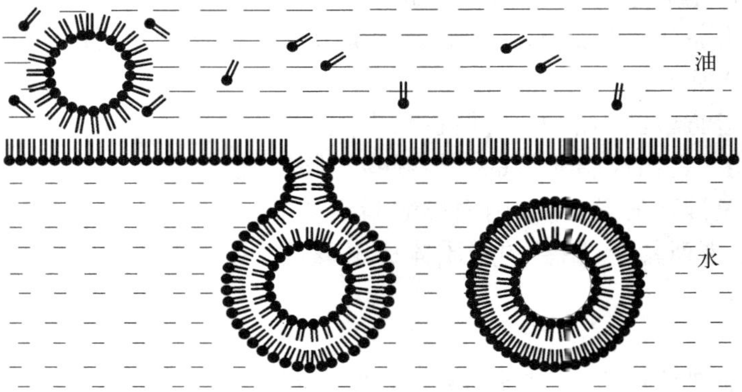

图 3－21　脂质体的形成原理图

三、脂质体的结构与载药系统

脂质体的结构类似生物膜，在脂质体的水相和脂质双分子层组成的膜内可以包裹多种物质。对脂质体的结构而言，除了磷脂和胆固醇外，并不一定需要掺入其他成分。由于膜内部是一种由非交联相互作用相关的分子组成的非常流动的脂肪族基质，它容易接受和保留大范围的脂溶性化合物而不要求此种化合物有任何固定的特异性化学结构。

采用脂质体作为药物载体时，可以根据药物的性质而包裹在脂质体的不同部位：脂溶性药物定位于双分子层脂质膜之间，极性部分可以伸展到脂质体的极性区域；两性化合物定位在水相与膜内部之交界磷脂上；水溶性分子包裹在内水相（如图 3－22 所示）。此外，一些药物也可以直接附着在膜的表面上。但脂质体膜的表面和内部具有不同的性质，使相对分子质量较大的药物向两侧的传递受到限制，只有相对分子质量较小的物质可以较快通过这样的亲水层—疏水层—亲水层结构的膜。

各类药物掺入脂质膜的方法完全是物理性的，因此对药物的化学性质并无任何限制。但是，有两类化合物不能掺入脂质体，其一，在水相和有机溶剂中都不溶的物质；其二，在两种介质中溶解性都非常好，脂质体对该种化合物从脂质体的内面到其外面没有屏障作用的物质。

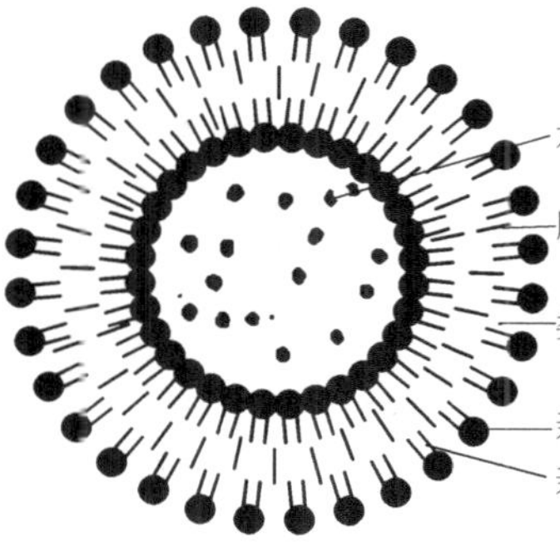

图 3-22　单室脂质体结构图

四、纳米脂质体靶向给药系统

纳米脂质体为一种新型的靶向给药系统，将药物粉末或溶液包埋在直径为纳米级的脂质体微粒中，这种纳米微粒具有类细胞结构，进入人体内主要被网状内皮系统吞噬而激活机体的自身免疫功能，并改变被包封药物的体内分布，使药物主要在肝、脾、肺和骨髓等组织器官中积蓄，从而提高药物的治疗效果，减小药物的治疗剂量和降低药物的毒性。

纳米脂质体能选择性地分布于某些组织和器官，增加药物对组织器官的定向性，提高药物在靶部位的治疗浓度。尤其对抗肿瘤药物，能使之选择性地杀伤肿瘤细胞或抑制肿瘤细胞，对正常组织、细胞的毒性明显降低或无损害作用。其中，粒径是决定纳米给药系统在体内吸收程度和靶向性的主要因素。

纳米脂质体静脉注射后可迅速地被体内网状内皮系统吞噬，因而选择性地分布于网状内皮系统丰富的器官，如肝和脾等，出现较高的局部药物浓度，即被动靶向。试验结果表明，脂质体粒径变化显著改变了药物的体内配置：粒径范围在 400～530 nm 的脂质体表现了被动靶向特性，与药物溶液相比，药物在肝、脾蓄积增加最为显著，心、肾蓄积明显减少，因而可在一定程度上减少药物可能引起的心脏毒性及肾毒性；而小粒径脂质体（≤180 nm）由于粒径减小而避免了被网状内皮系统吞噬，明显延长药物在体内的滞留时间，增加血药浓度，提高生物利用度，可满足长循环的要求。

另外，对纳米脂质体表面性质（如粒径大小、表面电荷、组织特异性抗体等）进行改变，可进一步提高药物对靶区的选择性，从而也进一步降低药物毒性和（或）不良反应。如，根据肿瘤间质液的 pH 比正常的组织低和细胞内吞空泡 pH 范围为 5.0～6.5 的特点，设计了 pH 敏感脂质体。其原理是利用某些具有 pH 敏感型的类脂如棕榈酰高半胱氨酸、磷脂酰乙醇胺等，pH 低时可导致脂肪酸羧基的质子化而引起六方晶体（非相层结构）的形成，从而破坏脂质体双分子层的稳定性而释放药物。

（徐云龙）

复习思考题

1. 为什么零维纳米材料的纳米效应比其他维数的纳米材料更为显著？
2. 原子团簇为何常被称为“物质第五态”？它们有哪些共同的特性？
3. 碳有哪些已知的同素异形体模型？为何它们的性质截然不同？

4. 人造原子与真正原子有何相似和不同之处？
5. 人造原子与原子团簇有何区别？其研究意义何在？
6. 比较物理法和化学法制备纳米粒子的优缺点。
7. 纳米粒子有哪些复合结构类型？
8. 多层结构的纳米粒子是如何形成的？
9. 纳米粒子团聚如何抑制和消除？纳米粒子的硬团聚是怎样产生的？
10. 纳米粒子表面修饰的方法主要有哪些？其目的何在？
11. 何为第二代纳米粉体产品？它与第一代产品有哪些显著区别？
12. 纳米脂质体是如何形成的？脂质体有哪些主要分类？
13. 何为纳米药物？何为靶向制剂？纳米脂质体作为药物载体是如何实现靶向控释给药的？

参考文献

[1] 张立德，牟季美．纳米材料和纳米结构．北京：科学出版社，2001.
[2] 施利毅．纳米材料．上海：华东理工大学出版社，2007.
[3] 陈敬中，刘剑洪．纳米材料科学导论．北京：高等教育出版社，2006.
[4] 张立德．纳米材料和纳米结构．北京：化学工业出版社，2005.
[5] 刘吉平，孙洪强．碳纳米材料．北京：科学出版社，2004.
[6] 曹茂盛．纳米材料导论．哈尔滨：哈尔滨工业大学出版社，2001.

第四章　一维纳米结构单元

本章要求

1. 了解什么是一维纳米结构单元，了解一维纳米结构单元的主要类型。
2. 了解碳纳米管的主要制备方法及其特点，理解碳纳米管的生长机理及其研究意义。
3. 熟悉碳纳米管的结构类型，理解不同结构类型的碳纳米管电学性质的截然不同。
4. 了解研究纳米管稳定性的意义，清楚控制和提高纳米管稳定性的有效措施。
5. 理解纳米带与碳纳米管的性能差异。
6. 了解纳米棒、纳米丝和纳米线之间的区别。
7. 知道什么是同轴纳米电缆，什么是纳米环；了解它们有哪些可能的应用。
8. 理解纳米环的性质与纳米线和碳纳米管的性质的差别。

自 1991 年日本 NEC 公司饭岛(Ijima)研究小组首次发现碳纳米管(Carbon Nanotube，CNT)以来，一维纳米结构(One-dimensional Nanostructure)单元的研究立刻引起了不同科技领域众多科学家们的极大关注，科学家们相继研究发现了纳米线(Nanowire)、同轴纳米电缆(Coaxial Nanoline)、纳米带(Nanobelt)和纳米环(Nanoring)等新型一维纳米结构单元(又称准一维纳米材料)。一维纳米结构在介观领域和纳米器件研制等方面有着重要的应用前景，它可用作扫描隧道显微镜(STM)的针尖、纳米器件和超大集成电路中的连线、光导纤维、微电子学方面的微型钻头以及复合材料的增强剂。本章将分别介绍碳纳米管、纳米线、同轴纳米电缆、纳米带和纳米环的研究与发展。

第一节　碳 纳 米 管

碳纳米管，又称巴基管，属于富勒碳系，碳纳米管的发现是伴随着 C_{60} 研究的不断深入而实现的。1970 年法国奥林大学(University of Orleans)的安多(Endo)首次用气相生长技术制成了直径为 7 nm 的碳纤维，遗憾的是，他没有对这些碳纤维的结构进行仔细的评估和表征，因而并未引起人们的注意。直到 1991 年，美国海军实验室一个研究组提交一篇理论性文章，预计了一种碳纳米管的电子结构，但当时认为近期内不可能合成碳纳米管，因此，文章未能发表。同年 1 月，日本筑波的 NEC 实验室的饭岛首次用高分辨电镜观察到了碳纳米管，这些碳纳米管是多层同轴管。几乎与此同时，莫斯科化学物理研究所的研究人员也独立地发现了碳纳米管和纳米管束，但是这些碳纳米管的长径比(长度与直径的比例)很小。单壁碳纳米管是由美国加利福尼亚的 IBM Almaden 公司实验室伯森(Bethune)等首次发现的。1996 年，美国著名的诺贝尔奖获得者斯莫雷(Smalley)等合成了成行排列的单壁碳纳米管束，每一束中含有许多碳纳米管，这些碳纳米管的直径分布很窄。我国中科院物理所解思深等实现了碳纳米管的定向生长，并成功合成了超长(毫米级)碳纳米管。

碳纳米管、碳纳米纤维等碳纳米材料是近年来国际科学的前沿研究领域之一。从近期美国《科学索引》核心期刊发表的和碳纳米管有关论文数看，我国排在美国、日本之后位居世界前列。本节介绍碳纳米管的结构、合成、性能及其应用研究进展。

一、碳纳米管结构

理想碳纳米管是由碳原子形成的石墨烯片层卷成的无缝、中空的管体。石墨烯的片层一般可以从一层到上百层，含有一层石墨烯片层的称为单壁碳纳米管（Single Walled Carbon Nanotube，SWCNT），多于一层的则称为多壁碳纳米管（Multi-walled Carbon Nanotube，MWCNT），如图 4－1 所示。每个单壁管侧面由碳原子六边形组成，两端由碳原子的五边形封顶。按截面边缘形状来区分，单壁碳纳米管可能存在三种类型的结构，分别称为单壁纳米管、锯齿形纳米管和手性纳米管，如图 4－2 所示。这些类型碳纳米管的形成取决于碳原子的六角阵二维石墨片是如何“卷起来”形成圆筒形的。

(a) 单壁碳纳米管　　(b) 多壁碳纳米管

图 4－1　碳纳米管的模型

SWCNT 的直径一般为 1～6 nm，最小直径大约为 0.5 nm；但 SWCNT 的直径大于 6 nm 以后特别不稳定，会发生塌陷，其长度则可达几百纳米到几个微米。

MWCNT 的层间距约为 0.34 nm，直径在零点几纳米到几十纳米，长度一般为纳米至微米级，最长者可达数毫米。由于碳纳米管具有较大的长径比，所以可以把其看成为准一维纳米材料。

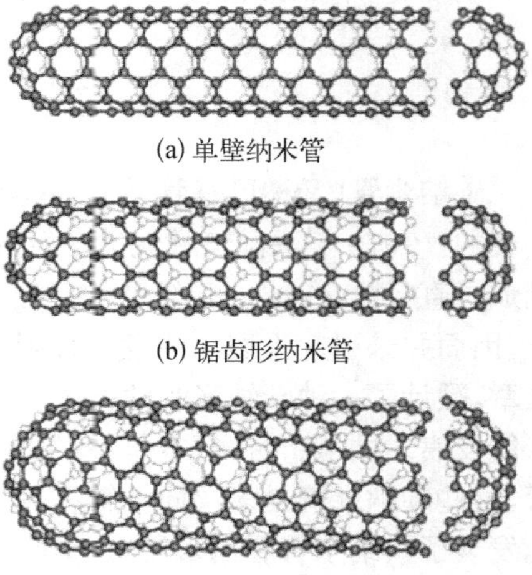

(a) 单壁纳米管

(b) 锯齿形纳米管

(c) 手性纳米管

图 4－2　按截面边缘形状区分的各种碳纳米管

二、碳纳米管的合成

1. 碳纳米管的合成方法

碳纳米管常见合成工艺有电弧法（Arc Process）、催化裂解法（Catalytic Pyrolysis）和激光蒸发法（Laser Evaporation）等。电弧法是在惰性气体气氛中，两根石墨电极直流放电，阴极上产生碳纳米管。催化裂解法是采用过渡金属作催化剂，在 700～1 600 K 的条件下，通过碳氢化合物的分解得到碳纳米管。激光蒸发法是采用激光刻蚀高温炉中的石墨靶子，碳纳米管就存在于惰性气体夹带的石墨蒸发产物中。

电弧法和催化裂解法是大量制备碳纳米管的主要方法，其中电弧法可以获得具有较高程度石墨化结构的碳纳米管，催化裂解法获得的碳纳米管薄膜定向性和均匀性是目前最好的，激光蒸发法用于制备一些特殊结构的碳纳米管。

碳纳米管的形成过程是游离态的碳原子或者碳原子团发生重新排布的过程。碳纳米管的直径和直径分布主要取决于制备方法、催化剂的种类、生长温度等反应条件，其中催化剂在 SWCNT 的生长过程中，能够降低弯曲应力，促进碳原子排列整齐并且阻止 SWCNT 两端富勒烯分子的形成。

2. 碳纳米管的生长机理

目前研究碳纳米管生长机理的方法主要有两种：一是根据实验得到的碳纳米管（CNT）的结构特征，提出能解释其形成过程的机理；二是使用分子反应动力学原理，模拟 CNT 的微观生长历程。CNT 的生长机理是个极其复杂的问题，CNT 的制备工艺不同，其生长过程和机理也不相同，因此，不同的研究者根据其实验方法和结果提出了不同的生长机理模型。

（1）电弧法制备碳纳米管的生长机理模型

① 封闭生长机理。Endo 等认为，碳纳米管在生长过程中始终保持两端封闭，其生长是通过来自等离子体中的碳原子簇插入反应活性较高的两封闭端，即 C－2 可以插入六元环而产生两个相邻的五元环（如图 4－3 所示）。然后五元环在石墨网中扩散，发生结构重排而形成更加稳定的结构。封闭生长机理可以成功地解释单壁管的生长过程，但不能解释多壁管的生长和结构。因为既然碳原子簇必须从外层扩散到内层，其生长速率不可能相同，内层和外层的长度也就不可能相同。

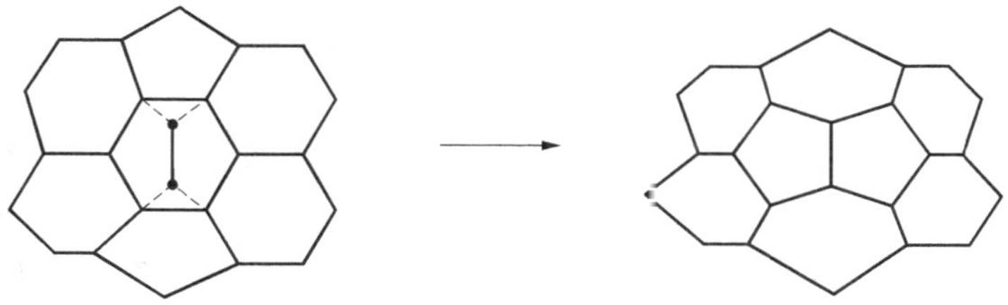

图 4－3　封闭生长机理

② 开口生长机理。Iijima 依据实验获得开口的碳纳米管，提出了开口生长机理，他认为碳管在生长过程中始终保持开口，开口处有较高反应活性的悬空键（不饱和键），吸附等离子体中的碳原子从而生长，内外层管以同样速率生长。该生长机理能解释通过 TEM 观察到的所有碳纳米管的结构特征，可以成功地解释碳纳米管的螺旋性。

③ 电场诱导生长机理。Smalley 认为，在电弧放电条件下，两电极空间起屏蔽辐射，其温度很高，蒸发石墨电极而形成自由碳原子，在温度低的阴极表面上沉积。阴极表面较高的电压降产生的电场对碳管的开口生长起稳定作用并诱导碳纳米管生长。而 Zhang 等认为，电弧条件下的 CNT 生长是阴极上的场发射结构与等离子体相互作用的结果。Satio 等则认为，电场的静电引力是碳纳米管生长的原因，在电场力作用下，液态的小微粒呈椭圆形，并沿着电场作用方向生长。

（2）催化裂解法制备碳纳米管的生长机理

关于催化裂解法制备碳纳米管的生长机理，目前普遍的观点认为 CNT 的生长分为两个步骤：首先吸附在催化剂上的碳氢分子裂解产生碳原子，然后碳原子通过扩散到催化剂另一面沉积形成 CNT。根据具体生长方式不同，科学家提出了各种生长机理。

① 顶部生长机理。如图 4－4 所示，首先假定催化剂粒子是球形的或是梨形的，在这种情况下沉积将仅在催化剂的一半表面上进行（即对梨形催化剂粒子来说是其下面），由于存在浓度梯度，碳原子会扩散，从而在催化剂粒子的中垂直径两边沉淀。但是，碳原子不在催化剂粒子的底端沉淀。这就解释了碳纳米管为什么是中空结构。

② 底部生长机理。碳原子从碳管的底部扩散进入石墨层网络，挤压而形成 CNT，底部生长机理最主要的特征是：碳管一端与催化剂微粒相连，另一端是不含有金属微粒的封闭端（如图 4－5 所示）。

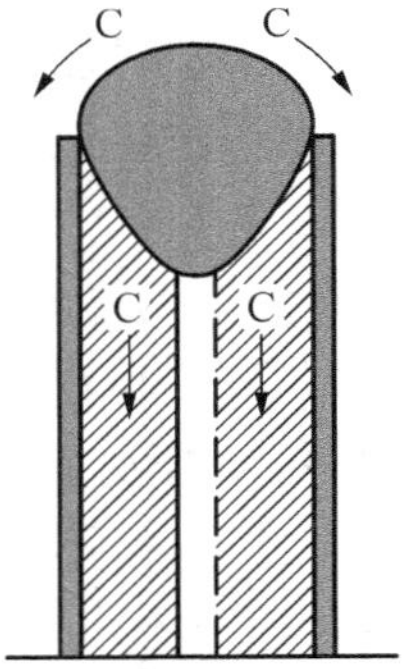

图 4－4　碳纳米管顶部生长机理

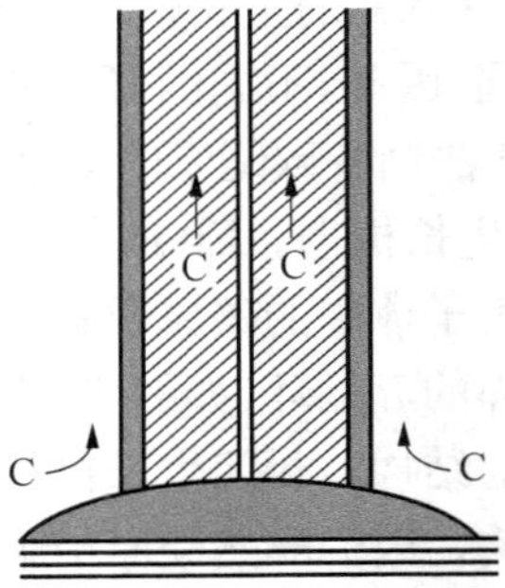

图 4－5　碳纳米管底部生长机理

③ 碳帽机理。纳米微粒的表面能在形成"碳帽"结构中起重要作用：由于催化剂纳米微粒的直径只有几个纳米，其表面原子占有很大的比率，产生较大的表面能，使得过量的碳在催化剂表面上沉积形成碳帽。碳帽的边缘化学吸附在催化剂粒子上，平面的石墨层的表面能很低，这样大大降低了催化剂能量。SWCNT 和 MWCNT 的生长均是开始于催化剂表面上的"碳帽"结构。MWCNT 是这样生长的：通过在原来的碳帽下面形成新的碳帽，然后由碳帽长出新的圆筒管，原来的碳帽则被提升并且其开口端仍吸附在催化剂微粒上。最初的表面层可能沿着微粒继续生长，这会覆盖整个催化剂微粒使其失去催化活性，于是 MWCNT 停止生长。

目前，生长机理研究基本上是根据实验所获得的碳纳米管的结构特征推测其生长过程，因此这方面的研究尚处于初步阶段。为了深入研究 CNT 的生长过程，应采用先进的分子动力学研究方法和研究手段如分子束技术、飞秒技术等，以便在分子水平上研究 CNT 的生长过程。

三、碳纳米管的纯化

碳纳米管一般通过电弧法、激光蒸发法、催化裂解法制备，然而用这些方法制得的产物除含有碳纳米管外，还含有无定形碳以及反应中所用的催化剂颗粒等杂质。这些不纯物的存在，严重影响了碳纳米管的性能及其实际应用，因此科学家们在制备的同时就开始了碳纳米管的纯化研究。

碳纳米管的纯化方法大致可分为物理法和化学法。物理法主要根据碳纳米管与杂质物理性质的不同而将其相互分离。化学法则主要利用碳纳米管和碳纳米微粒、无定形碳等杂质的氧化速率不同，通过碳纳米管试样与氧化性物质进行反应以除去杂质。

1. 物理法纯化多壁碳纳米管

凝胶渗透色谱法与其他液相色谱法不同，它是基于试样分子的尺度和形状的不同来实现分离的。凝胶色谱的填充剂是凝胶，它是一种表面惰性、含有许多不同尺寸孔穴或立体网状结构的物质。所选凝胶的孔穴大小应与被分离试样的大小相当。对于那些太大的分子(如碳纳米管)，由于不能进入孔穴而被排斥，故随流动相移动而最先流出。小分子则完全相反，它能深入大大小小的孔隙中而完全不受排斥，最后流出。中等大小的分子则可渗入较大的孔隙中，但会受到较小孔隙的排斥，所以在介于上述两种情况之间时流出。由于无定形碳等杂质的尺寸在小分子和中等大小分子范围之内，故该法可有效地将碳纳米管提纯。碳纳米管由于比超细石墨粒子、碳纳米球、无定形碳等杂质的粒度大，在离心分离时碳纳米管受离心力的作用可先沉积下来，而粒度较小的碳纳米管、无定形碳、超细石墨粒子、碳纳米球则留在溶液中。使悬浮液在加压下通过微孔滤膜可将粒度小于微孔滤膜的杂质粒子除去。此外，在超声振荡(使黏附在碳纳米管上的杂质粒子脱落下来)下过滤，反复循环操作可提供一种非破坏性大量提纯碳纳米管和纳米粒子的方法。同时通过控制絮凝条件，可按尺寸选择性分离碳纳米管，两次循环后，可得 90%纯度的纳米管。

2. 化学法纯化多壁碳纳米管

多壁碳纳米管原始样品中的富勒烯和无定形碳可在空气中被氧化，分别在 693 K 和 858 K出现最大失重，而多壁碳纳米管在 963 K 左右才快速失重，说明其碳结构更抗氧化。因此，可通过氧化工艺可以同时除去杂质和带缺陷的多壁碳纳米管，从而提纯多壁碳纳米管。常见的多壁碳纳米管的化学提纯方法有气相氧化法(Gas Phase Oxidation)、液相氧化法(Liquid Phase Oxidation)、红外辐射加热法(Infrared Radiation Heating)、石墨插层化合物法(Graphite Intercalation Compounds Law)等。根据样品中杂质的不同，可选择不同的氧化提纯工艺。

气相氧化法是将电弧法制备的样品直接在空气中加热，当样品的损失率达到 99%以上时，残留的样品基本上全是碳纳米管。此法的提纯收率极低，其原因主要是：碳纳米颗粒、无定形碳、富勒烯簇与碳纳米管交织在一起，而且这些杂质和碳纳米管与空气反应的选择性较差。

液相氧化与气相氧化的原理相同，也是利用碳纳米管比无定形碳、超细石墨粒子、碳纳米球等杂质的拓扑类(五元环、七元环)缺陷少这一差异，来达到提纯的目的。液相氧化法的反应条件较温和、易于控制。目前主要的氧化剂有：高锰酸钾、重铬酸钾和硝酸溶液等。

插层氧化法的原理是根据某些金属能插入到石墨片层之间形成石墨插层化合物，从而降低原始石墨在空气中的氧化温度，另外金属原子也易于在石墨边缘及石墨缺陷处形成插层化合物，通过使碳纳米颗粒、碳纳米球、无定形碳先与金属氧化物反应生成石墨插层化合物，提高其与碳纳米管之间反应的选择性，从而有效去除碳纳米颗粒等不纯物。此法是去除石墨粒子的一种有效方法，但不能去除催化剂粒子，且可能引入新的杂质。

3. 单壁碳纳米管的纯化

在单壁碳纳米管的制备过程中，同样不可避免地存在其他形态的碳，主要有无定形碳、炭黑、热解炭、C_{60}等富勒烯、多壁碳纳米管以及一定数量的催化剂颗粒等。由于制备方法及工艺参数的差异，所得产物中的杂质也有所不同。

单壁碳纳米管半径小，端部曲率大，抗氧化能力较差，容易与—OH、—COOH 等官能团发生反应，从而改变单壁碳纳米管的表面状态。

当单壁碳纳米管管壁出现缺陷、两端出现五元环以及其外部包裹着无定形碳时，这些部位在较低的温度下就会与空气中氧气发生反应引起单壁碳纳米管的破坏，所以在空气中加热时单壁碳纳米管的起始氧化温度较低，与无定形碳开始氧化温度相当，故单纯通过氧化法将单壁碳纳米管与纳米碳颗粒等杂质分离的难度较大，其提纯过程一般是综合使用氧化、化学处理、物理分离等方法，进行多步分离。成会明等用催化裂解法制备的膜状和绳状单壁碳纳米管本身纯度已较高，但其中仍含少量杂质，采用超声处理、苯处理、酸处理、低温处理等复合方法提纯后，样品纯度可达 95%以上。

根据电弧法所制单壁碳纳米管的特征，侯鹏翔、成会明等提出了一较简单的提纯方法，其实验流程如图 4－6 所示。将由氢电弧法制得的样品经超声振荡、水煮、空气中氧化、酸洗等多步处理后，可得较纯净的单壁碳纳米管。

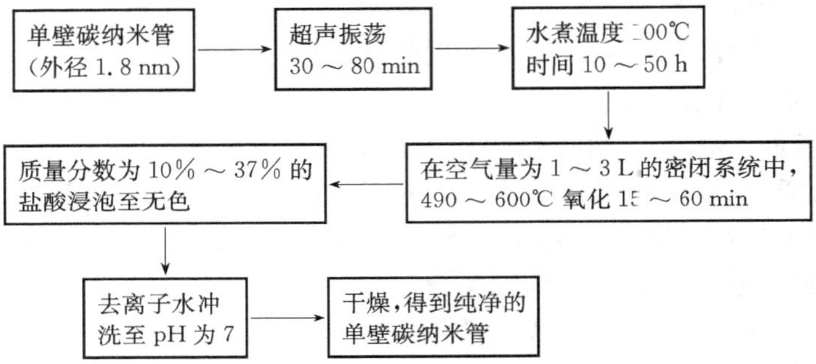

图 4－6　电弧法制单壁碳纳米管产物的提纯流程图

碳纳米管的制备和纯化是研究其结构、性能及探索其应用的基础。经过科学家们十余年的不懈努力，已系统发展了制备碳纳米管的激光蒸发法、电弧法及催化裂解法，并且已基本实现了多壁碳纳米管的规模制备，单壁碳纳米管的规模制备也取得了长足的进展。这些成果极大地推进了碳纳米管的结构、本征性质和应用的研究与探索，同时也使制备方面的研究工作进入低成本、规模化及可控制备的新阶段。

四、碳纳米管的稳定性

碳纳米管和金刚石相似，处于亚稳态，即热力学不稳定而动力学稳定的状态。碳纳米管可看成是由一长方形的石墨烯沿一条边的方向卷起直至另两个边完全对接而成。孤立的石墨烯片在其边缘由于存在大量的悬键(Dangling Bonds)，能量较高而不稳定。一方面，将石墨烯卷成管形可消除两边的悬键，由于悬键的减少，系统总能量也相应降低。因此碳纳米管的能量低于相应的石墨烯，这就是碳纳米管在自然界中可存在的原因。另一方面，将石墨烯卷起形成碳纳米管必将改变石墨烯上 C—C 网格的完美拓扑几何构型，即改变键角引入应力能(Strain Energy)。应力能的大小随碳纳米管的直径减小呈指数增加，最终将超出由于减少孤立石墨烯片边缘上悬键所带来的能量降低，相应地，碳纳米管的能量也就高出石墨烯片的能量。

碳纳米管在径向很软,故碳纳米管放置在物体表面或与其他物体接触时,在径向很容易发生变形。T. Hertel 等用分子动力学模拟了碳纳米管和其他物体以及相互间接触时发生的形变情况。碳纳米管之间以及和其他物体之间范德瓦尔斯力较大,导致和物体相互接触以及本身互相接触时,碳纳米管会发生径向和周向的形变,同时不同直径和层数的碳纳米管,其形变也有一定差异。T. Hertel 等用原子力显微镜观察发生交叠的两个碳纳米管互相交叉的部位,发现其管壁呈现一定的弯曲,这是由于碳纳米管在互相交叠时产生了一定的弹性形变而出现的现象,与理论计算基本一致。

较小直径碳纳米管的稳定性也是碳纳米管研究中另一令人感兴趣的问题。1991 年 S. Iijima 观察到的多壁碳纳米管直径约为 2 nm;1992 年 P. M. Ajayan 等观察到直径约为 0.7 nm 的碳纳米管,并且认为这是直径最小的碳纳米管,因为和 C_{60} 相当,且认为碳纳米管是从 C_{60} 笼状结构中得到的。此后人们认为碳纳米管的最小直径为 0.7 nm。新的实验观察已经发现直径更小的碳纳米管。L. F. Sun 等采用高分辨电子显微镜在观察电弧法制备的多壁碳纳米管时发现在其最核心处的直径为 0.5 nm,这和 C_{36} 笼状结构的直径相当;随后 C. L. Qin 等报道了内径为 0.4 nm 的多壁碳纳米管;N. Wang 等观察到直径为 0.4 nm 的单壁碳纳米管,和 C_{20} 的直径相当。更小直径的碳纳米管已不能稳定存在,但在某些特殊条件下仍可以观察到。L. M. Peng 等通过对碳纳米管稳定性的分析发现,直径小于 0.4 nm 的碳纳米管稳定性要低于石墨烯,但在温度高于 1 100℃ 非平衡条件下仍可存在,并且在高分辨电子显微镜中观察到直径为 0.33 nm 的单壁碳纳米管。

在电子束辐照下,单壁碳纳米管不稳定。在高于 120 keV 的电子辐照时,电子可将碳原子从碳纳米管表面打出,使之出现表面重构及结构变化。碳纳米管表面失去一个碳原子后,会在管壁上出现一空位,空位扩大以后就形成空洞,由于出现了缺陷而产生悬键,使碳纳米管在能量上不稳定,管壁连续失去碳原子以后,碳纳米管可变得很不稳定而出现原子重整,通过收缩来消除空洞。这一现象很容易在高分辨电子显微镜中观察到。如图 4-7 所示在

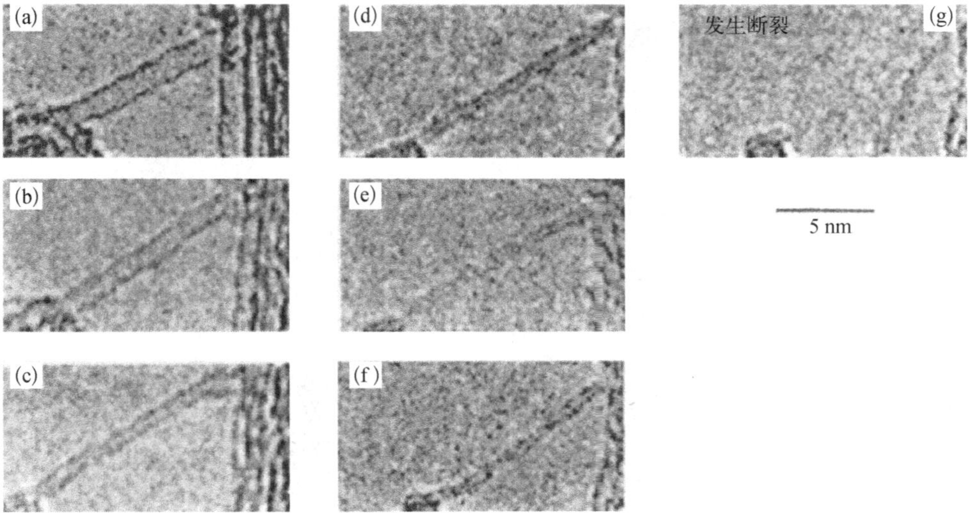

图 4-7　单壁碳纳米管在电子束辐照下的变化历程

高分辨电子显微镜中，电子束辐照条件下单壁碳纳米管发生变化的过程，在 5 min 内，单壁碳纳米管的直径从 1.4 nm(a)变到 0.4 nm(f)，最后发生断裂(g)。所观察到的 0.4 nm 碳纳米管可稳定存在。分子动力学模拟显示碳纳米管表面重整以及形状变化发生在出现较多悬键后，碳原子被随机踢开以后，管壁上形成五边形/七边形缺陷，然后出现不规则变形和局部收缩，碳纳米管表面形成线性碳原子链，最后完全消失。

在 200 keV 高能电子束的轰击之下，单壁碳纳米管很不稳定，如图 4-8 所示，部分碳纳米管结构被破坏，并在图 4-8(a)、图 4-8(b)左上角可观察到在初始碳纳米管上新长出了一根很小的纳米结构。观察表明这个新的结构呈柱形对称，其衬度(Contrast)还表明结构中间是空的，与通常的碳纳米管的衬度完全相同，这根小碳纳米管基本垂直于直径为 1.5 nm 的原始母体碳纳米管，表明是一根有高对称性的碳纳米管，可能是直径为 0.33 nm(4,0)的碳纳米管，(4,0)碳纳米管可在几乎不引入任何应力时与一个母体碳纳米管相接，结构示意图如图 4-8(c)、图 4-8(d)所示。直径小于 0.4 nm 的碳纳米管从能量角度来讲并非一稳定结构，但基于量子力学原理紧束缚法系统研究，所有直径大于 0.24 nm 的(3,0)碳纳米管在室温下都稳定。因此在实验中观察到直径为 0.33 nm 的(4,0)碳纳米管，甚至到 2 000℃ 的高温时仍然稳定。这些计算结果表明，虽然管径小于 0.4 nm 的碳纳米管能量较相应的石墨烯能量要高，但这些结构都可转化为基本结构特征相同的亚稳态结构。对于直径为0.33 nm 的(4,0)碳纳米管而言，虽然不能在平衡条件下形成，但不排除可在某种非平衡条件下生长。在电子显微镜中，电子束的轰击即为一远离平衡的条件。生长机理可能是高能电子束将母体碳纳米管的一对碳原子与其他碳原子结合的两个键打断，因而使其偏离母体碳纳米管表面。若此时在附近有另一对碳原子，新碳原子即可与偏离母体碳纳米管的那对起始碳原子成键，并将消除早先电子束轰击所造成的 2 个

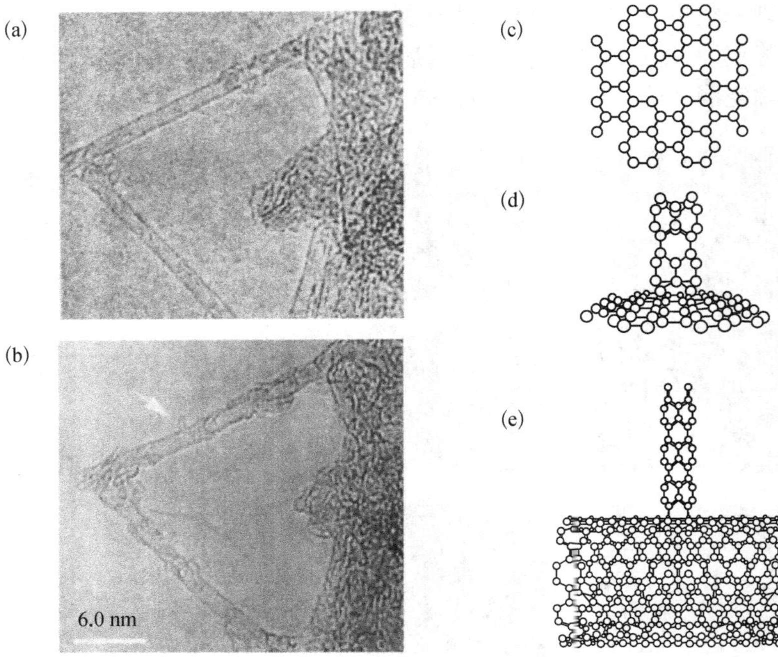

图 4-8　最细单壁碳纳米管微观结构及其结构示意图

悬键，4 个碳原子因而在母体碳纳米管上共同形成(4，0)碳纳米管的第一层原子。随着(4，0)碳纳米管端点的悬键与新的碳原子成键，(4，0)碳纳米管即可一层层地垂直于母体碳纳米管向上生长。

电子束的作用不仅能够使碳纳米管发生收缩而且能够使管束发生融合(Coalescence)。如图 4－9 所示，M. Terrones 等使用 1.25 MeV 高分辨电子显微镜在 800℃条件下观察管束发生融合的过程。从图 4－9(a)可以清楚观察到管束由 14 个单壁纳米碳等组成，图 4－9(b)箭头所示的外层两个碳纳米管发生融合，发生融合的碳纳米管与另一碳管连接(图 4－9(c))，形成的连接图(4－9(d)、图 4－9(e))继续发展至 3 个碳纳米管发生融合形成一个较大的碳纳米管，如图 4－9(f)所示，系统重新到达一个稳定状态。同时理论模拟这一过程表明，在电子束作用下，碳纳米管在出现缺陷或者活性反应位置产生空位、悬键、Stone-Wales 形变后，会发生表面原子重构。

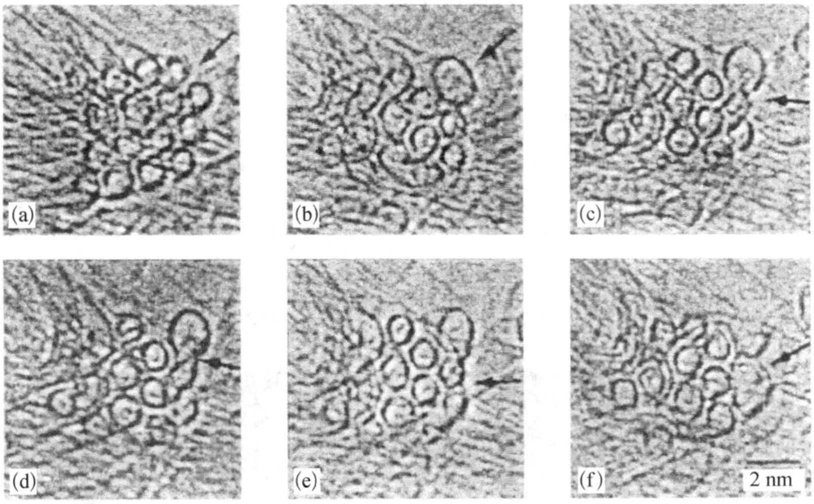

图 4－9　单壁碳纳米管发生融合过程的高分辨电子显微镜照片

五、碳纳米管的特性

碳纳米管作为石墨、金刚石等碳晶体家族的新成员，由于其独特的结构而具备了十分奇特的现象和性质。以下分别介绍碳纳米管的力学、电学、热学和光学特性。

1. 力学特性

碳纳米管的侧面是由六边形碳环(石墨片)组成的，但在管身弯曲和管端口封顶的半球帽形部位则含有一些五边形和七边形的碳环结构。因为构成这些不同碳环结构的 C—C 共价键是自然界中最稳定的化学键，所以碳纳米管应该具有非常好的力学性能，其强度接近于 C—C 键的强度。

理论计算和实验研究表明，单壁碳纳米管的杨氏模量和剪切模量都与金刚石相当，其强度是钢的 100 倍，而密度却只有钢的六分之一，是一种新型的“超级纤维”材料。表 4.1 是对不同长度、外径和内径的单根碳纳米管杨氏模量的测试结果，碳纳米管的平均杨氏模量高达 1.8 TPa(1 TPa$=10^{12}$ Pa)。

表 4.1　单根碳纳米管杨氏模量的测试结果

碳 纳 米 管	长度/m	外径/nm	内径/nm	杨氏模量/TPa
1	1.17	5.6	2.3	1.06
2	3.11	7.3	2.0	0.91
3	5.81	24.8	6.6	0.59
4	2.65	11.9	2.0	1.06
5	1.73	7.0	2.3	2.58
6	1.53	6.6	2.3	3.11
7	2.04	7.0	3.0	1.91
8	1.43	6.6	3.3	4.15
9	0.66	7.0	3.3	0.42
10	1.32	9.9	3.0	0.40
11	5.10	8.4	1.0	3.70

最近的实验还表明，碳纳米管同时具有较好的柔性，其延伸率可达百分之几。不仅如此，碳纳米管还有良好的可弯曲性（如图 4－10 所示），当弯曲应力去除后，碳纳米管可以从很大的弯曲变形中完全恢复到原来的状态。除此之外，即使受到了很大的外加应力，碳纳米管也不会发生脆性断裂。由此看来，纳米管具有十分优良的力学性能，这种“超级纤维”材料在未来工业界将会得到很多的应用，其中之一是用作复合材料的增强剂。

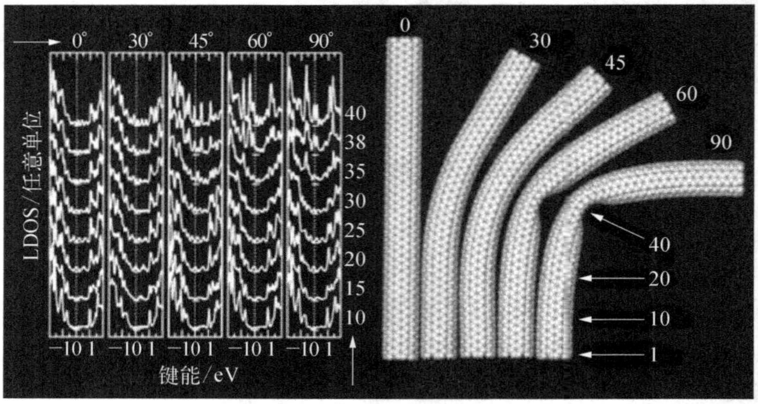

图 4－10　碳纳米管良好的可弯曲性示意图

2. 电学特性

碳纳米管由于管内流动的电子受到量子限域所致，电子在碳纳米管中通常只能在同一层石墨片中沿着碳纳米管的轴向运动，沿径向的运动将受到很大限制。实验研究表明，不同类型的碳纳米管，导电性能也不相同。例如，单壁纳米管（图 4－2(a)）总是金属性的；锯齿形纳米管（图 4－2(b)）和手性纳米管（图 4－2(c)）中则部分为半导体性，部分为金属性。随着半导体性碳纳米管的直径增加，带隙变窄，在大直径情况下，带隙为零，呈现金属的性质。这些十分特殊的电学性能，使碳纳米管在未来的纳米电子学中将得到广泛的应用。例如，金属性碳纳米管可以用作纳米集成电路中的连接线，而半寻体性碳纳米管则可以用来制作纳米电子开关和其他纳米量子器件。

理论计算结果表明，在很多特定的结构中，碳纳米管会形成典型的结的电子特性。例如，当两种不同类型或不同管径的碳纳米管相连的时候，它们之间的过渡结构通常会形成典型的结的特性（如图 4－11(a)和图 4－11(b)所示，它们都是金属性/半导体性碳纳米管相连而形成的结）；即使是同类型的碳纳米管，由于结构的缺陷使碳纳米管出现弯曲，在它们连接处也会形成典型的结的特性（如图 4－12 所示）；如果一根碳纳米管分支成 Y 形或 T 形碳纳米管，在它们的分支处也具有结的特性（如图 4－13 所示）。在以上种种情形中，碳纳米管的过渡结构通常是由一个（图 4－11 和图 4－12）或数个（图 4－13）五边形和七边形的碳环对（五/七碳环对）组成的。因此可以认为，在碳纳米管中，如果在连接部位或结构中由于管体缺陷而出现五/七碳环对时，在多数情况下都会形成结的电子特性。可以想象，未来的纳米尺度的电子器件将有可能利用碳纳米管的这种结的电子特性来进行设计，并在纳米电子器件中得到广泛应用。

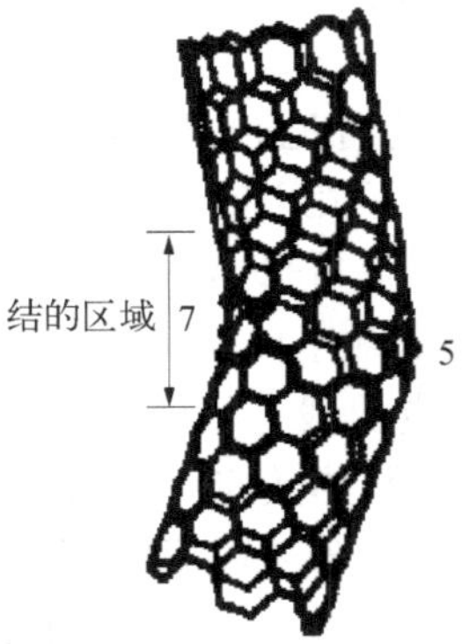

(a) 两种不同类型的碳纳米管相连

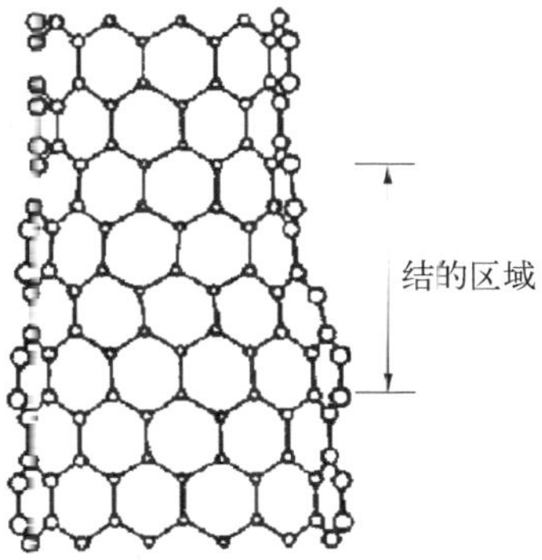

(b) 两种不同管径的碳纳米管相连

图 4－11　两种不同碳纳米管相连时它们之间的过渡结构通常形成的结的特性

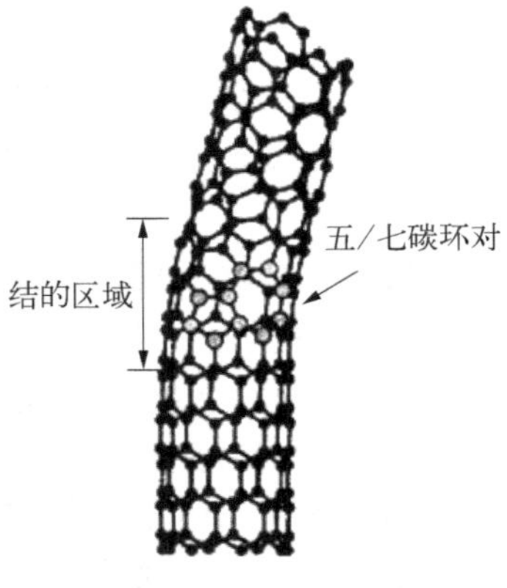

图 4－12　同种类型的碳纳米管形成的结的特性

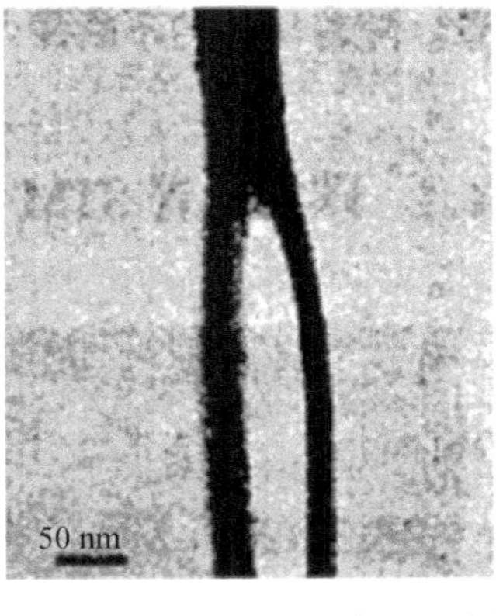

图 4－13　一根碳纳米管的分支处具有结的特性

3. 热学性能

碳纳米管和石墨、金刚石一样，都是良好的热导体，碳纳米管的热学性能不仅与组成它的石墨片本质有关，而且与其独特的结构和尺寸有关。分子动力学模拟结果表明：由于碳纳米管导热系统具有较大的平均声子自由程，其轴向导热系数高达 6 600 W/(m·K)，为自然界已知材料中最高，是电子设备中高效的散热材料。单壁碳纳米管具有光声和光热转换效应，在普通的摄影闪光灯下会发生自燃，但多壁碳纳米管、石墨、C_{60}则不具备这一特性。碳纳米管卓越的导热性能使其用于未来计算机芯片的散热片或航天技术中各种高温部件的防护材料等。

4. 光学性能

碳纳米管光学性质的研究虽然开始不久，但其所表现出的奇异特性越来越引起人们的关注，比如光学偏振性、相关性、发光性能好、对红外辐射的敏感性等。

(1) 光学偏振性

碳纳米管对光吸收具有强烈的方向选择性，偏振方向平行管轴方向时吸收最强，偏振方向垂直管轴方向时吸收最弱。根据能带折叠模型，偏振方向平行于管轴时，允许价带到导带的直接光跃迁；而偏振方向垂直于管轴时，间接光跃迁受到去偏极效应强烈的抑制。定向碳纳米管对光子偏振方向选择性吸收，使其可成为昂贵紫外偏振晶体很好的替代品。

(2) 光学相关性

最近发现碳纳米管在红外激光激发下可发射出强烈的可见光，具有卓越的发光特性。清华大学 Yong Zhang 等通过改变激发波长、激发功率验证了发出的可见光并非完全由热效应所致。激发定向多壁碳纳米管(MWCNT)产生的可见光发射光谱中，激发波长为 1.06 μm，10.6 μm 的对应曲线在短波长范围内($\lambda<650$ nm)几乎完全一样，长波长范围区也只有很小的偏移。另外改变 CO_2激光激发功率也只使对应曲线有微小偏离：20 W 时的强度稍强于 10 W 时的强度，30 W 时强度最低。实验结果表明，热效应对发射光谱曲线影响非常微弱，不符合黑体辐射规律。这种散射光可认为是光致发光、MWCNT 及无定形碳的热效应综合所致，并且光致发光应是主要贡献，热效应只占少部分，曲线之间的偏离可归咎于热效应。碳纳米管的光致发光和电致发光使其可成为一种新型的节能发光材料，目前其可见光区发光性质研究正处于起步阶段，人们较多关注于发现它奇异的发光性能，但对其发光机制还没有系统的研究。

(3) 发光性能

自电灯发明以来，白炽灯灯丝材料一直沿用钨丝，钨丝白炽灯属黑体辐射发光，大部分电能转化为热能消耗掉，能源利用率低。并且钨丝熔点有限，不能依靠升高温度来提高发光光效。碳纳米管灯丝与钨丝相比具有以下几个优点。

① 高温下碳纳米管灯泡可发出与钨丝白炽灯相同的白光，在相同温度下，光效高于钨丝灯泡。对比研究双壁碳纳米管灯泡和钨丝灯泡光效随温度的变化，随着灯丝温度升高，双壁碳纳米管灯和钨丝灯光效都相应增大，但相同温度下双壁碳纳米管灯光效比钨丝灯高，在所测温度范围(1 450～2 300 K)内平均高出 40%。钨丝白炽灯寿命和灯丝工作温度有直接关系，灯丝工作温度越高寿命越短，不能依靠升高温度来提高钨丝白炽灯的光效，从而限制了光效。实验结果还表明碳纳米管灯泡发光机理与钨丝灯不同。钨丝灯利用热辐射原理，电流通过灯丝产生焦耳热使灯丝加热到很高温度，灯丝产生很强的热辐射，其中只有一部分热辐射在可见光区，把电能转换为光能。而碳纳米管发光机理可归结为两部分：焦耳热发光和电致发光。温度较低时，碳纳米管电子吸收的能量不足以将电子激发到高能级，主要体

现为黑体的热辐射，低温下发光主要靠焦耳热发光。当温度高于 1 250 K 时，碳纳米管低能级的电子可获得足够能量跃迁到高能级上，保持一段时间后电子回到低能级发出一定波长的光。高温下，碳纳米管灯丝发光是焦耳热发光和电致发光两种形式的综合，因此相同温度下碳纳米管灯泡的光效比单纯靠黑体辐射发光的钨丝灯高。

② 高温下碳纳米管灯丝电阻随温度变化不明显。双壁碳纳米管灯泡的电流和电压基本呈线性关系，碳纳米管灯丝的电阻基本不发生变化；而钨丝灯泡则呈非线性关系，钨丝的电阻随电压发生变化，特别在高电压时钨丝的电阻很大。另外，碳纳米管灯丝电阻随温度变化不明显，也可避免钨丝灯开关时电流过大烧断灯丝的情况出现。

③ 双壁碳纳米管高温下有较高的热稳定性。Metenier 和 Kim 分别研究了单壁碳纳米管和双壁碳纳米管在高温氩气保护下的热稳定性，结果表明双壁碳纳米管在 2 100℃高温仍可保持结构不变。

碳纳米管灯丝具有发光效率高、电阻恒定和结构稳定等优点，是一种能源利用率非常高的发光材料。

六、碳纳米管的应用

1. STM/AFM 针尖

1996 年，美国斯莫雷教授（Smalley）研究小组首先成功地制备出用于 AFM 的碳纳米管针尖。它是在常用的 AFM 微悬臂针尖上吸附一小段多壁碳纳米管（长度通常为数十至数百纳米）；同样，如果将一小段碳纳米管吸附在 STM 的针尖上，就是 STM 碳纳米管针尖。如图 4－14 所示为碳纳米管 AFM 针尖。碳纳米管针尖主要有以下几个优点。

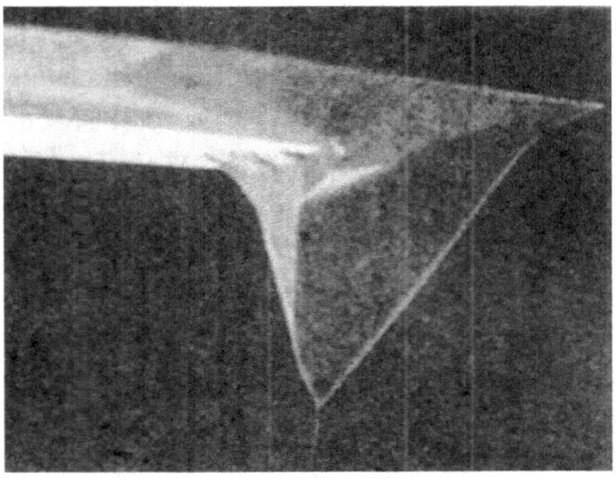

图 4－14　碳纳米管 AFM 针尖

（1）针尖纵横比高

碳纳米管针尖末端的曲率半径一般小于 10 nm，针尖纵横比通常可高达 $10 \sim 10^3$。高的纵横比将使针尖能够更准确地获得样品表面上较深的狭窄缝隙内和台阶边缘的形貌图像。

（2）机械柔软性好

碳纳米管针尖在扫描时，即使撞击到样品的表面也不会使针尖损坏；有较好的弹性弯曲变形，可以有效地限制针尖在样品表面上的作用力，这对扫描有机物和生物样品十分重要。

（3）电子特性稳定

碳纳米管针尖不易吸附其他外来原子，其获得的图像能更好地反映样品表面的电子特性，也易于准确地理解样品的电子状态。

图 4－15 为分别用传统 AFM 针尖和碳纳米管 AFM 针尖得到的两张图。图 4－15(a) 是用传统的 AFM 针尖得到的图像，它具有明显的三角形斜坡形状。这是因为传统的 AFM 针尖末端的曲率半径太大（一般为 30 nm 以上），纵横比太小，扫描时无法深入到缝隙的底部。图 4－15(b) 是用碳纳米管针尖得到的扫描图像，形貌图像十分陡峭，可以更加真实地反映狭窄缝隙内的形貌特征。

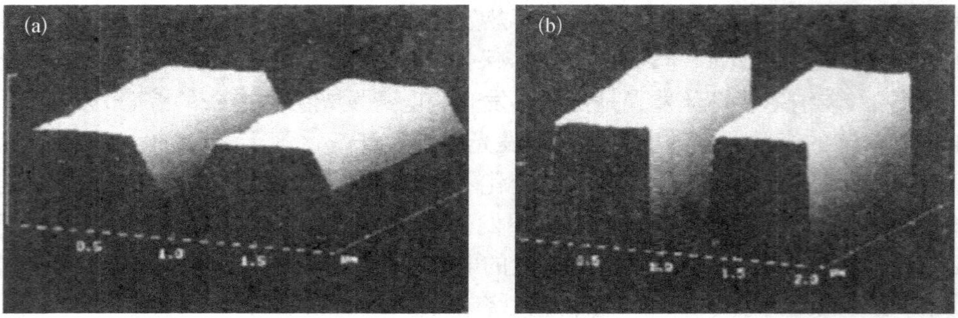

(a) 用传统的AFM针尖得到的图像　　(b) 用碳纳米管AFM针尖得到的图像

图 4-15　两种 AFM 针尖分别获得的沟状狭窄缝隙内的形貌图像

2. 场发射显示器

目前，用于显示器中阴极场发射器的材料是硅或金属，它们的加工通常采用化学刻蚀(Chemical Etching)或电子束沉积(Electron Beam Deposition)等方法。由于微加工技术的限制，这样制作出的硅或金属场发射器的顶端尺寸约为 20～50 nm，其均匀性也很难得到精确的控制。场发射器顶端的尺寸较大使得它们的阈值电压高达 100 V 以上，因为只有这么高的电压才能够产生足够大的电场来发射电子。所以，这种工作电压高且均匀性差的阴极场发射器将不可能在下一代平板显示器中得到应用。

碳纳米管的出现，为场发射阴极材料提供了一个极佳的选择。因为单壁碳纳米管的平均直径为 1～2 nm，仅是目前广泛使用的硅阴极场发射器顶端直径的十分之一至二十分之一。如果用单壁碳纳米管制成阴极场发射器，它将是一种非常尖锐的理想电子发射源，其场发射阈值电压可以降低到 10 V 左右，使新一代低能耗壁挂式平板显示器成为可能。如图 4-16 所示为单壁碳纳米管场发射器的结构示意图。

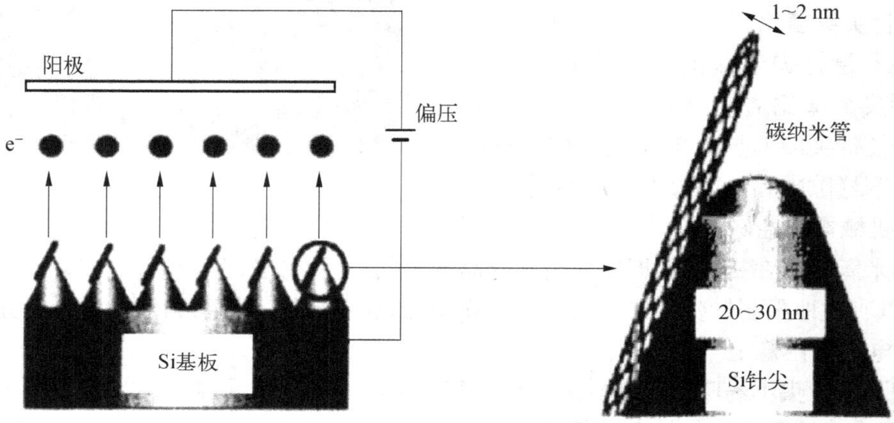

(a) 结构示意图　　(b) 放大图

图 4-16　单壁碳纳米管场发射器

碳纳米管显示器的优点包括：体积小、质量轻；能耗低；显示质量好；动态响应快(仅为几微秒)；工作温度宽(−45～+85℃)。1999 年，日本和韩国先后研制出数厘米厚的碳纳米管显示器。2000 年，我国西安交通大学采用独创的构思，将碳纳米管有序地定向生长在导电的硅片衬底上，研制出功能完备的场发射像素管，使我国在碳纳米管平板显示器实用技术的开发上向前迈出了重要的一步。

3. 碳纳米管反应器

碳纳米管作为一种典型的一维中空管，其直径介于 0.4～50 nm 之间，是一种真正意义上的微型反应器。该反应器能够使化学反应局限于一个分子大小的一维空间，从而合成出各种微小尺度和不同形状结构的纳米材料。在碳纳米管反应器中，反应物在分子水平上有一定的取向和有序排列，但同时限制了反应物分子和反应中间体的运动，这种取向、排列和限制作用将影响和决定反应的方向及速度，其反应过程和反应特征与宏观体系中的反应也有所不同。这种狭长的纳米中空管腔反应器可实现准一维流体（Quasi One-dimensional Fluid）和准一维纳米材料（Quasi One-dimensional Nanomaterials）的合成。

4. 高性能热电传导材料

美国宾夕法尼亚大学的研究人员最近发现碳纳米管是目前世界上最好的导热材料。碳纳米管依靠超声波传递热能，其传递速度可达每秒 1 万米。研究还发现，即使将碳纳米管捆在一起，热量也不会从一个碳纳米管传到另一个碳纳米管，这说明碳纳米管只能沿一维方向传递热能。碳纳米管的这种优异的导热性能，使它有望成为今后高速运算的计算机芯片的导热板，也有望用于发动机和火箭等各种高温部件的防护材料。

利用碳纳米管导电性良好的特性，可以将它作为阴极或代替导电高分子材料作为导电介质来制造高能微型电池。这种高能微型电池不仅体积小，能量高，而且寿命很长，是用作携带计算机的电源和汽车的电子点火电源的最佳选择。如果将碳纳米管压成薄片作为极板，就可以制成高能电容。而将少量的碳纳米管加入到其他材料中，还可以明显提高材料的导电性，例如，在高分子材料中加入一定量的碳纳米管，可以使高分子材料的电阻率降低 3 个数量级以上。

5. 新型能量存储与转换材料

美国德克萨斯大学达拉斯分校纳米科技研究所的 R. H. Baughman 领导的实验小组日前以单壁碳纳米管（SWCNT）为主要成分纺线，并用这种线织成了布（如图 4－17 所示）。接着，研究人员以这种布为材料制作了超级电容器（Supercapacitor），并证实这种超级电容器与市售最高级产品具有相同的性能。

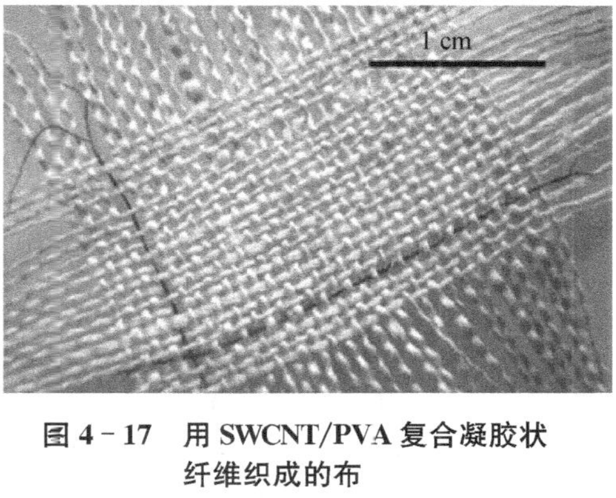

图 4－17　用 SWCNT/PVA 复合凝胶状纤维织成的布

该小组此次成功地从凝胶状纤维中以每分钟 70 cm 以上的速度制出长度约 100 m 的纳米管纤维。然后将制成的纤维注入盛有 PVA 溶液的筒状容器中央，制作出 SWCNT/PVA 复合凝胶状纤维。直径约为 50 μm 的纤维中约含质量分数为 60％的 SWCNT。对这种纤维进行的机械强度测试，得到的韧性值约为 570 J/(g・m)，拉伸强度约为 1.8 GPa。这个拉伸强度相当于最结实的蜘蛛丝的强度。

然后，该小组将这种纤维织成布。先将纤维放入 PVA/磷酸混合水溶液中进行表面涂层处理，织成布后再次进行表面涂层处理。使用直径为 100 μm 的纤维织成的布制作的超级电容器的电容约为 5 F/(g・m)，能量贮存密度为 0.6 W・h/kg(1 V)。

此外，美国北卡罗来纳州立大学的研究人员已经展示出一种碳纳米管电池，它能存储两倍于传统电池的能量。碳纳米管对于一些特殊类型的产品来说非常具有发展潜力。IBM公司最近展示了一种能够发出红外光线的碳纳米管。摩托罗拉和三星公司正在研究一种可用于平板显示器的碳纳米管。Nantero公司正在开发一种基于纳米管技术的内存。

第二节　纳 米 线

准一维实心的纳米材料是指在二维方向上为纳米尺度，长度比上述二维方向上的尺度大得多，甚至为宏观量的新型纳米材料。长径比小的称为纳米棒，长径比大的称作纳米线或丝。关于纳米棒与纳米线之间并没有一个统一的标准，一般把长度小于1 μm的纳米丝称为纳米棒，长度大于1 μm的称为纳米线。

纳米线与同种元素成分的块体材料相比，不仅在原子结构上有差异，而且在电子结构上也有其显著特点，如量子效应和非线性等现象。纳米线的特殊性质使其在很多场合得到应用，目前，科学家们在纳米线领域研究非常活跃，新的研究成果不断涌现。

一、金属纳米线

金属纳米线的制备方法有多种，其中模板合成法(Template)和台阶边缘缀饰法(Step-edge decoration)是两种最为成功的制备方法。模板合成法首先需制作一个模子为纳米线的生长提供场所，再采用电解沉积等方法在其中生成纳米线。这样的模子可以是带有圆柱形微孔的、惰性的、不导电的基体，比如多孔氧化铝薄膜。随着制备方法的不断创新，纳米线模子已经突破了原来意义上的模板，也可以包括金属有机盐水解所形成的胶体空间网络。台阶边缘缀饰法在基体表面的晶面台阶处完成纳米线的生长过程，通常还需要采用有机物附膜的办法将纳米线从基体上分开。

1. 模板电沉积法

1997年法索尔(Fasol)等选择电沉积法制备了磁性坡莫合金纳米线。基本过程如下：首先用分子束外延法在未掺杂的InP衬底上生长一系列的InGaAs和InAlAs薄层。这种调制掺杂结构中特殊的导带和价带调节作用使电子从掺杂的13 nm厚的InAlAs层流入4 nm厚的InAs层成为“导电层”。用这个多层膜结构的垂直剖面作为电镀时的阴极，用柠檬酸镍和柠檬酸铁的混合水溶液作为电解液，镍丝作为阳极。电解液中金属铁、镍离子的沉积需要金属离子与电子的中和，由于阴极多层膜结构中仅4 nm厚的InAs能层出不穷地提供电子，所以只在此处发生“选择”电沉积。选择InAs材料的原因是InAs的费密能级被钉扎在导带中，因此，可以避免GaAs和其他Ⅲ-Ⅴ族材料中通常存在的表面耗尽层，电子可以自由地从InAs层流向电解液。这样就仅在4 nm厚的InAs层上沉积出铁镍合金纳米线。可以预言，如果能把InAs层制作成具有一定形状与功能的电路，则可用这种技术制备具有特定功能的纳米电路。

2. 台阶边缘缀饰法

关于用台阶边缘缀饰法来制备金属纳米线的研究报道，国内并不多见。以Himpsel及其合作者为首创造的台阶边缘缀饰法包括在单晶表面的原子台阶边缘选择沉积一种金属或其他材料(比如CaF_2)，可以通过控制一些参数用台阶边缘缀饰法制得连续的各种不同长度和线间距的纳米线列阵。M. Penner 等通过这种方法，在石墨表面上制得了直径为15 nm～1 μm 而且可以从基体上移开的 Mo 纳米线。

Mo 纳米线制备过程分四步。首先从含有 MoO_4^{2-} 的碱性溶液中电解沉积出 Mo 的氧化物 MoO_x 纳米线。这些氧化物纳米线的直径分布非常集中，硬而易碎并且不导电，可以通过控制制备参数使其直径在 20 nm～1.5 μm 范围内变化。然后将附着在石墨上的 MoO_x 纳米线连同基体一起置于 H_2 中，在 500℃下还原 1 h，得到附着在石墨基体上的 Mo 纳米线。接着在石墨上涂上具有挥发性的聚苯乙烯，待聚苯乙烯固化后将聚苯乙烯膜剥离石墨表面，得到嵌在膜上的长度可达数百个微米的 Mo 纳米线列阵。与 MoO_x 纳米线相比，Mo 纳米线同样具有直径分布非常集中的特点，但是韧性已经有了很大程度的改善，甚至可以用探针针尖将其来回弯折至半圆状。

二、半导体纳米线

1. 光烧蚀与气-液-固生长相结合法

1998 年 1 月，美国哈佛大学莫瑞尔斯(Morales)和里埃伯(Lieber)报道了用激光烧蚀法与晶体生长的气-液-固(VLS)法相结合，生长 Si 和 Ge 纳米线的技术。在该法中，激光烧蚀的作用在于克服平衡状态下团簇尺寸的限制，可形成比平衡状态下团簇最小尺寸还要小的直径为纳米级的液相催化剂团簇，而该液相催化剂团簇的尺寸大小限定了后续按 VLS 机理生长的线状产物的直径。他们分别以 $Si_{0.9}Fe_{0.1}$、$Si_{0.9}Ni_{0.1}$ 和 $Si_{0.99}Au_{0.01}$ 作为靶材，用该法制备了直径为 6～20 nm，长度为 1～30 μm 的单晶 Si 纳米线。同时，也以 $Ge_{0.9}Fe_{0.1}$ 为靶材，用该法合成了直径为 3～9 nm，长度为 1～30 μm 的单晶 Ge 纳米线。这种制备技术具有一定的普适性，只要欲制备的材料能与其他组分形成共晶合金，则可根据相图配制作为靶材的合金，然后按相图中的共晶温度调整激光蒸发和凝聚条件，就可获得欲制备材料的纳米线。他们预言，还可用该法制备 SiC、GaAs、Bi_2Te_3 及 BN 纳米线，甚至有可能制备金刚石的纳米线。

2. 气相外延与气-液-固生长相结合

日本日立公司报道了用金属有机化合物气相外延法与晶体的气-液-固(VLS)生长法相结合，生长 GaAs 和 InAs 纳米线。其中 GaAs 纳米线生长工艺中的实质部分可简要地用图 4-18 表示。首先，用真空蒸镀法将 Au 沉积在 GaAs 衬底的表面(图 4-18(a))，Au 沉积层的平均厚度不超过 0.1 nm。然后，以 TMG(三甲基镓)和 AsH_3 为原料，将表面沉积有 Au 层的 GaAs 衬底置于金属有机化合物气相外延装置中，在合适的条件下就可在 GaAs 衬底上生长 GaAs 的纳米线(图 4-18(b))。用这种方法获得的 GaAs 纳米线长 1～5 μm、直径为 10～200 nm。InAs 纳米线的生长过程与 GaAs 纳米线的生长过程类似，其主要区别是：① 衬底既可用 GaAs，也可用 InAs；② 原材料中用 TMI(三甲基铟)代替 TMG。这种方法获得的 InAs 纳米线最细的直径可达 20 nm。分析表明，这种方法之所以能生长出纳米线，是因为沉积在表面的 Au 对纳米线的形成具有催化作用。以在 InAs 衬底上生长 InAs 纳米线为例，图 4-19 示意性地表示了沉积在表面的 Au 原子可作为液相形成剂，它在 InAs 纳米线的生长过程中具有催化作用，并使 InAs 纳米线按 VLS 机制生长。其详细过程可表述为，当单层 Au 原子沉积在 InAs 衬底表面以后，Au 原子就在 InAs 的表面形成团簇，在 AsH_3 气氛中于 500℃退火时，Au 与 InAs 衬底中的 In 形成 Au/In 合金(其共晶温度为 450℃)液滴。

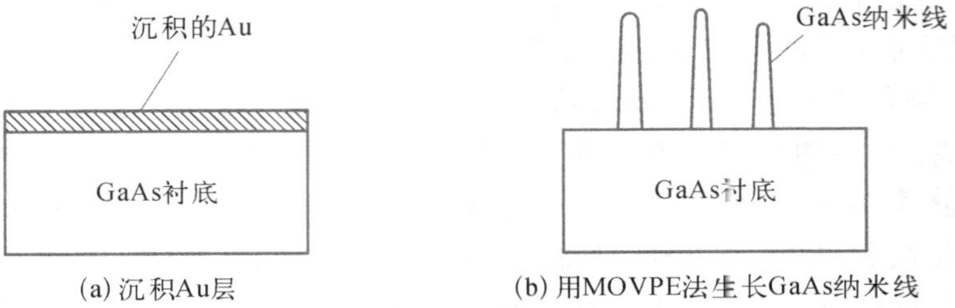

图 4－18　GaAs 纳米线生长工艺示意图

当在具有 TMI 和 AsH_3气氛的 MOPVE 系统中加热到 420℃时，Au/In 合金液滴吸收周围气氛中的 In 和 As，沉积出的 InAs 继续生长，则形成细而长的 InAs 纳米线。

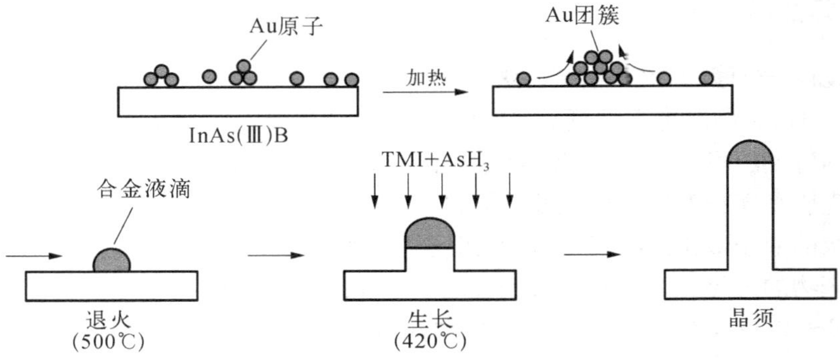

图 4－19　InAs 纳米线在 Au 催化作用下按 VLS 机理生长示意图

3. 溶液-液相-固相生长法

美国华盛顿大学布赫诺(Buhro)等采用溶液-液相-固相(SLS)法，在低温(165～203℃)下合成了Ⅱ-Ⅴ族化合物半导体(InP、InAs、GaP、GaAs)纳米线。这种方法生长的纳米线为多晶或近单晶结构，纳米线的尺寸分布范围较宽，其直径为 20～200 nm，长度约为10 μm。分析表明，这种低温 SLS 生长方法的机理类似于上述的 VLS 机理。与 VLS 机制的区别仅在于，按 VLS 机制生长过程中，所需的原材料由气相提供；而按 SLS 机制生长过程中，所需的原材料是由溶液提供的。

三、陶瓷纳米线

关于金属和半导体的纳米线报道较多，而有关陶瓷纳米线的报道相对较少。在陶瓷纳米线的研究制备方面，有人以氧氯化锆($ZrOCl_2 \cdot 8H_2O$)和草酸($H_2C_2O_4$)溶液为原料，得到锆溶胶，然后将多孔氧化铝膜浸入到所得锆溶胶中，处理过后将膜从溶胶中取出，在红外灯下烘干，再在 500℃、氩气气氛下常压焙烧 5 h，即得到氧化锆纳米线阵列。用该方法可以合成出直径为 50～300 nm，长度大于 10 μm 的氧化锆纳米线。该发明有望在催化、涂料、氧传感器、陶瓷增韧、固体氧化物燃料电池等诸多领域得到广泛应用。

几原雄一开发出在绝缘体晶体的位错部位生成纳米线束，从而获得导电陶瓷的技术。首先在高温下向蓝宝石单晶体施加 20 MPa 的压力，以在其内部形成高密度位错，然后将蓝宝石加热至 1 400～1 500℃使位错的取向尽量与晶体表面垂直，以使位错具有高度的取向性，然后向位错中注入氧化钛形成纳米线，经过上述处理的蓝宝石每平方厘米可以形成 10^9 根氧化钛纳米线。蓝宝石具有透明、耐高温、可电火花加工等特点，有望在通讯用光学过滤器和二极管用量子器件等方面得到实际应用。如果用硅和砷化镓等代替蓝宝石，用锂等材料代替钛，则应用的可能性将更大。

第三节　同轴纳米电缆

同轴纳米电缆是一种芯部为半导体或导体的纳米丝，外面包覆异质纳米壳体（导体或非导体），外部壳体和芯部丝共轴的准一维纳米材料，相对于组成电缆的单一材料，它会显示出一些新的性质，在众多高精尖端技术领域具有十分诱人的应用前景。

一、同轴纳米电缆的制备

目前，同轴纳米电缆已有的制备方法大体可分为模板法、溶胶-凝胶法（Sol-gel Method）、碳热还原（Carbothermal Reduction）与蒸发-凝聚法（Evaporation-agglomeration Method）、激光烧蚀法（Laser Ablation Method）、化学气相沉积法（Chemical Vapor Deposition Method）等几大类，采用不同方法已成功制备的同轴纳米电缆如表 4.2 所示。

表 4.2　同轴纳米电缆制备方法

制 备 方 法	可制得同轴纳米电缆的类型	典型同轴纳米电缆（核/壳）
模板法	金属/金属型，金属/聚合物型， 无机物/无机物型，无机物/聚合物型， 聚合/聚合物型，金属/无机物型	Te/Au，Pt/PA66 $InSb/Al_2O_3$，CdS/PANI， PPY/PMMA，Ru/碳纳米管
碳热还原与蒸发-凝聚法	无机物/无机物型	TaC/SiO_2
溶胶-凝胶法	金属/无机物型，金属/聚合物型	Ag/SiO_2，Ag/PVP
激发烧蚀法	无机物/无机物型	SiC/SiO_2
化学气相沉积法	无机物/无机物型	$MgAl_2O_4/Al_2O_3$

1. 模板法

模板法是 20 世纪 90 年代发展起来的前沿技术，也是近年来广泛应用的一种非常有吸引力的合成纳米阵列的方法。它可以根据需要设计和组装多种纳米阵列结构，得到常规体系不具备的新特性，是近几年制备同轴纳米电缆的热点方法。采用电化学沉积、化学聚合或者高温高压的条件使材料进入模板孔洞，通过在孔洞中同轴生长来得到同轴电缆或者复合纳米线，而模板的孔壁将限制所沉积材料的形状和尺寸。目前常用的模板包括多孔聚碳酸酯（PC）、多孔阳极氧化铝（AAO）、多孔硅、碳纳米管等。

（1）PC 模板法

PC 模板的最小孔径可以达到 10 nm，孔密度约为 $10^9\ cm^{-2}$。然而由于 PC 模板制备方法的原因，它的孔与模板表面并不垂直，倾斜角甚至可达到 30 度，因此通过此方法可能不易得到规整有序的纳米电缆阵列。Jie-Ren Ku 采用多孔的蚀刻聚碳酸酯（PCTE）膜作为模板，首先采用电沉积法得到 Au 纳米管，然后用 Au 纳米管膜作为二次模板，将 Te 电化学沉积到

Au 纳米管中。由于 Te 离子在 Au 纳米管中转移特别快，使 Te 在 Au 纳米管中线性增长，从而得到 Te 核/Au 壳的同轴纳米电缆。

（2）AAO 模板法

AAO 模板的孔洞分布均匀、有序、六角密排，孔洞间平行排列且与模板表面垂直，因而借助于 AAO 模板合成规整有序的同轴纳米电缆阵列是近来模板合成法的热点。J. X. Zhang 等选用 AAO 作为模板，制备出了 Pt 核/PA66 壳的同轴纳米电缆。首先选择操作简单的模板浸润法、通用聚合物制备出机械性能良好的 PA66 纳米管，将其作为金属纳米线的包覆层，再利用电化学沉积法将 Pt 植入聚合物纳米管内，最后除掉 AAO 得到同轴纳米电缆。所得到的同轴纳米电缆尺寸均一，长径比大，长度可达到 60 μm，具有明显的核壳结构。

（3）多孔硅模板法

多孔硅本身既可作为光电器件来使用，且其具有纳米多孔的特点，又适合作为模板来合成同轴纳米电缆。该模板的厚度可以达到 80 μm，直径可以小于 10 nm。Jang 以多孔硅为模板，通过单体的依次聚合，制得了聚吡咯(PPy)核/聚甲基丙烯酸甲酯(PMMA)壳的同轴纳米电缆。所用多孔硅模板的孔径为 7.5 nm，当 MMA 首先在其孔洞中发生聚合时，模板孔径变为 6.2 nm。然后用 $FeCl_3$ 作为氧化剂使吡咯单体在多孔硅/PMMA 中发生聚合，形成多孔硅/PMMA/PPy 的复合结构。加入 HF 溶液蚀刻掉多孔硅模板从而得到 PPy 核/PMMA 壳同轴纳米电缆。

（4）碳纳米管模板法

碳纳米管的端部有五边形的缺陷以及由缺陷引起的纬度弯曲，这使它的反应性增加，可以通过适当的反应使碳纳米管开口，在管中填充其他材料。碳纳米管的直径大多数在几纳米左右，长度可达几微米，甚至数毫米。J. Sloan 采用热处理的方法首次在碳纳米管中引入了 $RuCl_3$，然后将其还原为 Ru 纳米线，从而得到了 Ru 核/碳纳米管壳同轴纳米电缆。

2. 碳热还原与蒸发-凝聚法

碳热还原与蒸发-凝聚法是通过在高温下利用碳等材料与氧化物、硫化物反应时的蒸发、凝聚特性来制备同轴纳米电缆。Zhan 等运用该方法制得了 Ga_2O_3 核/C 壳的同轴纳米电缆。首先将 Ga_2O_3 和 C 置于 1 300℃下形成气体的 Ga_2O 和 CO，然后通过降温重新得到 Ga_2O_3 和 C，两者的同时形成保证了 C 连续地涂覆在 Ga_2O_3 纳米线的表面。所得 Ga_2O_3 核的直径为 40 nm，长度可以达到微米级，C 层的厚度为 6 nm。该电缆在场发射测试的开始区域发射电流密度会迅速增加。

3. 溶胶-凝胶法

溶胶-凝胶法适于合成金属内核而外壳为绝缘层的同轴纳米电缆。首先通过金属醇盐或易分解的金属盐(如硝酸盐、醋酸盐)作为前驱体，在液相下将原料均匀混合，进行水解缩合反应，经过溶液、溶胶、凝胶的过程而得到纳米电缆。

Zou 等用紫外光辐射法制得了 Ag 核/PVP 壳同轴纳米电缆。方法为将预先制得的 Ag 纳米粒子与 $AgNO_3$ 和 PVP 溶液混合，在室温下采用低压汞灯辐射引发。PVP 中含有带极性基团的聚乙烯骨架，并且 N 和 O 原子都可以与 Ag 复合，一旦 Ag 纳米粒子被吸附到 PVP 上，就会被 PVP 胶束所包覆。随着 Ag 纳米粒子的增加，它们就会在胶束中碰撞聚集形成棒状的颗粒。而大量这样的棒状纳米粒子连接，则会形成纳米线，从而得到 Ag 核/PVP 壳的同轴纳米电缆，其形成过程如图 4－20 所示。这层聚合物壳可以保护 Ag 纳米线不被氧化，在空气中数月保持稳定。通过离心过滤去除 PVP 壳则可获得 Ag 纳米线。

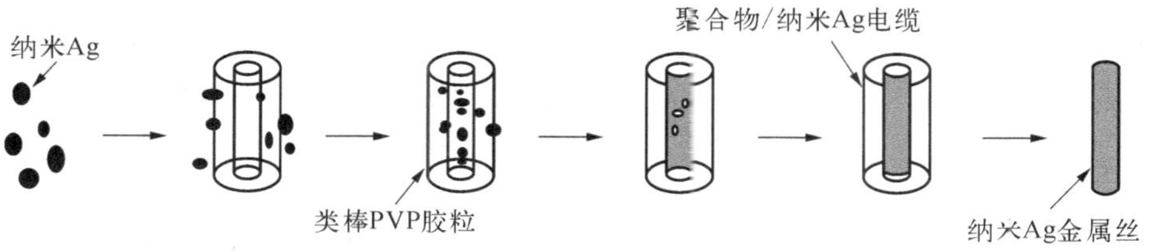

图 4－20　溶胶-凝胶法制备 Ag 核/PVP 壳同轴纳米电缆、Ag 纳米线示意图

4. 激光烧蚀法

激光烧蚀法是利用激光在特定的气氛下照射靶材，将其蒸发，同时结合一定的反应气体，在基底或反应腔壁上沉积出同轴纳米电缆。通过改变靶的成分或加入其他反应气体可以调节同轴纳米电缆的成分。

Iijima 等采用 BN、C、SiO_2 的混合粉末为原料合成了直径为几十纳米、长度为 50 μm 的同轴纳米电缆，其内核为 SiC、外壳为非晶 SiO_2。如果在原材料中再加入 Li_3N，则形成另外一种三明治结构的同轴纳米电缆，即芯部为 SiC、中间层为非晶 SiO_2、最外层为石墨型结构的 BNC。当原材料中没有 Li_3N 时，C 和 SiO_2 首先形成 SiC 芯线、外层为非晶 SiO_2 的单芯纳米电缆，然后在 Li 的催化作用下，在上述单芯纳米电缆外再形成一层石墨结构的 BNC。

5. 化学气相沉积法

化学气相沉积是制备准一维纳米材料的重要方法之一，也是合成同轴纳米电缆的重要方法。它通过原料气体或挥发性金属化合物的蒸气发生化学反应形成基本粒子，并经过成核、生长的过程而沉积形成同轴纳米电缆。

美国的 L. J. Lauhon 等采用化学气相沉积法合成了一系列的同轴纳米电缆。其形成机制如图 4－21 所示，首先是气相反应物在催化剂的作用下分解，分解物沉积在 Au 团簇的表面，进而团聚、单向生长成纳米线(图 4－21(a))；随着反应物的进一步分解、沉积、团聚，纳米线的长度逐渐增加(图 4－21(b))；改变反应条件，使得反应沉积物沉积到纳米线的表面，形成一层薄的、均匀的壳层(图 4－21(c))；在此基础上，通过调整反应物可以形成多层的同轴纳米电缆结构(图 4－21(d))。

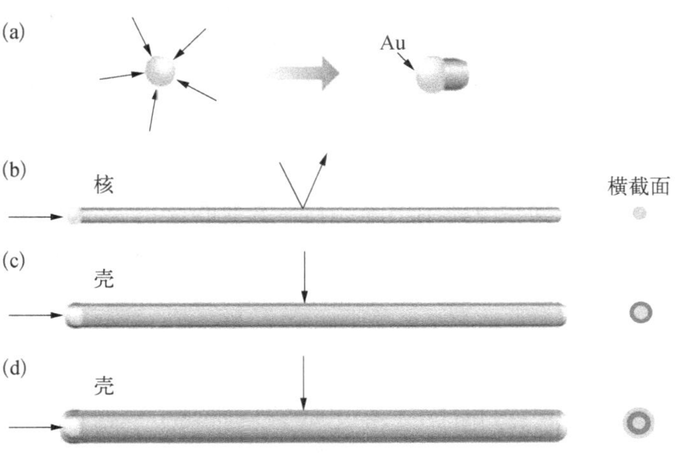

图 4－21　化学气相沉积法制备同轴纳米电缆机制图

同轴纳米电缆的制备方法各有优缺点，碳热还原与蒸发-凝聚法、激光烧蚀法、化学气相沉积法等方法对反应条件要求较高，需要高温或者高压等条件，反应过程中可控性较差，能制得的同轴纳米电缆种类较少，产物多集中在无机物/无机物型。溶胶-凝胶法在制备过程中需用金属醇盐作前驱体，由于它的毒性较大、对痕量的水分敏感且价格昂贵，适用性较差。而模板法具有以上几种制备方法不可比拟的优点，其工艺条件简单，反应条件要求低，可以制备出多种类型、具有有序阵列的同轴纳米电缆，能根据需要对结构进行设计，给人们更多的自由度以控制体系的性质，必将在今后制备同轴纳米电缆的过程中扮演重要角色。

二、同轴纳米电缆的应用

同轴纳米电缆因其核壳结构的特殊性，特别适合作为功能材料使用，如作为高密度集成元件之间的连接线、超级电容器、电磁干涉屏蔽、微型工具和微型机器人、气相传感器的部件，能在构筑纳米电子和光电子器件等集成线路和功能元件的进程中充当重要角色，具有独特的性能和诱人的应用前景，从而成为一个新的研究热点。

1. 纳米连接线

进入 21 世纪，信息技术和生物技术的快速发展对新材料提出了更高的要求，元件的功能化、小型化和高集成化对纳米材料提供了新的需求，纳米微加工则是重点发展的高新技术之一。自第一个晶体管问世以来，其尺寸每 18 个月缩小 50%，到现在已减小至 100 nm，预计到 2010 年晶体管的尺寸将只有几个纳米，实验室新芯片的存储密度可达 10^{11} bits/in^2 (1 in^2 = 645.16 mm^2)。由于这种超高密度集成线路中的元件主要是通过纳米电缆耦合来进行连接，因此纳米电缆作为高密度集成元件之间的连接线将扮演重要的角色。

2. 太阳能电池

作为清洁能源的太阳能电池，力求达到质量轻、成本小、面积大，其中有机薄膜太阳能电池成为研究的热点。

美国国家可再生能源实验室(NREL)日前宣布，他们利用纳米同轴电缆技术，研制出一种高能量转换效率的太阳能电池。传统的太阳能电池工作原理是当光照射到 pn 结上时，产生电子-空穴对，在 pn 结附近生成的载流子没有被复合而到达空间电荷区，受内建电场的吸引，电子流入 n 区，空穴流入 p 区，结果使 n 区储存了过剩的电子，p 区有过剩的空穴。它们在 pn 结附近形成与势垒方向相反的光生电场。光生电场除了部分抵消势垒电场的作用外，还使 p 区带正电，n 区带负电，在 n 区和 p 区之间的薄层产生了电动势。但由于被激发的自由电子和空穴在同一区域，电子和空穴经常发生相互抵消现象，从而导致太阳能电池的效率很低。为了使 pn 结更薄，同时解决自由电子抵消问题，研究人员将两个半导体联合起来形成纳米同轴半导体结构。这样的纳米电缆可以有两种不同方式：一种的内芯是氮化镓(GaN)，外层是磷化镓(GaP)；另外一种则相反。两种电缆的内芯直径为 4 nm 左右。当光子投射到纳米电缆的外层后，激发出电子，并在半导体材料之间发生了空穴与自由电子的高效率分离。同轴电缆结构既起到了电池的作用，又起到了普通电缆的作用，解决了电子的分离问题(因为氮、镓与磷具有不同的导电性)。最终，由于一系列复杂的量子效应，与内芯半导体发生相互作用的外层半导体可以接受更宽的可见光范围，从而大大提高了太阳能电池的性能。

3. 大脑神经元探测器

2005 年美国和日本科学家成功地研究了一种把直径为人类发丝的百分之一的铂金属纳米电缆植入人体血管中的新方法，并希望有一天使用这些纳米电缆帮助医生治疗人类某些神经性疾病比如帕金森综合征。

目前的大脑扫描技术，比如正电子发射断层分析扫描和功能性磁共振造影，已经使科学家很好地了解人类大脑神经元的活动机制。但是这种扫描技术清晰度很低，如果能分析单个神经元的活动，科学家就可以把分析精度提高到细胞级别，极大地提高了扫描精度，科学家就可以更清楚地了解人类大脑神经元之间的相互作用，而且这种方式对人体毫无害处。

最初，研究人员设想把许多纳米电缆组成的阵列穿入人体血管并借血管的传导与人类大脑相连接，纳米电缆一旦进入人体大脑，它们就会分散为花束状的分支，进入大脑微血管，直到进入指定的地点。到达指定地点后，这些纳米电缆就可以用来记录单个大脑神经元或许多神经元组成的集合的电信号。此后，他们将铂纳米电缆植入血管中并到达指定地点，成功地检测到了血管附近神经元的活动。此次研究，为科学家治疗神经性疾病找到一条崭新的道路，并为人类开辟了一块医学研究新领域。此项研究同时向人们充分展示了复杂纳米设备在医学领域的广阔应用前景。

目前，该项技术目前急需解决的问题之一就是，如何使纳米电缆准确地从数千条微细血管中找到指定的路径。其中一个解决方法就是使用新型聚合物材料来代替原有的纳米电缆。这种聚合材料不但可以传导电信号，还可以任意改变形状，使得操作人员可以更轻松地把纳米电缆传送到指定的区域。这种聚合物材料还可以做得更细更小，同时可生物降解，十分适合短期人体植入。这种新型材料的前景十分广阔诱人，科学家可以充分利用它的可塑性制造出需要的产品。

纳米电缆还可以作为微型探测器的探针用在场发射探测器、生物探测器、原子力显微镜等重要的纳米分辨探测器上。同轴纳米电缆还可用在纳米复合材料上，作为复合材料的增强剂，改善其性能。

我国对于同轴纳米电缆的研究，紧随美、日、德等国处于国际第二梯队的前列，尤其是近年来的一系列重要发现为世界所瞩目，在某些领域已经走在世界的前沿。然而，目前对于同轴纳米电缆的研究多限于实验室阶段，如何冲破产业化瓶颈，已成为一个急需解决的世界性课题。因此，其总的发展趋势是继续探索新的合成技术，进行技术创新，增加合成纳米电缆的品种，获得高质量的同轴纳米电缆，发展具有超高力学性能和奇异电学性能的纳米电缆；发展超小型测试技术，建立同轴纳米电缆微结构的表征方法，对同轴纳米电缆的力学、光学、热学、电学性质进行测量，重视单根纳米电缆的性能表征；加强基础研究和应用研究的衔接，寻找应用目标。相信随着人们对同轴纳米电缆认识的不断深入，新的特殊性能的不断发现，同轴纳米电缆也必将成为纳米材料领域的一支生力军。

第四节　纳 米 带

2001 年，美国亚特兰大佐治理工学院王中林教授等在世界上首次发现并合成半导体氧化物纳米带状结构，这是纳米材料合成领域的又一重大突破。王中林等利用高温固体气相法，成功合成了氧化锌、氧化锡、氧化铟、氧化镉和氧化镓等宽带半导体体系的带状结构。如图 4－22 所示为氧化锌纳米带(a)和硫化锌纳米带(b)的扫描电镜图。这些带状结构纯度高、产量大、结构完美、表面干净，并且内部无缺陷、无位错，是理想的单晶线形薄片结构。纳米带的横截面是一个窄矩形结构，带宽为 30～300 nm，厚 5～10 nm，而长度可达几毫米。

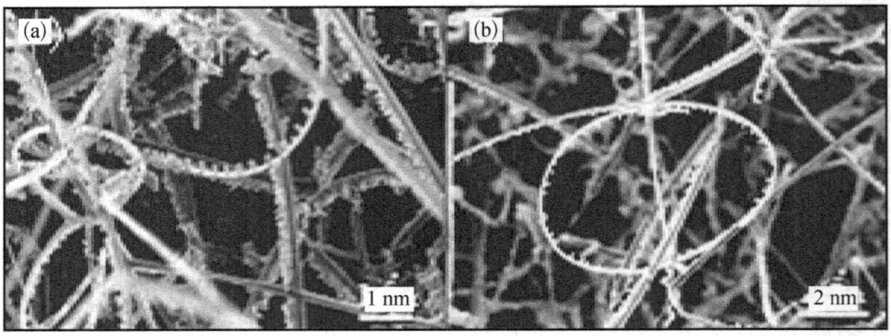

图 4-22　氧化锌纳米带(a)和硫化锌纳米带(b)的扫描电镜图

纳米带具有长方形截面，厚度在纳米量级，宽度可达几百纳米，宽厚比较大，非常薄的长条形纳米结构，既不同于纳米管的中空结构，又不同于纳米丝的实心圆柱状结构。这种纳米结构是研究输运现象在功能性氧化物中以及建立在单根纳米带上的元器件中的尺度限制效应的非常理想的系统。

一、纳米带的制备方法

1. 真空蒸发-冷凝法

王中林等用真空蒸发-冷凝法制得了半导体氧化物纳米带，真空蒸发-冷凝法就是在真空状态下，加热物质至适当温度，使之以一定的速率挥发成蒸气，并随后强制冷凝成粉体。一般可分为电阻加热法(Ohmic-resistance Heating)、等离子喷射加热法(Heating Plasma Spray)、感应加热法(Induction Heating)、电子束加热法(Electron Beam Heating)、激光加热法(Laser Pyrogenation)以及辉光等离子溅射法(Glow Plasma Sputtering)等，其共同点是压力在数十千帕以下，多种场合是在数百到数千帕的 Ar 或 He 中，加热蒸发金属或合金，蒸气原子在与气体分子的不断碰撞中冷却，产生纳米粒子。俞大鹏等也用该法成功制得了 Ga_2O_3 纳米带，采用的实验装置如图 4-23 所示。氧化铝管左端可以通入气体，用气体质量流量计精确控制气体流量，右端由机械泵抽真空，抽真空的速率通过针阀加以控制，针阀和气体流量计组合使用，可以控制管内的压强。

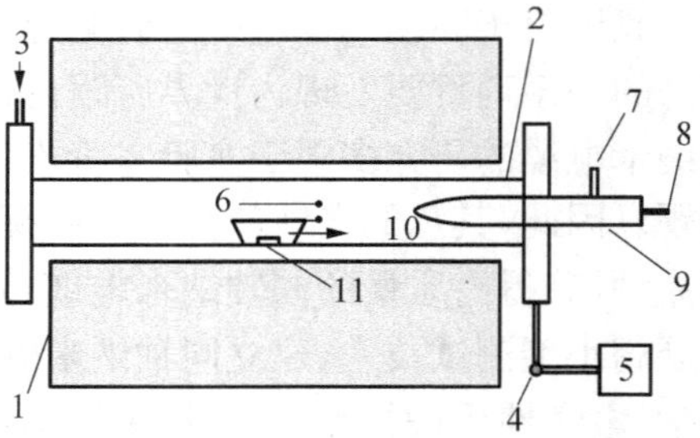

1-快速升温 $MoSi_2$ 棒管式电炉；2-陶瓷管；3-进气孔；4-针阀；5-机械泵；6-气流；7-冷却水进水口；8-冷却水出水口；9-水冷铜收集头；10-氧化铝舟；11-衬底

图 4-23　管式炉系统示意图

2. 微乳合成法

微乳合成法已广泛用于合成纳米颗粒。该方法的核心是利用油性相包裹水相在微乳液中控制化学反应，因此小液滴的尺寸通常控制在纳米尺寸范围内，相应中间产物的尺寸也被限制在纳米尺度范围内。如王积森等利用微乳技术，成功合成了 Mn_3O_4 纳米带，首次发现 Mn_3O_4 纳米带是由定向排列的纳米线组成的，生长具有方向性。他们利用微乳合成方法，改进合成流程，如添加 NaCl，对制备前驱体 $Mn(OH)_2$ 和 NaCl 混合物在 800℃ 回火处理 3 h；

洗涤除去 NaCl;干燥后可以得到 Mn_3O_4 纳米带试样。如图 4－24 所示为微乳方法合成纳米带的流程图。

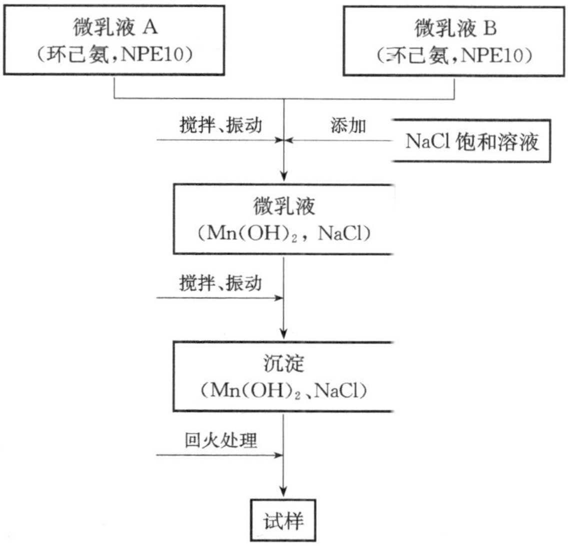

图 4－24　微乳法合成纳米带的流程图

纳米带的可能生长过程如下：首先，由微乳方法得到纳米级颗粒；其次，这些颗粒在高温的环境下，形成具有一定结构的纳米颗粒作为纳米线的生长起点，同时 NaCl 的汽化活动为纳米颗粒的运动提供了原动力，该力促进了纳米颗粒继续结晶，定向生长形成纳米线；最后，相邻纳米线之间在相互作用力的驱动下，紧密排列形成纳米带或纳米片。

3. 模板合成法

模板合成法就是通过对纳米材料的组成、结构、形貌、尺寸、取向和排布等进行控制，使制备的材料具备各种预期的或特殊的物理性质。模板合成法制备的一般过程是，先根据合成材料的大小和形貌设计模板；再基于模板的空间限域作用和模板剂的调控作用对合成材料的大小、形貌、结构、排布等进行控制。模板根据其自身的特点和限域能力的不同通常可分为软模板和硬模板。硬模板主要是指一些具有相对刚性结构的模板，如阳极氧化铝膜、多孔硅、分子筛、胶态晶体、碳纳米管和限域沉积位的量子阱等。软模板则主要包括两亲性分子形成的各种有序聚合物，如液晶、胶团、微乳状液、囊泡、LB 膜、自组装膜等，以及高分子的自组织结构和生物大分子等。两者的共性是都能提供一个有限大小的反应空间。区别在于前者提供的是静态的孔道，物质只能从开口处进入孔道内部；而后者提供的则是处于动态平衡的空腔，物质可透过腔壁扩散进出。近年来，随着人们对一维纳米材料研究的关注，很多研究者用模板合成法制备了各种纳米线和纳米带。葛学武等在射线辐照条件下，运用尿素作为模板，成功地合成长数千纳米的银纳米带。所得产物分别用 X 射线衍射、电子衍射和透射电子显微镜进行表征，研究结果表明尿素在银纳米带的形成过程中起着关键性的作用。

4. 分子自组装法

分子自组装法，即通过分子间特殊的相互作用，组装成有序的纳米结构，实现高性能化和多功能化，其主要原理是分子间力的协同作用和空间互补，如静电吸引、氢键、疏水性缔合等。分子自组装法不仅可用于有机纳米材料的合成,而且可用于复杂形态无机纳米材料的制备;不仅可合成纳米多孔材料,而且可制备纳米微粒、纳米桎、纳米丝、纳米网、纳米薄膜甚至纳米带等。中科院化学所的李林研究员和刁复研究员合作,将冠醚功能化的聚苯乙烯同 K^+ 在稀氯仿溶液中通过冠醚的夹心键合作用,自组装出新颖的高分子纳米带。目前,分子自组装法制备纳米材料在国际上用于前沿性研究,它代表了未来材料技术发展的趋势,同时它面临的困难和疑问还很多,如分子识别、指令传递这样的核心问题需要继续不懈的研究。

二、纳米带的特性

纳米管比钢硬,有惊人的导电能力,这些特点使它一度成为纳米科学研究的宠儿。但它在批量生产时发现了缺陷,即稳定性差。材料有缺陷的电子元件在通过电流时,温度可能会异常升高。当今电子设备越来越小,功能越来越强大,这就要求电子元件能够以非常高的密度放入微小的设备中,如果电子元件过热,将会导致整个设备的失控。

纳米带与碳纳米管以及硅和复合半导体线状结构相比,是迄今唯一被发现具有结构可控且无缺陷的宽带半导体准一维带状结构,这种结构是用于研究一维功能材料和智能材料中光、电、热输运过程的理想体系,可以使科学家用单根氧化物纳米带做成纳米尺寸的气相、液相传感器和敏感器或纳米功能及智能光电元件,为纳米光电学打下了坚实的基础。图 4-25 所示为一些直的和蜷曲的 ZnO 纳米带的 TEM 照片。

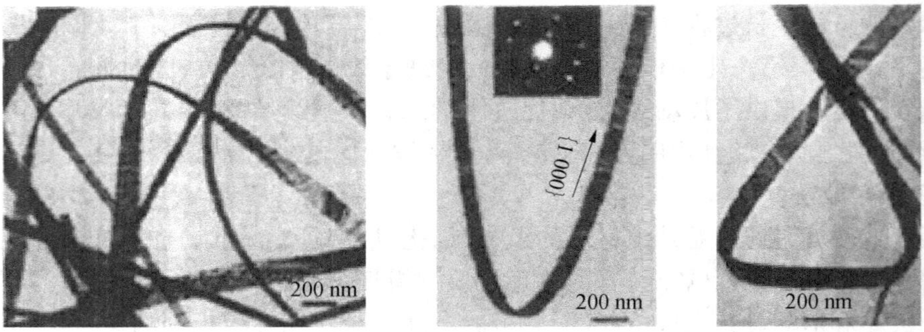

图 4-25　一些直的和蜷曲的 ZnO 纳米带的 TEM 照片

纳米带虽然缺少柱形纳米管所具有的高结构力,但其生产过程简单而且可控,大量生产时能够保证材料结构统一,基本没有缺陷。这些带状结构材料纯度可高达 95% 以上,而且产量大、结构完美、表面干净,并且内部无缺陷、无位错。纳米带的优点有可能使它更早地被投入工业生产中。

三、纳米带的应用

氧化锌和氧化锡的导电性能会随着液体或气体分子附着在其表面而产生剧烈的变化,所以它们成了制造超小型传感器的基础材料。含锡的氧化铟纳米带导电性能好,并且是透明的,因此它成了制造平面显示屏的备用材料。含氧的氧化锡对红外线辐射有响应,它可应用在能自动调整透明光度和导热性的"智能"窗户上。"这是纳米技术非常重要的一个领域,"王中林教授说,"如果我们能在其应用中取得成功,它将会在纳米级的传感器和功能仪器技术上带来巨大的进步。且这些仪器的能耗低,灵敏度高。"

半导体氧化物表现出有趣的"家族现象"，虽然现在只成功合成了氧化锌、氧化锡、氧化铟、氧化镉、氧化镓和氧化铅等材料纳米带，但王中林预测，半导体氧化物家族可能都可以制造纳米带。纳米带作为功能材料和智能材料，实际已经应用在工业上了，主要在光电方面用来做光电元件和传感器。

近年来，碳纳米管制成平板显示器件的研究发展迅猛。但是碳纳米管（CNT）平板显示还有很多缺陷：如 CNT 的生长机理、生长工艺、环境气氛对场发射的影响，以及制成显示器件后 CNT 膜表现出的许多固有缺陷等。而纳米带的发现，将会弥补 CNT 平板显示的缺陷，把平板显示技术推向一个新的高潮。例如，铟氧化物纳米带是重要的透明导体氧化物（TCO）的材料，由于它的高的电导率和光学透明性，其在光电子和平板显示都有着广阔的应用前景。

随着工业生产和环境检测的迫切需要，纳米气敏传感器已获得长足的进展。用低维的金属氧化物半导体纳米颗粒、碳纳米管及二维纳米薄膜等都可以作为敏感材料构成气敏传感器。纳米带大的比表面体积，使其电学性质对表面吸附非常敏感，外界环境（温度、光、湿度）等因素改变会迅速引起界面离子、电子输运的变化，利用其电阻的显著变化可将其做成传感器，其特点是响应速度快、灵敏度高、选择性比较优良。已报道单根 SnO_2 纳米带在室温可做光化学 NO_2 传感器，NO_2 在 SnO_2 纳米带表面的吸收量的测定是通过检测 SnO_2 纳米带中的电子传导来实现的。单根 SnO_2 纳米带在室温紫外光照条件下对 NO_2 气体的检出限为百万分之一级，如果能使用更细的纳米带开发出欧姆 SnO_2——金属接触器并用催化剂修饰它，传感器的灵敏度就会提高。可以预见，这一材料在纳米气敏传感领域具有光明的应用前景。

纳米带所具有的均一结构适合于大批量生产纳米级电子器件和光电子器件。当前有关一维系统的研究主要集中在碳纳米管上，纳米带的出现使得一维纳米材料系统的研究有了另一种选择，这对于纳米级功能材料与智能材料的应用至关重要，是当今制备功能器件和智能器件的基础。

第五节　纳 米 环

纳米环是低维小纳米体系中的一个新成员，它是由量子点家族派生而来，由大小、形状和组分相同的多个自组织生长的半导体量子点排列成环状而构成。2004 年王中林教授领导的研究小组在世界上首次发现了一种新型纳米结构——纳米环（Nanoring）。这种由单晶体纳米带环绕而形成的封闭式环形纳米结构具有半导体和压电效应双重性质，可应用于微米-纳米机电系统，纳米级传感器和生物细胞探测。纳米环的发现开辟了纳米结构生长的新理论和新应用，本节将分别介绍氧化锌纳米环、金纳米环和钴纳米环。

一、氧化锌纳米环

晶体的结构具有各向异性，不同晶体的表面具有不同的表面能，物理属性也有很大差异。因此控制晶体某些特定晶面的生长，可以实现晶体的功能设计。王中林教授和他领导的孔向阳博士和丁勇博士等率先在纳米尺度上提出了晶体表面可控生长理论，这一理论揭示了人们可以控制不同晶面的生长速度，从而得到特定晶体表面以及预期功能的完整纳米单晶体。他们发现了纳米带在纳米尺度上的自发极化现象，通过控制纳米带的生长习性，利用自发极化现象所导致的自环绕生长机理成功得到了由单个纳米带螺线圈式自环绕而自发形成的单晶环。

该技术的关键在于掌握氧化锌晶体的表面能与生长速度的关系，在工艺上突破了传统的高表面能晶面优先生长的晶体生长理论，实现了低表面能晶面优先快速生长，并通过控制高表面能晶面的生长速度，形成具有高表面能晶面、宽度为 15 nm、厚度为 10 nm 的纳米带。利用可控的掺杂和高温固相-气相生长过程，单个纳米带可自发环绕形成直径为 1～5 μm、厚度为 15 nm、高度为 0.3～2 μm 的单晶环。

压电效应(Piezoelectric Effect)是应用于传感和控制学科最重要的物理效应之一：在外加应力时，一些特殊结构的晶体可以产生电压差；反过来，在外电场的作用下，该晶体又可以产生弹性形变。压电效应是实现应力与电信号互换的重要物理过程。目前研究的量子点、量子线和碳纳米管并不同时具有半导体和压电效应双重性质，而纳米环形结构具有半导体和压电效应双重性质。王中林认为，新研究成果无论是对宏观尺度还是纳米尺度的晶体生长及其功能设计都有非常重要的开创性意义。这种具有压电效应的纳米环是一种非常理想的机电耦合材料，在微/纳米机电系统中有重要的应用价值。利用纳米环的这种压电效应，可以设计研制出各种纳米传感器、执行器、共振耦合器，甚至纳米压电马达、纳米泵，纳米环在细菌和癌症细胞探测方面也具有广阔的应用前景。

二、金纳米环

江南大学的王纯荣等于 2007 年采用十二烷基硫酸钠(SDS)与聚乙二醇(PEG20000)组成的团簇为软模板，在室温、常压、无硬模板及无外加还原剂条件下自还原 $HAuCl_4$ 合成了金纳米环。TEM 显示合成的金纳米环的直径约为 500 nm(如图 4-26 所示)；TEM 和 SEM 跟踪显示，金纳米环的生长经历了从纳米球到纳米片再到纳米环的变化过程，控制反应时间可以得到预期的金纳米结构。

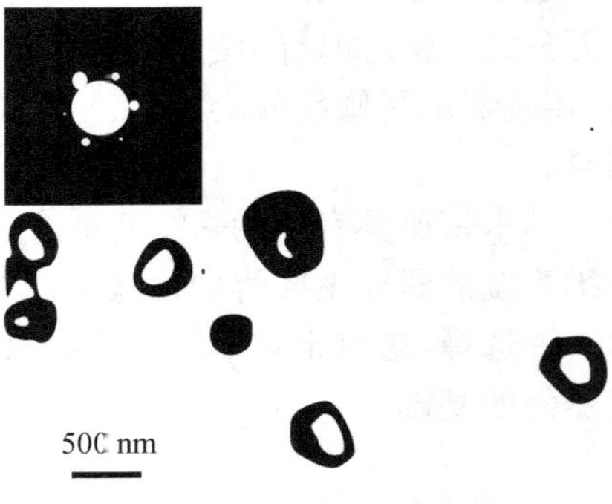

图 4-26　金纳米环 TEM 图

三、钴纳米环

美国普渡大学的化学家亚历山大·魏用金属钴粒子做成一种极小的磁环。这种环的直径约为 100 nm，这些纳米环能自动生成，也就是通常所说的自装配工艺。

用纳米环做成的存储器有可能成为数据不会丢失的存储器。初步的研究表明，纳米环的磁状态可通过磁场来进行开和关，从而可实现纳米环的"比特位"是"1"或是"0"。但研究人员认为此项发现的最大潜力在于纳米环可能会和其他纳米结构结合起来，比如说，将钴纳米环与纳米导线组合起来，就可以产生高度定位磁场，用来对磁通量闭包状态进行开关，这是十分吸引人的现象。但是这种组合只有通过自装配才能完成。在此之前，已有一些研究小组研制成纳米磁环，但制作方法是一种"从上到下"的加工法，因而对磁环尺寸的减小有极大的限制。钴纳米粒子自组装成纳米环，这种纳米环在室温下具有稳定的磁性。虽然目前还不能马上就能制造出新型的非易失性计算机存储器，但这是实现该目标的重要一步。

一维纳米结构单元是研究电子传输行为和光学特性等物理性质的尺寸和维度效应的理想体系；一维纳米结构单元因其特定的几何形态将在构筑纳米电子和光电子器件方面充当重要的角色。因此，一维纳米结构单元仍将是今后纳米材料的研究领域中一个令人瞩目的研究热点。

（徐云龙　钱秀珍）

复习思考题

1. 一维纳米结构单元为何又称准一维纳米材料？
2. 碳纳米管主要有哪些制备方法？各种方法的优缺点有哪些？
3. 研究碳纳米管的生长机理有何意义？
4. 碳纳米管有哪些不同的结构类型？
5. 不同类型的碳纳米管为何其电学性质大不相同？
6. 纳米管的电学性质与热学性质在本质上有何联系？
7. 提高碳纳米管稳定性的主要措施有哪些？
8. 纳米带与碳纳米管的性能差别主要有哪些？
9. 纳米棒、纳米丝、纳米线的性质与长径比有关吗？为什么？
10. 同轴纳米电缆有哪些可能的应用领域？
11. 纳米环的性质与纳米线和碳纳米管的性质有何不同？
12. 纳米环将会有哪些重要的应用？

参考文献

[1] 许并社. 纳米材料及应用技术. 北京：化学工业出版社，2003.
[2] 朱屯，王福明，王习东，等. 国外纳米材料技术进展与应用. 北京：化学工业出版社，2002.
[3] 张立德. 纳米材料. 北京：化学工业出版社，2001.
[4] 成会明. 碳纳米管制备、结构、物性及应用. 北京：化学工业出版社，2002.
[5] 宋国君，陈东，李建江，等. 同轴纳米电缆研究进展. 材料导报，2006，20(11)：1－5.
[6] 郦剑，李昆仑，倪兆荣，等. 纳米线研究进展. 材料科学与工程学报，2005，23(2)：290－292.
[7] 杨枣，彭坤，袁缘，等. 纳米带的研究进展. 材料科学与工艺，2006，14(5)：538－542.
[8] 降中杰，王固峰，牛巧利，等. 一维纳米材料的研究进展. 中国材料科技与设备，2006，5(3)：1－5.

第五章　二维纳米结构——纳米薄膜

本章要求

1. 掌握什么是纳米薄膜，熟悉纳米薄膜的分类方法。

2. 熟悉纳米薄膜制备方法的分类。

3. 了解 PVD 制膜的基本过程，了解蒸镀、电子束蒸镀、溅射制膜以及 MBE 的原理和特点及应用。

4. 了解什么是 CVD 制膜方法，CVD 的分类、特点和制备原理。

5. 了解 Sol-gel 制膜的基本过程、分类和特点。

6. 熟悉什么是分子组装膜技术，熟悉分子组装膜技术的基本类型。

7. 熟悉什么是 LB 膜，掌握 LB 膜的类型和形成过程。

8. 熟悉 LB 膜制备方法的分类和制备原理，了解 LB 膜的特点及应用。

9. 熟悉什么是 SA 膜技术，掌握 SA 膜技术的分类及其技术特点。

10. 了解纳米薄膜的基本性能和主要应用。

纳米薄膜(Nano-thin Film)是指由尺寸在纳米量级的晶粒构成的薄膜，或将纳米晶粒镶嵌于某种薄膜中构成的复合膜，以及每层厚度在纳米量级的单层或多层膜，有时也称为纳米晶粒薄膜或纳米多层膜。纳米薄膜材料是一种新型的薄膜材料，由于其特殊的结构和性能，它在功能材料和结构材料领域都具有良好的发展前景。本章分别介绍纳米薄膜的分类、制备方法、特性以及国内外最新研究进展。

第一节　纳米薄膜的分类

关于纳米薄膜的分类，目前有许多种方法。本节讨论根据纳米薄膜的微结构、用途、层数等划分。

一、根据微结构划分

按照其微结构，纳米薄膜目前可以分为两类：(1) 含有纳米颗粒与原子团簇的基质薄膜(Matrix Film)，纳米颗粒基质薄膜厚度可超出纳米量级，但由于膜内有纳米颗粒或原子团簇的掺入，该薄膜仍然会呈现出一些奇特的调制掺杂效应(Doping Effect)；(2) 纳米尺寸厚度的薄膜，其厚度接近电子自由程和 Denye 长度，可以利用其显著的量子特性和统计特性组装成新型功能器件，例如纳米厚度的信息存储薄膜具有超高密度功能，这类集成器件具有惊人的信息处理能力；纳米磁性多层膜具有典型的周期性调制结构，导致磁性材料的饱和磁化强度的减小或增大。对这些问题的系统研究具有重要的理论和应用意义。

二、根据用途划分

纳米薄膜按用途可以分为两大类，即纳米功能薄膜(Nano-functional Film)和纳米结构薄膜(Nanostructure Thin Films)。前者主要是利用纳米粒子所具有的光、电、磁方面的特性,通过复合使新材料具有基体所不具备的特殊功能;后者主要是通过纳米粒子复合,提高材料在机械方面的性能。由于纳米粒子的组成、性能、工艺条件等参数的变化都对复合薄膜的特性有显著影响,因此可以在较多自由度的情况下,人为地控制纳米复合薄膜的特性,获得满足一定需要的材料。

三、根据层数划分

纳米薄膜按其沉积层数,可分为纳米单层薄膜(Nano-monolayer Film)和纳米多层薄膜(Nano Multi-layer Film)。其中,纳米多层薄膜一般是由几种材料交替沉积形成的结构交替变化的薄膜,各层厚度均为纳米级。多层膜的主要参数为调制波长 Λ,指的是多层膜中相邻两层厚度之和。当调制波长 Λ 比各层薄膜单晶的晶格常数大几倍或更大时,可称这种多层膜结构为"超晶格(Superlattice)"薄膜。组成薄膜的纳米材料可以是金属、半导体、绝缘体、有机高分子等材料,因此可以有许多种组合方式,如金属/半导体、金属/绝缘体、半导体/绝缘体、半导体/高分子材料等,而每一种组合又可衍生出众多类型的复合薄膜。

第二节　纳米薄膜的制备方法

纳米薄膜的制备方法按原理可分为物理方法、化学方法和分子组装法(又称物理化学法)三大类,如图 5-1 所示。粒子束溅射沉积和磁控溅射沉积,以及新近出现的低能团簇束沉积法属于物理方法;化学气相沉积(Chemical Vapor Deposition, CVD)、溶胶-凝胶(Sol-gel)法和电沉积法(Electrodeposit)属于化学方法;LB 膜技术和 SA 膜技术属于分子组装方法。下面对各种方法展开讨论。

- 物理方法
  - 真空蒸发(单源单层蒸发、单源多层蒸发、多源反应共蒸法)
  - 溅射
    - 磁控溅射
    - 射频溅射(单靶反应溅射、多靶反应共溅射)
    - 离子束溅射
  - 分子束外延(MBE)
- 化学方法
  - 化学气相沉积
    - 金属有机物化学气相沉积
    - 热解化学气相沉积
    - 激光诱导化学气相沉积
    - 等离子体增强化学气相沉积
    - 微波等离子体化学气相沉积
  - 溶胶凝胶(Sol-gel)
  - 电镀法
- 分子组装方法
  - SA 膜技术
  - LB 膜技术

图 5-1　纳米薄膜的制备方法

一、物理法

物理气相沉积(Physical Vapor Deposition, PVD)方法作为一类常规的薄膜制备手段被广泛地应用于纳米薄膜的制备与研究工作中,PVD 包括蒸镀、电子束蒸镀、溅射等。主要通过两种技术途径制膜：(1) 在非晶薄膜晶化的过程中控制纳米结构的形成；(2) 在薄膜的成核生长过程中控制纳米结构的形成。物理气相沉积主要过程包括以下三点。

(1) 气相物质的产生

在蒸发镀膜方法中，是用加热源物质使其蒸发；而在溅射镀膜法中，则是用具有一定能量的粒子轰击靶材，从靶材上击出源物质原子。

(2) 气相物质的输运

由于有气体存在时会与气相物质发生碰撞，从而影响后者顺利到达基片，因此气相物质的输运往往在真空中进行。在高真空度的情况下(真空度$\leqslant 10^{-2}$ Pa)，气相物质与残余气体分子碰撞的概率很小，基本上是从源物质直线到达基片，所以沉积速率较快。

(3) 气相物质的沉积

气相物质在基片上的沉积是一个凝聚过程。根据凝聚条件的不同，可以形成单晶膜、多晶膜或非晶态膜。

1. 真空蒸发镀膜

在高真空中用加热蒸发的方法使源物质转化为气相，然后凝聚在基体表面的方法称为蒸发镀膜(Evaporation Coating)，简称蒸镀。真空蒸发镀膜的原理如图 5-2 所示。

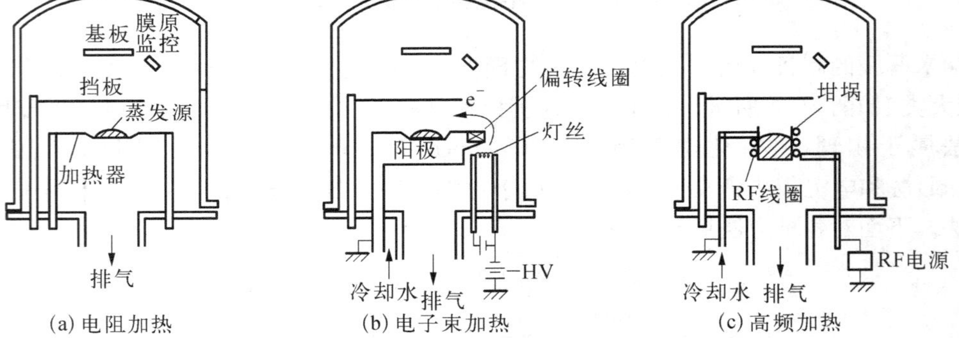

图 5-2　真空蒸发镀膜装置的原理示意图

(1) 蒸镀原理

和液体一样，固体在任何温度下会或多或少地汽化(升华)，形成物质的蒸气。当源物质的温度升高，其饱和蒸气向四周散发，此时蒸发原子在各个方向的通量并不相等。将基片放在蒸气源的上方阻挡蒸气流，蒸气则在基片上凝固形成薄膜。蒸发源不断供给蒸气，薄膜的厚度随之增加。

(2) 蒸镀方式

① 电阻加热蒸镀：加热器材料常使用钨、钼、钽等高熔点金属，蒸发材料可以是丝状、带状或板状。

② 电子束加热蒸镀：利用电子束加热可以实现一些高熔点金属，例如钨(熔点为3 380℃)的蒸镀。图 5-3 是一种电子束加热蒸发源的示意图，从图 5-3 中可以看出，电子是由隐蔽在下面

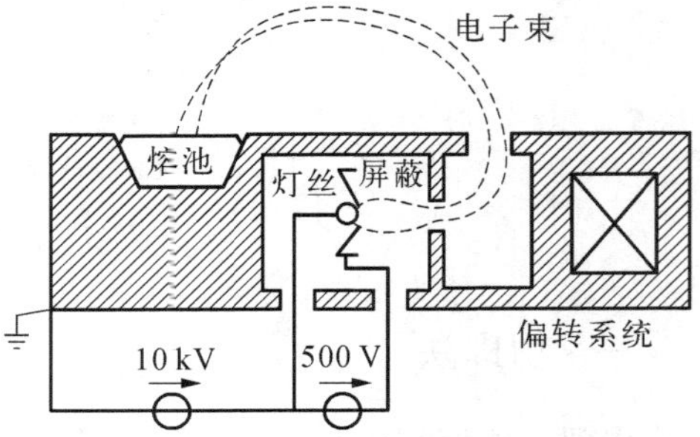

图 5-3　电子加热蒸发源

的热阴极发射的，这种方式可以避免阴极灯丝被坩埚中喷出的源液滴玷污而形成低熔点合金，需要指出的是这种合金化过程会使灯丝容易烧断。

由灯丝发射的电子经 6～10 kV 的高压加速后，进入偏转磁铁，被偏转 270°之后轰击蒸发源。蒸发源装在水冷铜坩埚内，只有被电子轰击的部位局部熔化，不存在坩埚污染问题。

在批量制备薄膜时，通常采用行星支架装置，这样每个样品在同一球面上围绕蒸发源自转或公转，因此可以保证样品的膜厚一致。在制取大面积的膜层时，则需采用多个蒸发源。

(3) 蒸镀的应用

蒸镀方法具有镀膜速度快的优点，可以应用于多种不同功能膜的制备，例如电极的导电膜、光学增透膜以及金属膜(例如最常用的镀铝膜)。该方法的缺点在于所镀薄膜的结合强度不是很高；另外，在控制合金成分方面差于溅射技术。

2. 溅射镀膜

溅射镀膜(Sputtering Coating)是指在真空室中，利用荷能粒子轰击靶材表面，使被轰击出的粒子在基片上沉积成膜的技术。主要包括两种方式：一是利用离子束轰击靶表面，使溅射出的粒子在基片表面成膜，称为离子束溅射(Ion Beam Sputtering)；另一种是利用低压气体放电现象，使处于等离子状态下的离子轰击靶表面，并使溅射出的粒子堆积在基片上，称为放电溅射(Discharge Sputting)。

离子溅射的原理是：利用离子源辐照物体，当能量为 100～10 keV 时，入射离子会从固体的表面进入内部，并与构成固体的原子和电子发生碰撞。如果反冲原子的一部分到达固体的表面，且具有足够的能量，那么它们就会克服逸出功而飞离固体表面，这种现象称作离子溅射。

在离子溅射的研究中，溅射产额(一个入射离子所溅射出的中性原子数)是一个重要的技术参数，很显然，该参数与入射离子的能量、靶的材质、入射角等因素密切相关。

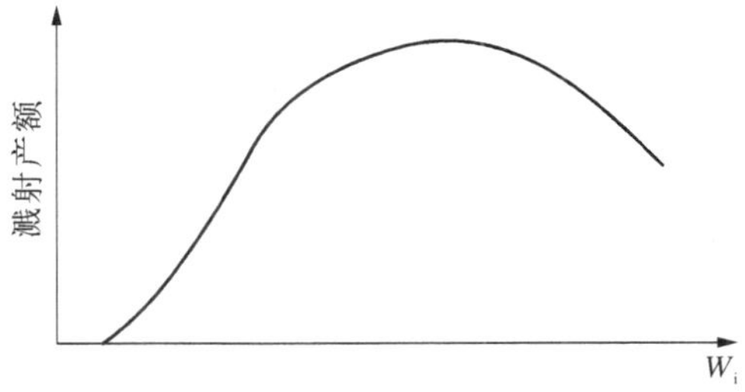

图 5-4　溅射产额与入射离子能量关系

图 5-4 是溅射产额与入射离子能量 W_i 的关系示意图。由图可见，当 W_i 值低于溅射阈值时，溅射过程不发生；而当 W_i 值超过溅射阈值之后，溅射随之发生。研究结果表明大多数金属的溅射阈值处于 20～40 eV 之间，而且，溅射过程中，在不同的能量阶段，溅射产额与 W_i 值遵循不同的函数关系：(1) 小于 150 eV 时，溅射产额与 W_i 的平方成正比；(2) 150 eV～1 keV 时，溅射产额与 W_i 成正比；(3) 1～10 keV 时，溅射产额没有明显的变化；(4) 大于 10 keV 时，能量继续增加，溅射产额呈下降趋势。

(1) 溅射方法

① 直流二极溅射

最简单的直流二极溅射装置如图 5-5 所示。它是一对阴极和阳极组成的冷阴极辉光放电管结构。被溅射靶(阴极)和成膜的基片及其固定架(阳极)构成溅射装置的两个极。阴极上接 1～3 kV 的直流负高压，阳极通常接地。工作时先抽真空，再通 Ar 气，使真空室内达到溅射气压。接通电源，阴极靶上的负高压在两极间产生辉光放电并建立起一个等离子区，其中带正电的 Ar 离子在阴极附近的阴极电压降作用下，加速轰击阴极靶，使靶物质表面溅射,并以分子或原子状态沉积在基片表面,形成靶材料的薄膜。

这种装置的最大优点是结构简单,控制方便;缺点是在工作压力较高时膜层有玷污,沉积速率低,不能镀 10 μm 以上的膜,而且由于大量二次电子直接轰击基片,容易使基片温升过高。

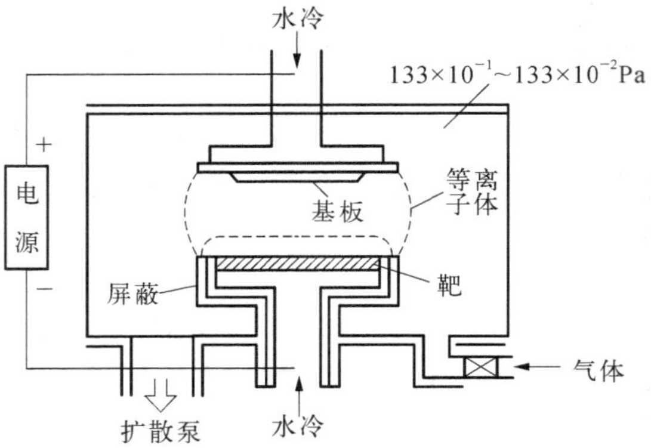

图 5-5　二极溅射装置

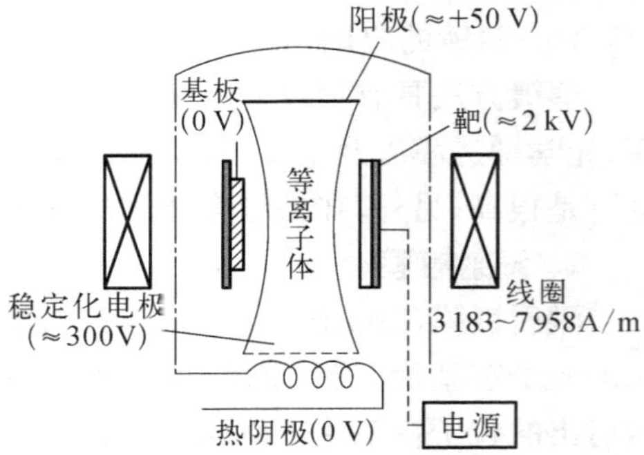

图 5-6　四极溅射装置

② 三极和四极溅射

三极溅射是在二极溅射的装置上附加一个电极,使它放出热电子强化放电。该电极的使用不但使溅射速率有所提高,而且使溅射工况的控制更为方便。与二极溅射不同的是,三极溅射可以在主阀全开的状态下制取高纯度的膜。

四极溅射又称为等离子弧柱溅射,其原理如图 5-6 所示。在原二极溅射靶和基板垂直的位置上,分别放置一个发射热电子的灯丝(热阴极)和吸引热电子的辅助阳极,其间形成低电压、大电流的等离子体弧柱,大量电子碰撞气体电离,产生大量离子。这种溅射方法具有比较明显的缺点,例如不能抑制由靶产生的高速电子对基片的轰击,因灯丝具有不纯物而使膜层玷污等问题。

③ 射频溅射

20 世纪 60 年代利用射频辉光放电,人们制备了从导体到绝缘体等不同材料的膜,该方法在 70 年代得到普及,其中直流溅射是利用金属、半导体靶制备薄膜的有效方法。不过,当靶是绝缘体时撞击到靶上的离子会使靶带电,引起靶的电位上升,使得离子无法继续对靶进行轰击,因此该方法不适合于绝缘靶的制膜。

放电溅射(Sputting Discharge)的两个电极接在交变的射频电源上,似乎没有阴极与阳极之分,但是实际上射频溅射装置的两个电极并不对称。放置基片的电极与机壳相连,并且接地,这个电极相对安装靶材的电极而言,是一个大面积的电极。它的电位与等离子相近,几乎不受离子轰击。而另一电极对于等离子体处于负电位,是阴极,因此会受到离子轰击,用来装置靶材。

由于大功率的射频电源不仅造价高,而且对于人身防护也成问题,因此,射频溅射法不适于工业生产应用。

④ 磁控溅射

磁控溅射(Magnetron Sputtering)是 20 世纪 70 年代迅速发展起来的一种新型溅射技

术，目前已应用于工业生产中。与二极溅射相比，该方法镀膜具有高速（可提高一个数量级）、低温（基片温升小）、低损伤（对膜层损伤小）等优点。值得一提的是，Chapin 在 1974 年发明的平面靶，对磁控溅射在工业领域的应用起到了推动作用。

磁控溅射的特点是在阴极靶面上建立了一个环状磁靶（如图 5-7 所示），以控制二次电子的运动，离子轰击靶面所产生的二次电子在阴极暗区被电场加速之后飞向阳极。虽然其他溅射装置也都有附加磁场的装置，不过，磁控溅射所采用的环形磁场对二次电子的控制更加严密。

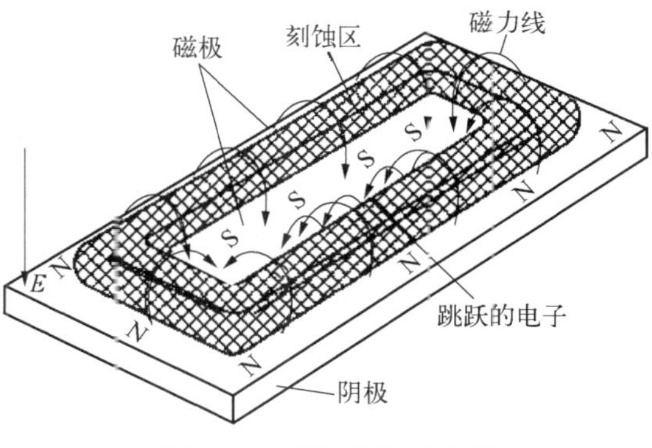

图 5-7　平面磁控溅射靶

磁控溅射法的主要缺点在于：一旦溅射沟槽穿透靶材，就会导致整块靶材报废，所以靶材的利用率不高（一般低于 40%）。

⑤ 离子束溅射

离子束溅射（Ion Beam Sputtering）采用单独的离子源产生轰击靶材的离子。Kaufman 于 1961 年成功研制出宽束离子源，目前离子束溅射法中采用的宽束离子源的直径可以达到十余厘米，图 5-8 中左面部分就是这种离子源的示意图。

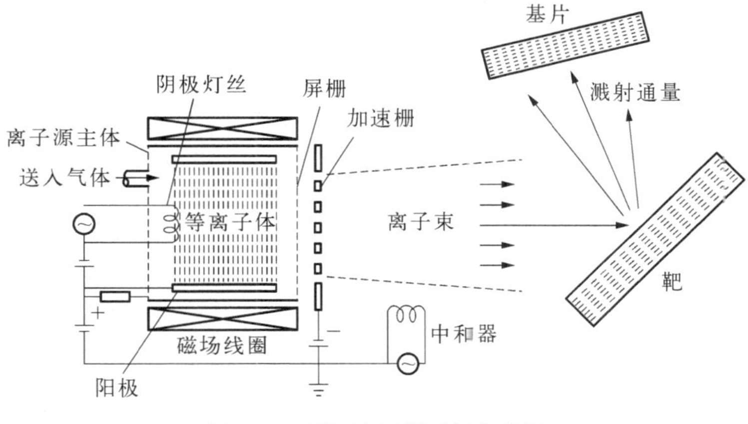

图 5-8　离子束溅射系统示意图

宽束离子源采用热阴极电弧放电产生等离子体，阴极灯丝发射的电子被加速到 40～80 eV 时飞向阳极，飞行过程中使气体（氩气）电离成为等离子体。阳极沿离子源的器壁布置，阳极外围有屏蔽磁场，用以阻止电子不能轻易到达阳极，这样可以增强等离子体密度。宽束离子源的阳极和磁场布置是为了获得均匀的等离子体，这样，经加速栅引出的离子束才能保证大面积均匀。

阳极与等离子体差不多是等电位的，因此，阳极与靶材的电位差决定了离子到达靶材时的能量即离子轰击靶材的能量。屏栅是离子源器壁的开口部位，也就是离子的出口，加速栅距离屏栅很近，屏栅与加速栅之间的强电场将离子引出离子源。屏栅和加速栅都是用石墨片或钼板钻孔制成，为了得到准直的离子束，安装时要求两者的小孔对准。

离子束溅射的优点是能够独立控制轰击离子的能量和束流密度，而且基片不接触等离子体，这些都有利于控制膜层质量。此外，离子束溅射是在真空度比磁控溅射更高的条件下进行的，因此有利于降低膜层中的杂质气体的含量。

离子束镀膜的缺点是镀膜速率太低，仅有 0.01 μm/min 左右，这比磁控溅射低一个数量级，所以离子束镀膜不适于镀制大面积元件，这些缺点限制了离子束溅射在工业生产中的应用。

(2) 溅射镀膜技术的应用

溅射镀膜法适用性非常广，例如，就薄膜的组成而言，有单质膜、合金膜、化合物膜；就薄膜材料的结构而言，有多晶膜、单晶膜、非晶膜；若从材料物性来看，包括具有光、电、声、磁或优良力学性能的各类功能材料膜。此外，溅射方法还有以下特殊的用途。

① 高温材料的低温合成

利用溅射技术可在较低温度下制备许多高温材料的薄膜，如 TiN、TiC、B_4C、BiC、$PbTiO_3$及金刚石薄膜等。

以 SiC 为例，该材料是一种优良的高温半导体材料，熔点超过 2 700℃，硬度略逊于金刚石，用途很广，但通常需在 1 300～1 800℃的高温条件下合成，采用 CVD 法制备 SiC 膜时衬底温度应控制在 1 330℃。作为对比，溅射法在 500℃左右就能得到该膜。

② 多层结构的连续形成

溅射法可以容易地制备出化学组成随层变化的多层膜，具体做法有以下两种。

变换放电气体法：由于同一种靶在不同的放电气体中溅射，得到的薄膜组成会有所不同，因而只需在溅射过程中变换放电气体就可以连续形成多层不同化学组成的膜，例如，以 $\alpha-Al_2O_3$为基片制备 SiC 多层膜时，当 SiC 靶先后在氧和 Ar 的等离子体中溅射，就可以简单方便地形成两层组成不同的 SiC 膜(Si—C—O 膜和 SiC 过渡膜)。

多靶轮换法：连续制作多层膜结构的另一种做法是多靶轮换溅射，即在同一个工作室内安装两个以上不同的靶阴极。不同层膜的溅射可以通过转动阳极到对应靶子来进行，也可以通过电路来控制主、辅靶的溅射来实现。

3. 离子镀膜

离子镀(Ion Plating)是指在(利用其他技术)镀膜的同时，利用离子轰击基体表面和膜层的镀膜技术，其目的旨在改善膜层的性能。

蒸镀和溅射技术都可以发展成为离子镀，例如在磁控溅射时，只需将基片与真空室绝缘，再加上数百伏的负偏压，即有 100 eV 能量级的离子向基片轰击，就可以实现离子镀；同样地，离子镀也可以在蒸镀的基础上实现，例如当向真空室内通入氩气至 11 Pa 时，在基片上加上 1 000 V 以上的负偏压，即可产生辉光放电，同时伴随有能量为数百电子伏的离子轰击基片，这就是二级离子。

(1) 离子镀的原理

虽然离子镀法采用离子轰击膜层，不过，部分离子在与其他原子发生碰撞时发生电荷转移而变成中性原子，然而其动能并没有耗尽，因此仍然继续前进轰击膜层，所以，这种轰击是由离子和原子的共同作用造成的。其中，原子包括氩和靶材原子，在镀膜初期还会涉及基片表面溅射出来的基材原子。

离子轰击可以提高靶材原子在膜层表面的迁移率，因此有利于获得致密的膜层，不足之处在于 Ar 离子的轰击会使膜层中的 Ar 含量升高，另外由于择优溅射会造成膜层成分的改变。

(2) 离子镀的类型和特点

离子镀设备要在真空、气体放电的条件下完成镀膜和离子轰击过程。因此，离子镀设备要由真空室、蒸发源、高压电源、离化装置、阴极等部分组成，常用的离子镀类型分述如下。

① 空心阴极离子镀(HCD)：HCD法利用空心热阴极放电产生等离子体，其中利用阴极和辅助阳极(两者间距很短)作为引燃弧光放电的两极，当弧光放电时，电子轰击靶材(阳极)使其熔化从而实现蒸镀。空心离子镀适用于多品种、小批量样品的生产。

② 多弧离子镀：多弧离子镀是采用电弧放电的方法，在固体的阴极靶材上直接蒸发金属。这种装置不需要熔池，阴极靶可根据工件形状任意方向布置，从而使夹具大为简化。由于入射粒子能量高，所以膜的致密度高、强度好。多弧离子镀的突出优点是蒸镀速率快，例如 TiN 的镀膜速度可达 10～1 000 nm/s。目前存在的问题是，弧斑喷射的液滴飞溅到膜层上会造成膜层粗糙、结构疏松，孔隙多，因此对耐蚀性极为不利。

③ 离子束辅助沉积：这种镀膜技术是在蒸镀的同时，用离子束轰击基片，其中，离子束由宽束离子源产生。与一般的离子镀相比，采用单独的离子源产生离子束，可以精确控制离子束流密度、能量和入射方向，而且离子束辅助沉积时，沉积室的真空度很高，因此可获得高质量的膜层。离子束轰击的另一个重要特点是在室温或近室温下就可以合成出具有良好性能的合金、化合物或特种膜层，以满足对材料表面改性的需要。

4. 分子束外延(Molecular Beam Epitaxy, MBE)

美国贝尔实验室的卓以和在 20 世纪 70 年代初期开创了分子束外延技术(Molecular Beam Epitaxy, MBE)，该技术是一种半导体超薄单晶薄膜制备技术，它可在原子尺度上精确控制膜层厚度、掺杂和界面平整度，可直接生长出零维、一维和二维的纳米结构材料。这种技术推动了以半导体超薄层微结构材料为基础的新一代半导体科学技术的发展。

分子束外延技术的操作是在超高真空($133.33\times10^{-10}\sim133.33\times10^{-11}$ Pa)环境下，使具有一定热能的两种或两种以上的分子(原子)束流喷射到被加热的衬底上，在衬底表面进行反应，并生成薄膜样品的过程。分子在“飞行”过程中与环境气体几乎无碰撞，以分子束的形式射向衬底，进行外延生长。切断分子束就可以中断生长，切换不同的分子束，就可以改变生长材料的种类。分子束外延材料可以用Ⅲ-Ⅴ、Ⅱ-Ⅵ族化合物半导体，也可用Ⅳ-Ⅳ族材料；可以是晶格匹配的，也可以引入一定的晶格失配度；可以是二元系，也可以是三元系和四元系材料，因而构成了庞大的多层单晶薄膜研究领域。

与其他半导体纳米薄膜生长技术相比，MBE 技术具有以下特点：

(1) 超高真空条件下生长，残余气体分压强极小，因此杂质污染少，外延膜纯度高；

(2) 生长速率很低(0.1～2.0 μm/h)，因此在合适的生长条件下，可精确地控制单原子层厚度的生长和获得原子级平整的表面和界面；

(3) 生长温度低，扩散效应小，因此可获得明显陡变的掺杂分布和异质界面；

(4) 可任意改变外延层的组分、掺杂，可连续生长复杂的多层异质结构。利用异质材料的晶格失配应力和不同晶相上材料的生长速率的差异，可直接生长出不同维度的低维纳米材料；

(5) 在生长过程中，可利用配置在生长室上的高能电子衍射仪等表面分析手段，原位研究外延表面的结构和生长机理；

(6) 可将 MBE 设备与其他某些半导体工艺设备进行真空连接，从而使材料的生长、蒸发、镀膜、注入和刻蚀等工艺在真空条件下连续进行。

分子束外延技术的进步为材料质量的提高打下很好的基础，材料的应用研究不断证实了超晶格物理提出的各种理论的正确性，形成了物理—材料—器件相互发展的良性循环。以下介绍两例分子束外延技术的应用实例。

(1) 量子阱激光器(Quantum-well Laser)。量子阱激光器的物理效应是电子的量子约束效应以及光的限制作用。由两种禁带宽度不同的材料交替生长，在其界面上存在能带的阶跃，从生长方向来看，形成了一维量子阱，电子运动受限，阱中形成离散量子能级，而在平行于界面内电子仍可自由运动。常温下即可在这种量子阱材料中观察到很强的激子效应，其吸收波长随量子阱宽度的变化而改变。利用这一特征，人们制造出了不同波长的量子阱激光器。量子阱激光器及相关的光电器件已有广泛应用，最为人们熟悉的有光纤通信、激光打印、计算机光盘读写、DVD、医疗、金属切割、激光制导等。国际著名期刊《激光焦点世界》(2008 年 44 卷第 2 期)报道了中科院半导体所与瑞典 Chalmers 理工大学合作研制的一种 InGaAs 量子阱激光器。这种激光器采用 GaAs 基上生长的 InGaAs 异变(Metamorphic)量子阱为有源区实现了 1.58 μm 室温激射，这是迄今为止国际上 GaAs 基异变结构长波长激光器的最新成果。

(2) 高电子迁移率晶体管材料(High-electron-mobility Transistors，HEMT)。这类材料利用的是“二维电子气”效应，该效应最早是在 Si 的反型层中观察到的。“二维电子气”效应对电子而言像一个势阱，使具有一定浓度的电子只能在其平面内运动，浓度又可以受到控制栅的调制。1980 年，联邦德国科学家冯克李兹在测量这种样品的霍尔电阻时，发现了量子霍尔效应。随后用分子束外延调制掺杂技术，在 GaAs 衬底上生长出 GaAS/AlGaAs 异质结，在较宽禁带的 AlGaAs 层中掺杂，电子转移到与其相邻的 GaAs 层中，实现了离化的母体杂质与电子的空间分离，由于它们之间的库仑作用，使电子集中在异质结界面附近，形成了二维电子气，二维沟道中的电子几乎不受到离化杂质的散射，有很高的电子迁移率，美籍华人崔崎等在这一体系中观察到分数量子霍尔效应。冯克李兹和崔崎等分别获得了 1985 年和 1998 年的诺贝尔物理学奖。

二、化学法

1. 化学气相沉积(Chemical vapor deposition，CVD)

化学气相沉积方法包括常压、低压、等离子体辅助气相沉积等，作为常规的制备薄膜的方法之一，目前较多地被应用于纳米微粒薄膜材料的制备。该方法通过在高温、等离子或激光辅助等条件下控制反应气压、气流速率、基片材料温度等因素，从而控制纳米微粒薄膜的成核生长过程；或者通过薄膜后处理，控制非晶薄膜的晶化过程，从而获得纳米结构的薄膜材料。

(1) CVD 的分类

CVD 可按沉积温度、反应压力、反应器壁温度、反应的激活方式和反应物种类进行分类。

① 按气流方式分，有流通式和封闭式。

② 按沉积温度分，有低温 CVD（200～500℃）、中温 CVD（500～1 000℃）、高温 CVD（1 000～1 300℃）三大类。

③ 按反应压力分，有低压 CVD（反应压力 $p<101\ 325$ Pa）和常压 CVD。

④ 按反应器壁温度分，有冷壁式 CVD 和热壁式 CVD。

⑤ 按激活方式分，有热 CVD、等离子 CVD、激光 CVD、紫外 CVD 等。

⑥ 按源物质分，有一般 CVD（无机物）和 MOCVD（金属有机化合物）。

(2) CVD 的特点

① 在中温或高温下，通过气态的初始化合物之间的气相化学反应而沉积固体。

② 可以在常压或者低于常压下进行沉积。

③ 采用等离子和激光辅助技术可以显著地促进化学反应，使沉积可在较低的温度下进行。

④ 沉积层的化学成分可以改变，从而获得梯度沉积物或者得到混合沉积层。

⑤ 可以控制沉积层的密度和纯度。

⑥ 绕镀性好，可在复杂形状的基体及颗粒材料上沉积。

⑦ 气流条件通常是层流的，在基体表面形成厚的边界层。

⑧ 沉积层通常具有柱状晶体结构，不耐弯曲。但通过其他技术对化学反应进行气相扰动后，可以得到细晶粒的等轴沉积层。

⑨ 可以形成多种金属、合金、陶瓷和化合物的沉积层。

(3) CVD 的化学反应类型

CVD 是通过一个或多个化学反应得以实现的，下面是一些反应的例子。

① 热分解或高温分解反应

$$SiH_4(g) \longrightarrow Si(s)+2H_2(g)$$

$$Ni(CO)_4(g) \longrightarrow Ni(s)-4CO(g)$$

$$CH_3SiCl_3(g) \longrightarrow SiC(s)+3HCl(g)$$

② 还原反应

$$SiCl_4(g)+2H_2(g) \longrightarrow Si(s)+4HCl(g)$$

$$WF_6(g)+3H_2(g) \longrightarrow W(s)+6HF(g)$$

③ 氧化反应

$$SiH_4(g)+O_2(g) \longrightarrow SiO_2(s)+2H_2(g)$$

④ 水解反应

$$2AlCl_3(g)+3CO_2(g)+3H_2(g) \longrightarrow Al_2O_3(s)+6HCl(g)+3CO(g)$$

⑤ 复合反应

通常过程中会包含不止一种上述的基本反应，例如，在沉积难熔的碳化物或氮化物时，就同时包括了热分解和还原反应，如

$$TiCl_4(g)+CH_4(g)\longrightarrow TiC(s)+4HCl(g)$$

$$AlCl_3(g)+NH_3(g)\longrightarrow AlN(s)+3HCl(g)$$

(4) CVD 的原理

用 CVD 法制备薄膜材料是通过赋予原料气体以不同的能量使其产生各种化学反应，反应产物在基片上生长、沉积成固体薄膜。但是，CVD 由于反应气体中不同化学物质之间的化学反应和在基片的析出是同时发生的，因此机理复杂。

图 5－9 给出了 $TiCl_4+CH_4+H_2$ 的混合气体析出 TiC 过程的模式图，析出过程如下：

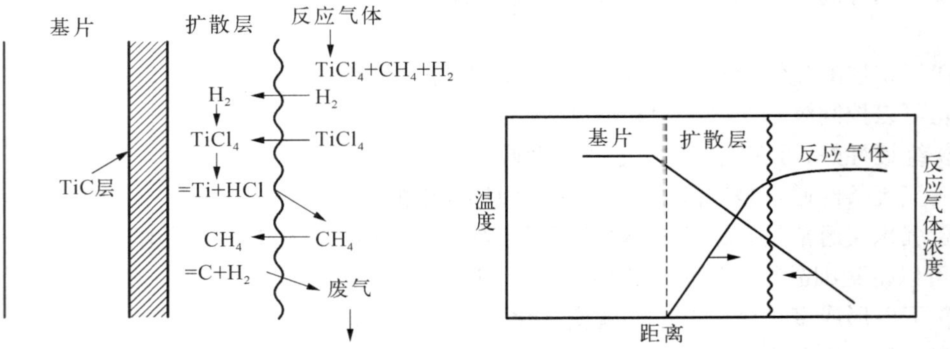

图 5－9　TiC 涂层的模型图

① 反应气体向基片表面扩散；

② 气体分子被吸附到基片或薄膜表面；

③ 气体分子、原子在基片或薄膜表面发生化学反应；

④ 反应产物沉积在基片上形成薄膜，反应副产物离开基体表面。

CVD 的化学反应必须发生在基体材料和气相间的扩散层中，这是因为在气相中先发生气相-气相反应，然后形成粉末。CVD 的反应物从气相析出的速率主要取决于三方面的驱动力：其一是基体材料和气相间的扩散层内存在的温差，其二是化学物质的浓度差，其三是由化学平衡决定的过饱和度。

在下面的反应中，从 A 元素和 B 元素析出 AB 化合物，即

$$A(g)+B(g)\longrightarrow AB(s)$$

过饱和度(β)定义为

$$\beta=(p_A)_g/(p_A)_s \tag{5-1}$$

式中，$(p_A)_g$是气体热力学平衡求出 A 的分压；$(p_A)_s$是在 AB 固体化合物的析出温度时的 A 的平衡蒸气压。因而，用 CVD 法析出的化合物的形状极大地依赖于反应温度、不同化学物质的过饱和度、成核速率等。为了得到优质的薄膜，必须防止在气相中由气相-气相反应生成均相核，即应首先设定在基片表面促进成核的条件。

(5) CVD的反应系统

尽管CVD的种类有所不同，但其反应系统，无论是实验室规模的还是工业生产规模的都基本相同。CVD的整个系统可以分为原料气体和载气的供给源、气体的混合系统、反应炉、废气系统及气体和反应炉的控制系统(如图5-10所示)。高压气体一般采用通过气体精制装置进行纯化的载气，但必须除去对薄膜性质影响极大的水和氢。当室温下使用非气态的，即固态或液态原料时，需使其在所规定的温度下升华或蒸发，并通过载气送入反应炉内。还必须使废气通过放有吸收剂的水浴瓶、收集器或特殊的处理装置后进行排放。并且在装置和房间里不能忘记安装防爆装置和有毒气体的检测器。

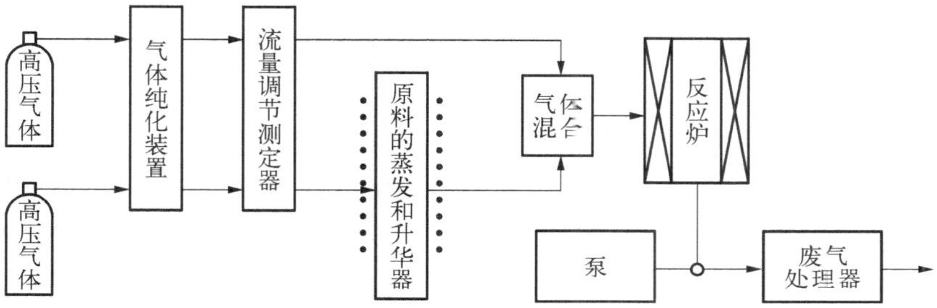

图5-10　CVD的反应系统

2. 溶胶-凝胶法(Sol-gel)

溶胶-凝胶法是20世纪60年代作为一种制备玻璃、陶瓷等无机材料的合成工艺而开发的，而表面涂膜是溶胶-凝胶法应用的一个重要领域，目前广泛应用的玻璃表面的反射膜、防反膜以及变色膜就是用该法制得的。溶胶-凝胶涂膜可以赋予基体多种特殊性能，其中包括机械、化学保护、光学、电磁和催化等。

采用溶胶-凝胶法制备薄膜，首先必须制得稳定的溶胶，按照溶胶的形成方法，将溶胶-凝胶工艺分为有机途径和无机途径，两者各有优缺点。有机途径是通过有机金属醇盐的水解与缩聚而形成溶胶。在该工艺过程中，因涉及水和有机物，所以通过这种途径制备的薄膜在干燥过程中容易龟裂(由大量溶剂蒸发而产生的残余应力所引起)，客观上限制了膜的厚度。无机途径则是将通过其他方法制得的氧化物微粒制膜，有时只需在室温进行干燥即可，因此容易制得10层以上无龟裂的多层氧化物薄膜。不过，由于无机法的薄膜与基体的附着力较差，而且很难找到合适的能同时溶解多种氧化物的溶剂，因此，目前采用溶胶-凝胶法制备氧化物薄膜，仍以有机途径为主。与其他制备薄膜的方法相比，溶胶-凝胶制造薄膜具有以下优点：

(1) 工艺设备简单，不需要任何真空条件或昂贵的设备，便于应用推广；

(2) 工艺过程中温度低，对于制备那些含有易挥发组分或在高温下易发生相分离的多元体系来说非常有利；

(3) 易于大面积地在各种不同形状、不同材料的基底上制备薄膜，甚至可以在粉体材料表面制备一层包覆膜；

(4) 易于制出均匀的多元氧化物或定量掺杂薄膜，可有效地控制薄膜的成分及结构；

（5）用料省，成本较低。

在制备氧化物薄膜的溶胶-凝胶方法中，有浸渍提拉法（Dipping）、旋涂法（Spinning）、喷涂法（Spraying）和刷涂法（Painting），其中浸渍提拉法和旋涂法最常用。浸渍提拉法主要包括三个步骤：浸渍、提拉和热处理，即首先将基片浸入预先制备好的溶胶中，然后以一定的速度向上提拉出液面，这时在基片的表面上会形成一层均匀的液膜，紧接着溶剂迅速蒸发，附着在基片表面的溶胶迅速凝胶化并同时干燥，从而形成一层凝胶薄膜，当该膜在室温下完全干燥后，将其置于一定温度下进行适当的热处理后，便制得了薄膜。每次浸渍得到的膜厚约为 5～30 nm，为得到厚膜，可进行多次浸渍循环，但每次循环之后都必须充分干燥和进行适当的热处理。旋涂法包括两个步骤，即旋涂与热处理。基片在匀胶台上以一定的角速度旋转，当溶胶液滴从上方落于基片表面时，它就被迅速地涂覆到基片的整个表面。和浸渍法一样，溶剂的蒸发使得旋覆在基片表面的溶胶迅速凝胶化，接着进行一定的热处理便得到了所需的薄膜。

相比于旋涂法，浸渍提拉法更为简单，但易受环境因素的影响，膜厚较难控制，例如液面的波动、周围空气的流动以及基片在提拉过程中的摆动与振动等因素，都会造成膜厚的变化。特别是当基片完全拉出液面后，会在基片下部形成液滴，并进而在液滴周围产生一定的厚度梯度。同样，在基片的顶部也会因夹头周围大量黏附溶胶的存在，造成厚度梯度。所有这些都会导致薄膜厚度的不均匀性，影响薄膜的质量，因此浸渍提拉法不适用于小面积薄膜（尤其当基底为圆片状时）的制备；而旋涂法却相反，更适合于在小的圆形基片上制膜。

溶胶-凝胶工艺制膜，在干燥过程中由于大量有机溶剂的蒸发将引起薄膜的严重收缩，因而通常会导致膜的龟裂，这是该工艺的一大缺点。不过，研究发现：当厚度小于一定值时，薄膜在干燥过程中就不会龟裂。这种结果的解释是：当薄膜小于一定厚度时，由于基底的黏附作用，在干燥过程中薄膜的横向（平行于基片）收缩完全被限制，而只能发生沿基片平面法线方向的纵向收缩，因此不会引起薄膜的开裂。

在溶胶-凝胶制膜工艺中，影响膜厚的因素很多，其中包括溶胶的黏度、浓度、相对密度、提拉速度（或旋转速度）及提拉角度，还有溶剂的黏度、相对密度、蒸发速率以及环境的温度、干燥条件等。

利用 Sol-gel 工艺，可以制备多孔陶瓷膜，如 $\gamma-Al_2O_3$、TiO_2、SiO_2、ZrO_2、CeO_2等以及二元复合膜如 $Al_2O_3-TiO_2$、$Al_2O_3-CeO_2$等。其中 Al_2O_3、SiO_2、ZrO_2、SnO_2膜可用于光学器件和防腐、耐磨涂层，而 ZrO_2、TiO_2、CeO_2、ZnO、SnO_2、Fe_2O_3等可用于制作气体传感器和导电材料。此外 Sol-gel 方法还可以对陶瓷进行修饰，Goldsmith 等用 Sol-gel 方法在4 nm的氧化铝管状陶瓷表面制得了孔径小于 0.5 nm 的 SiO_2修饰膜，这些多孔陶瓷膜可用于水质净化、催化剂等领域。

利用 Sol-gel 工艺制备的 $PbTiO_3$铁电薄膜，是 Sol-gel 工艺在工业应用最成功的例子之一，同理可制备各种钙钛矿型的功能陶瓷薄膜，如 $BaTiO_3$、$SrTiO_3$、PZT、PLZT 等。

如上所述，PVD、CVD、Sol-gel 都可以用来制备纳米薄膜材料，它们各有特点，既可用不同方法制备同一种材料，也可用同种方法制备不同材料，三种方法构成了纳米薄膜制备的主要工艺，它们的性能特征如表 5.1 所示。

表 5.1 PVD、CVD 和 Sol-gel 方法比较

比较项目	PVD	CVD	Sol-gel
物质源	生成膜物质的蒸气	含有膜元素的化合物蒸气，反应气体	含膜元素的无机盐、醇盐或羧酸盐
激活方式	消耗蒸发热、电离等	提供激活能，高温，化学自由能	加热处理
制备温度	250～2 000℃(蒸发源) 25℃～合适稳定(基片)	150～2 000℃(基片)	300～800℃(基片)
膜结构	单晶，多晶，非晶	单晶，多晶，非晶	多晶，非晶
膜致密性	致密	致密	较致密
膜附着性	较好	好	好
化学组成相均匀性	一般	较高	高
成本	高	高	低

三、分子组装方法

纳米结构的自组装体系(Self Assembly System)是指通过弱的和较小方向性的非共价键，如氢键、范德瓦尔斯力和弱的离子键协同作用把原子、离子或分子连接在一起构筑成一个纳米结构或纳米结构的图案。自组装过程的关键不是大量原子、离子、分子之间弱作用力的简单叠加，而是一种整体的、复杂的协同作用。一般认为，纳米结构的自组装体系的形成有两个重要的条件：一是有足够数量的非共价键或氢键存在，这是因为氢键和范德瓦尔斯力键等非共价键很弱(0.1～0.5 kcal①/mol)，只有足够数量的键存在，才有可能通过协同作用构筑成稳定的纳米结构体系；二是自组装体系能量较低，否则也很难形成稳定的自组装体系。

分子组装技术(Molecule Assembly Technique)是将具有一定功能的分子(包括生物分子)，在分子或超分子(Supermolecules)尺度范围内，通过物理或化学的方法聚集成稳定的有序体系的方法。目前分子组装膜技术主要包括 LB 膜(Langmuir-Blodgett)技术和分子自组装(Molecular Self-assembly)膜技术等。几十年来，分子组装膜技术方兴未艾，成为纳米薄膜技术的重要组成部分。

1. LB 膜(Langmuir-Blodgett)技术

美国科学家 Langmuir 于 1917 年发表的一篇论文中系统研究了气-液界面膜(Langmuir 膜)，测定比较了众多化合物的分子面积和膜厚，证实了该界面膜的厚度相当于一个分子的长度。20 世纪 30 年代，他的学生布罗杰特(Blodgett)首次将长链羧酸单层膜转移到固态基片上形成了多层膜，即 LB 膜，实现了分子的超薄有序组装(Organized Assembly)。

LB 膜技术就是先将双亲分子在水面上形成有序的紧密单分子层膜，再利用端基的亲水、疏水作用将单层膜转移到固体基片上。由于基片与分子之间的吸附作用，单分子层就沉

① 1 cal=4.184 J。

积在固体基片上。如果固体基片反复地进出水面就可形成多层膜(可多达500层),如图5-11所示。

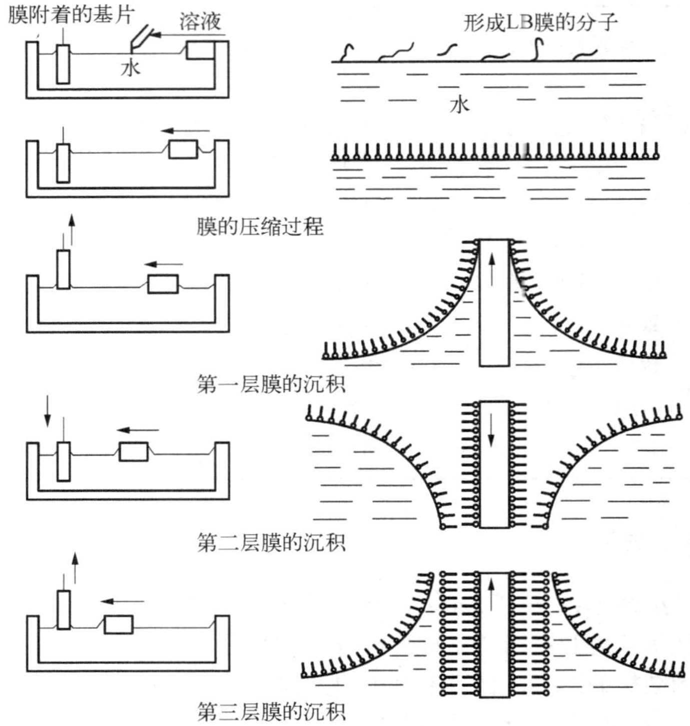

图5-11　LB膜的形成过程

(1) LB膜的分类与制备

① LB膜的类型

LB膜随着转移方式的不同,可得到三种不同结构,即X型、Y型和Z型,如图5-12所示。X型LB膜是在一次次浸入时只有单分子层的疏水部分和基片接触而形成的,其结构是"基片-尾-头-尾-头"结构,即各单分子层都是按亲水基朝向空气的方式排列。

Z型LB膜与X型相反,它是在一次次拉出时只有单分子层的亲水部分连接到基片上而形成的。其结构是"基片-头-尾-头-尾"结构,即各单分子层均按疏水基朝向空气的方式组合。

Y型LB膜是最普遍的排列,也最容易得到。它是在浸入和拉出时均有单分子层沉积在基片上而形成的。即两分子层按照头对头、尾对尾的方式组合。

Z型和X型膜都是以单分子层为单位的层状结构,不如Y型膜稳定,并有可能转变为Y型结构,例如在脂肪酸盐LB膜的沉积过程中,存在由X型向Y型沉积的转变,加快沉积速度和增大亚相离子浓度可防止这种转变。通过测定水对LB膜的接触角可以得知LB膜的沉积类型:X型LB膜的接触角很小,Z型和Y型LB膜的接触角相当大,通过LB膜的小角度衍射也可以了解LB膜的类型。还有,X型和Z型膜中重复结构层间的距离为一个成膜分子的高度,而Y型LB膜为其两倍。基片上单分子层的结构及LB膜的类型由成膜物质的性质、基片的性质、表面压及制备方法等决定。

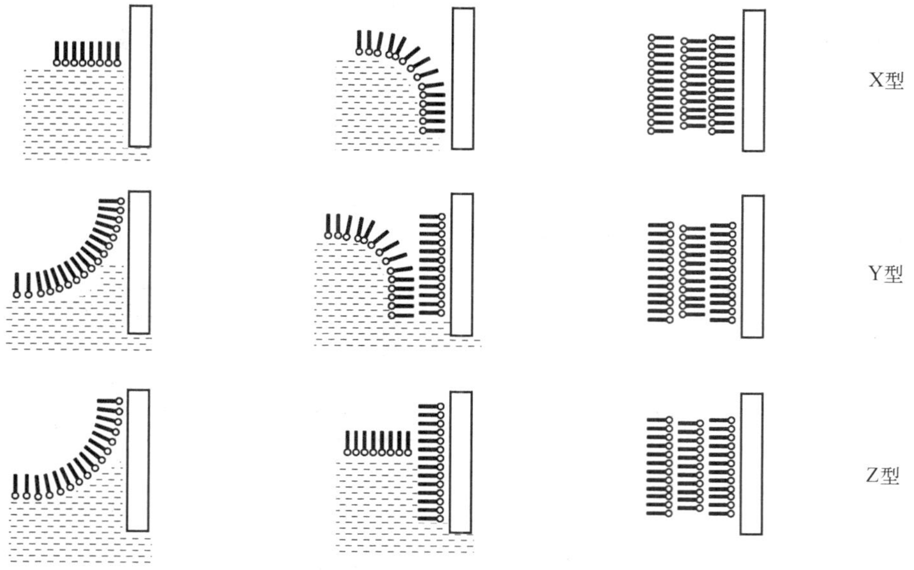

图 5－12　不出现重排时单分子层沉积所得不同类型 LB 膜示意图
（对每个脂肪分子用圆圈代表羟基，用棒代表长烃链）

② LB 膜的制备

LB 膜的制备是将悬浮在气/液界面的单分子膜转移到基片表面。最常用的方法是垂直提拉法，此外，水平提拉法、亚相降低法、扩散吸附法和接触法也偶有使用。

A. 垂直提拉法

垂直提拉法是由 Langmuir 和 Blodgett 创立的，步骤是将基片垂直插入覆盖有单分子膜的水面，然后提出，从而将单分子膜转移到基片表面上。采用垂直提拉法可以制备数层直至数百层厚的 LB 膜。

a. 基片

采用垂直提拉法，常用的基片有石英玻璃、硅片、CaF_2 片、云母片、ITO 导电玻璃、盖玻片、不锈钢片、半导体基片和铂、金等金属片。基片表面的物理化学性质可能影响 LB 膜的结构和性质，因此基片常常要进行处理后才可用于 LB 膜的沉积，对不同的基片，甚至同一基片，有不同的处理方法。

b. 转移比

转移比(τ)也称沉积比，是指在一定表面压下，LB 膜的转移过程中气/液界面单分子膜面积的减小值(A_L)与转移至基片上的膜面积(A_S)之比。

$$\tau = \frac{A_L}{A_S} \tag{5-2}$$

例如，对一个 2 层提拉膜，基片宽 1.5 cm，基片上膜的长度为 2.0 cm，提膜过程中表面单分子膜面积减小 12.40 cm^2。则平均转移比为

$$\tau = \frac{A_L}{A_S} = \frac{12.40}{1.5 \times 2.0 \times 2 \times 2} = 1.03 \tag{5-3}$$

τ 在 0.95～1.05 之外时，表明所沉积的 LB 膜的均匀性不是很好。但在计算转移比时，必须考虑单分子膜在转移过程中，其自组装所引起的膜面积减小和石英基片的边面积所消耗的单分子膜。对于不对称的基片，如单面镀有金属膜的玻璃，还应注意到该基片两边的转移比可能不一样。

如果将表面为疏水的基片慢慢插入水中，则亚相表面的单分子膜将以其疏水基朝向基片表面的方式转移到基片上(图 5－13，X 型膜)，从而导致基片表面变为亲水。如果将亲水表面从带有定向排列的单分子膜的水中提出，则定向单分子层将以亲水基朝向基片表面的方式转移到基片上，并导致基片表面呈疏水性(图 5－13，Z 型膜)。在进行转移时须维持足够的膜压，通常只有凝聚膜才能达到好的转移效果。

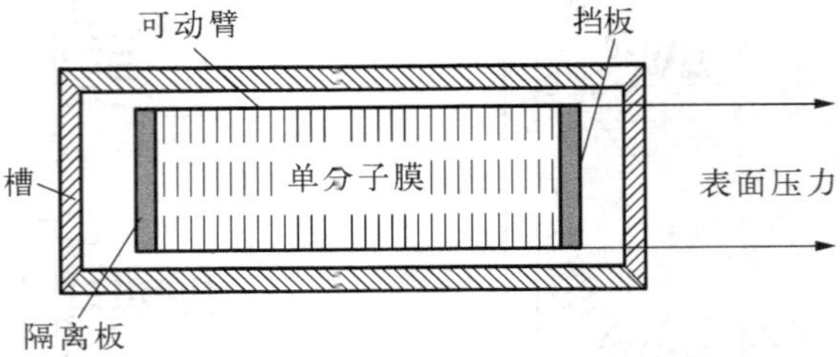

图 5－13　防上流动变形的垂直提拉法

采用垂直提拉法时，水面单分子层中会产生非均匀流动，因此容易引起变形。如果在水面上放置一些滑石粉和硫黄粉等，在多次重复操作中就可以看到这种现象。这种流动性变形，有可能对 LB 膜面内的分子取向产生影响，也可能引起膜层质量的劣化。不过，可以采取措施控制或减小这种影响，如增设一对可动臂(如图 5－13 所示)，这种可动臂与隔离板作为一个整体而运动，基片置于一对可动臂之间，基片宽度与可动臂间距相等，这样进行垂直提拉操作时，就可防止多次重复过程中的非均匀流动。

c. 提膜速度

基片表面第一层的沉积对于制得完好的 LB 膜极为重要，因此，第一层的拉膜速度要慢(通常控制在 2 mm/min 左右)，以后各层可适当加快。沉积的层数越多，对实验操作的要求越严格。实验表明，在仔细操作条件下，沉积几十层乃至数百层 LB 膜是完全可能的。

B. 水平附着法

1983 年，日本的 Fukuda 等打破传统的垂直挂膜方式，首次采用水平附着法制备了 LB 膜，其具体步骤如下：

① 在保持单分子膜表面压恒定的情况下，将表面平滑、保持水平的疏水基片靠近挡板从上向下缓慢下降，并使其与单分子膜面接触(图 5－14(a))；

② 将另一个玻璃挡板贴近挂膜载片的左边，然后用玻璃挡板刮去残留在基片周围的单分子膜，使基片上升时无第二层膜一起沉积(图 5－14(b))；

③ 挂膜基片缓缓从水面上提起(图 5－14(c))；

④ 重复多次，则可在基片上沉积多层 X 型 LB 膜(图 5－14(d))。

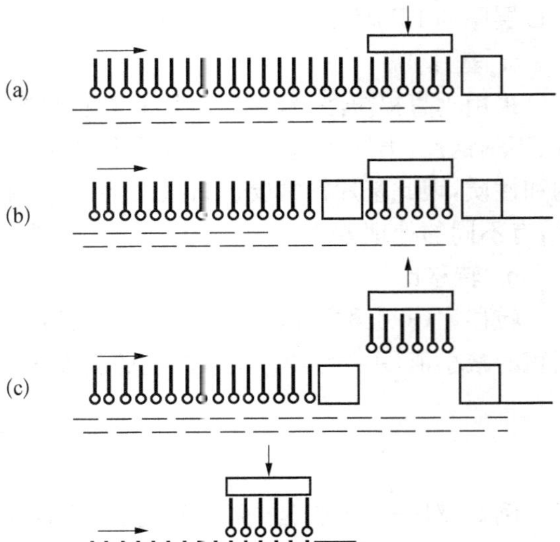

图 5－14　水平附着法制备 LB 膜示意图

与垂直提拉法相比,水平附着法得到的 LB 膜,每个单分子层排列整齐,可以制得较为理想的 X 型 LB 膜,同时水平附着法可以避免垂直提拉法所存在的流动变形问题。传统的水平附着法相当于垂直提拉法的下浸过程,也可以采用上提方式进行水平附着。后一种方法的步骤是：先把基片浸入到水面之下,等水面形成单分子层之后,把基片上提并使之与单分子层相接触,反复操作可制取与 Z 型 LB 膜相当的膜层。如果交互采用下浸、上提两种操作程序,利用水平附着法可以制得取向特性更为优良的 Y 型 LB 膜。

C. 亚相降低法

亚相降低法的基本操作(图 5 - 15)如下：

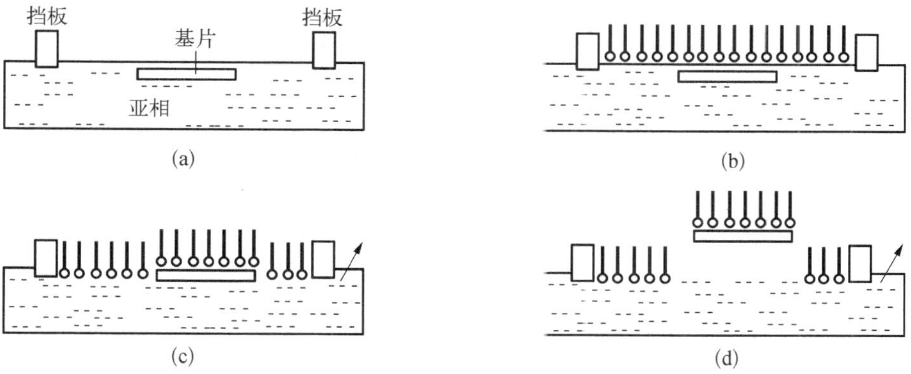

图 5 - 15　亚相降低法制备 LB 膜的示意图

① 先将亲水性基片浸入并刚好放置在亚相表面之下(图 5 - 15(a))；

② 然后在亚相表面铺展、压缩单分子膜(Monomolecular Film)(图 5 - 15(b))；

③ 在水面单分子层形成后,从没有膜的地方小心地将亚相抽走一部分,这时,水面上的单分子膜随水面而慢慢下降,从而沉积到基片上(图 5 - 15(c))；

④ 将基片提起,可在基片上沉积一层 Z 型 LB 膜(图 5 - 15(d))。

重复多次,则可在基片上沉积多层 Z 型 LB 膜。此法的最大优点是能最大限度地保持成膜分子在气/液界面时的排列。

D. 单分子层扫动法

当酶及抗体等生物体高分子在水面上展开时,其构成的原子或原子团在空间排列的结构会发生变化,称为"表面重构(Surface Reconstruction)",这有损于酶及抗体的反应特性。采用单分子层扫动法,能有效防止这种现象的发生。单分子层扫动法需在多槽 LB 仪上进行,以便能从一个槽扫向另一个槽(如图 5 - 16 所示)。其操作需要很高的技巧,取样单分子层的

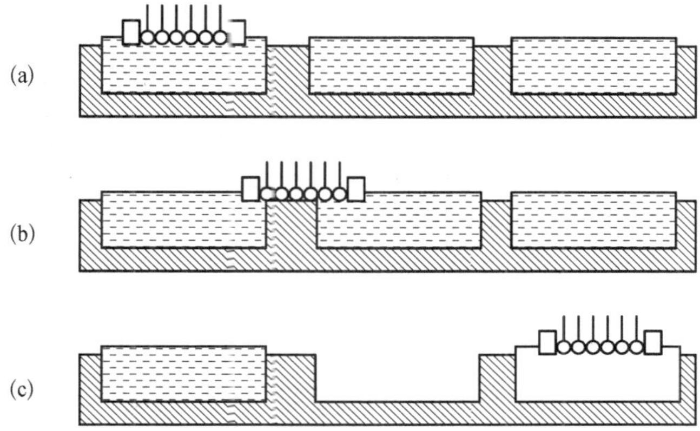

(a) 取样单分子层的展开和压缩；(b) 单分子层扫动；(c) 形成复合层

图 5 - 16　单分子层扫动法的简图

展开和压缩、从水相中取出、形成复合层、复合层积累等过程都要在最佳条件下进行。

E. 扩散吸附法

扩散吸附法是先将可溶性物质(如染料)溶于亚相中,然后在亚相表面上铺展,形成两亲分子的单分子膜,靠两亲分子亲水基团与亚相溶液中染料带电部位的库仑作用,将溶液中染料分子吸附到亚相的表面,然后两者一起挂膜,例如,有人曾用该方法制备了水活性磺化酞菁铜的LB膜,其中所用的辅助成膜的两亲分子为十八烷酸甲酯和十八烷基胺(摩尔比为4∶1),亚相为溶有磺化酞菁铜的弱酸性水溶液。当两亲分子在该亚相表面铺展成膜时,膜内亲水端中的胺基可以转化成—NH_3^+基,通过该基团上的正电荷与(磺化酞菁分子的)磺酸基上所带负电荷的相互作用,将磺化酞菁分子从溶液中吸附到界面,随后将混合胺(此时为铵)-酯的单分子层连同磺化酞菁层一起转移到干净的玻璃载片上。气/液面上形成的两亲分子——磺化酞菁双层结构如图5-17所示。

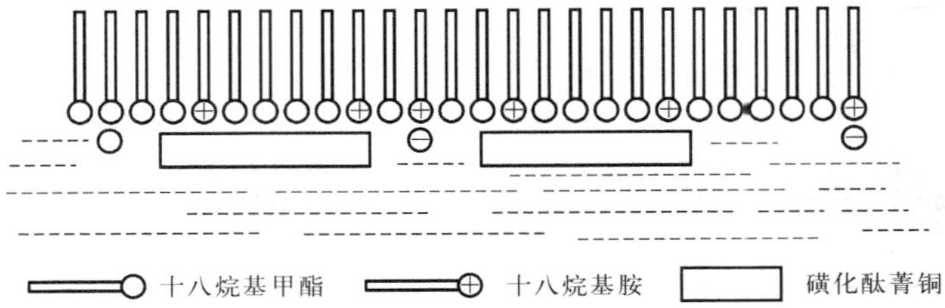

图5-17 亚相表面上吸附法形成的双层膜的示意图

除上述讨论的五种方法外,制备LB膜还有接触法,即让一块湿的吊片和单分子层边缘接触以使单分子层在吊片上沉积的方法。

(2) LB膜的特点

① 与其他成膜法相比,成膜所需的能量小。真空镀膜法和溅射法要在高温、高真空度的环境中,通过控制宏观的物理量进行成膜。而LB膜则相反,利用在常温、常压下的吸附现象来制膜。

② LB膜则具有高度的各向异性层状结构,分子具有规则的排列和取向。相比于LB膜技术,其他利用物理吸附现象成膜法,如气相成膜法、液相成膜法等也是使固体表面直接吸附成膜分子,但成膜分子之间的取向、排列难以控制,且分子难以形成稠密的填充。此外,LB膜的单分子层的厚度基本等于一个分子的纵向长度(2~3 nm),在沉积过程中可通过改变疏水长链的碳氢基团的数目或通过插入离子等手段,使膜厚可精确控制到数埃(1纳米=10埃),实现十分精确的人工组装,这些特点都预示着LB膜具有广泛的应用前景。

2. 分子自组装膜技术

分子自组装(Self-assembly,SA)薄膜技术是一种在平衡条件下,通过化学键或非化学键相互作用,自发地缔合形成性能稳定的、结构完整的分子自组装薄膜的方法。SA成膜技术主要包括基于化学吸附的(分子)自组装膜技术,基于物理吸附的离子自组装膜技术和基于分子识别的超分子合成技术(此部分内容参见第七章第二节)。

(1) 基于化学吸附的SA膜技术

基于化学吸附的SA成膜技术,其原理早在1964年即有报道,但是直到1985年前后才作为一种专门的成膜技术被研究。其基本方法是:将表面修饰有某种物质的基片浸入待组装分子的溶液或气氛中，待组装分子一端的反应基(头基)与基片表面发生自动连续的化学反应，在基片表面形成化学键连接的二维有序单层膜，同层内分子间的作用力仍为范德瓦尔斯力；如果单层膜表面也有具有某种反应活性的基团，则又可以和别的物质反应，如此重复，就构建成同质或异质的多层膜。

SA 技术形成的自组装膜的主要特征如下：① 原位自发形成；② 热力学性质稳定；③ 无论基片形状如何，其表面均可形成均匀一致的覆盖层；④ 高密度堆积和低缺陷浓度；⑤ 分子有序排列；⑥ 可人为设计分子结构和表面结构来获得预期的界面物理和化学性质；⑦ 有机合成和制膜有很大的灵活性。

这种成膜技术对于基片表面物质呈现一定的选择性，例如，有机硅烷对应羟基化的 SiO_2、Al_2O_3 表面，硫醇和二硫化物对应 Au、Ag、Cu 表面，醇和胺对应 Pt 表面，醇和羧酸对应 Al、Al_2O_3 表面等，只有实现这种匹配条件，才能进行或更好地进行自组装。有机硅烷在羟基化表面 SA 成膜，和硫化物在 Au 表面的 SA 成膜研究得最多，成为 SA 技术的两个主要方面。

① 有机硅烷在羟基化表面上的 SA 成膜

SA 膜技术首次由杉道夫(Sagiv)于 1980 年报道，他将羟基化的 Si 片浸入十八烷基三氯硅烷(OTS)的稀溶液中，OTS 分子首先吸附在基底表面，然后发生水解作用，Si—Cl 键被 Si—O—Si 网状结构代替形成单层超薄有序的自组装膜。如果单层膜表面为羟基，则可通过重复上述过程得到化学键连接的链网结构多层膜，如图 5－18 所示。硅烷在不同羟基化表面(TiO_2、SnO_2、Al_2O_3等)上的 SA 成膜也在随后相继被报道，其中玻璃和硅片表面上所成的膜最好。此外，如果表面末端基非羟基，则可通过某些化学反应使其转变成羟基再组装有机硅烷。

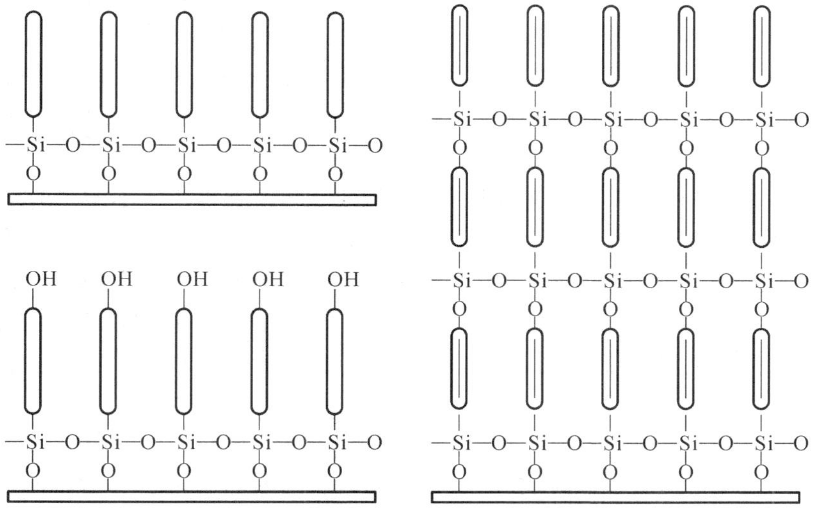

图 5－18　有机硅烷在羟基化表面上的 SA 膜

由如图 5－18 所示的链网结构可以看出，它类似 LB 膜中的 Z 型多层膜，但具有比 LB 膜更好的稳定性，结构上更接近三维有序。如果在烷基链中引入发色团，即可极化的偶极子(Dipole)，则形成发色团严格中心对准的非中心对称结构，具有强的矢量性，而这正是二阶非线性光学材料所要求的。上述自组装多层膜通过二次谐波发生谱的测量,显示出很好的二阶非线性光学性质,并且均为超晶格的结构。根据布罗伯根(Bloembergen)等的理论,二次谐波效率将随层数的增加而增加,因此由于结构上的非中心对称、强的叠加矢量极性、发色团可变换及膜的稳定性,人们预言,SA 成膜技术将会在非线性光学领域中最先得到实际应用。

② 有机硫化物在贵金属表面的 SA 成膜

用于有机硫化物 SA 成膜的贵金属基体包括 Au、Ag、Pt 及 Cu,但大多数采用 Au,这是因为,首先 Au 是一种相当惰性的金属,不易被氧化,并且具有抗大气污染的特点;其次,在有其他许多功能团存在的情况下,金与硫之间具有强烈的特殊相互作用,硫化物在 Au 表面上的 SA 成膜是通过极性共价键形成的,这是一个受速率控制的过程。

与有机硅烷在羟基化表面的 SA 膜相比较,有机硫化物在 Au 表面的 SA 膜有以下几个特点:① 成膜速度较慢,有序性增强,到目前为止,SA 膜中以有机硫化物在 Au 表面上的 SA 膜最为有序;② 硫化物在溶液中不易聚合,成膜条件较易控制;③ 高度选择性,吸附杂质少;④ 通过真空喷镀即可得到原子级平整的基片表面。因此在实际应用方面,它更具有发展潜力,这也是近几年来该方面工作超过硅烷 SA 膜的主要原因。

有机硫化物在 Au 表面上 SA 成膜的一个重要的研究领域是分子生物学,主要工作包括两个方面,一是利用生物分子自身的—SH 基团或将生物分子连在以—SH 基团为头基的烷基链上,在 Au 表面形成膜表面为生物分子官能团的单层膜作为仿生膜来研究生物分子(如抗体、受体)的生物活性。目前国际上已经有多个研究小组在进行这方面的工作,例如史密特(Schmitt)等利用抗生蛋白链菌素和单克隆抗体作底物,在 Au 表面上的 SA 单层膜来研究有关细胞质基因组的识别反应。Au 表面 SA 膜的另一个重要工作是利用含多个烷基的二硫化物在 Au 表面形成有空腔的单层膜作为类脂双层膜来模拟蛋白质镶嵌和生物传感。由于许多药物分子及生物提取物都含有—SH 基团或—S—基,因此这一研究在生物学、药理学以及仿生学方面均有重要意义。除了在分子生物学上的应用,研究有机硫化物 SA 膜的另一重要内容是将其作为模型系统来研究有关表面性质,如湿润、张力、摩擦、吸附、防腐蚀等相关现象,并应用于表面工程等。

LB 膜和 SA 膜均为分子的超薄膜组装,而化学自组装成膜技术不但具有 LB 膜技术能精确地控制膜厚的优点,而且具有设备简单、操作方便的特点,适用于制备大面积的薄膜器件;同时,它完美地解决了功能材料与基板电极之间的界面问题,膜接触牢固,结构稳定。功能分子通过自组装成膜能形成具有特定功能的组件,而不同的组件又能通过自组装技术,组装成各种超薄的微型电子器件。目前,绝大部分的有序纳米结构材料与器件都是用自组装技术来制备的。现仅举几个例子。

① 以图形化(Patterned)SA 膜为模板的纳米结构制备技术。结合光辐射、微接触印刷、等离子体刻蚀及 STM 刻蚀的处理,自组装技术可以获得图形化的单一 SA 膜或混合 SA 膜,在不同图形区域呈现不同的表面悬挂基团和反应活性,以其为模板可简便地构建各种纳米结构。例如,在硅片上的电极间隙经微细加工,其尺寸一般在微米或亚微米级,无法达到纳米级,东南大学顾宁、黄岚等利用混合 SA 技术,在金电极上组装上巯基乙胺,在硅衬底上组装上一层疏水有机硅烷,氨基可选择性地吸附钯离子,从而可选择性地只在金电极表面沉积金属,使电极间隙减小,非常简便地获得了纳米间隙的电极。

② 在非线性光学中的应用。马克斯(Marks)和他的同事将自组装技术与甩膜技术和亲核取代(S_N2)反应相结合,把—$SiCl_3$连接到小分子上并组装成单分子层,然后与含有非线性光学(NLO)活性染料的分子进行 S_N2 反应而进行多层自组装。使用这种方法,他们能在 1 小时内连续进行 3 层自组装。尽管这样的速度对工业化生产光电子器件来说显得远远不够,但它将甩膜与自组装技术相结合,为自组装膜的应用和发展迈出了可喜的一步。

③ 在分子器件(Molecular Device)研究中的应用。目前,分子整流器是研究最多的分子器件。日本学者在研究聚苯乙烯磺酸钠/聚对苯乙烯撑(SPS/PPV)和聚甲基丙烯酸钠/聚对苯乙烯撑(PMA/PPV)自组装 LED 的组织和发光行为时,发现 PMA/PPV 具有典型的整流行为,整流比为 105～106;利用 p 型和 n 型两种不同的导电高聚物自组装成均一性好的大面积薄膜,发现自组装的 LED 开启电压较低,只有 1.4 V,且显示出较强的整流行为,整流比为 102～103。此外,美国的保罗(E. Paul)等通过对基片刻蚀,形成间距为 2.4 μm 的 Au、Al_2O_3相间的条纹,浸入含 R—SH 和 R—COOH 的混合溶液中,得到两个组分分别排列的 SA 膜,这一方法的发展将使 SA 成膜技术有可能应用于分子器件,在二维尺度(膜横向)内实现电子给、受体超晶格(DA DA……)的排列。美国 IBM 公司的米诺(M. Mino)等用 SA 技术获得了给、受体液晶分子交替排列的、对热稳定的多层膜,显示了 SA 成膜技术直接用于分子器件的可能。

(2) 基于物理吸附的 SA 膜技术

基于物理吸附的 SA 膜技术又称为离子自组装技术,是 1991 年由美国密歇根州立大学的戴彻尔(Decher)等首先提出来的。原理是将表面带负电荷的基片浸入阳离子聚电解质溶液中,由于静电吸引,阳离子聚电解质吸附到基片表面,使基片表面带正电,然后将表面带正电荷的基片再浸入阴离子聚电解质溶液中,如此重复进行,即形成多层聚电解质自组装膜。静电排斥和高分子链间的范德瓦尔斯力相互作用,决定了单层膜厚。这种建立在静电相互作用原理基础上的自组装技术,是一种新型的制备聚合物纳米复合膜的方法,这种技术既可人工操作,也可自动控制。它的特点是:① 对沉积过程或膜结构进行分子级控制;② 利用连续沉积不同组分的办法,可实现层间分子对称或非对称的二维或三维超晶格结构,从而实现膜的光、电、磁、非线性光学性能的功能化;③ 可以形成仿真生物膜(Biomembrane);④ 层与层之间强烈的静电作用力,使膜的稳定性极好;⑤ 与基于化学吸附法制备有机复合膜相比,具有很好的重复性。

基于阴、阳离子静电组装这一思想,吉林大学沈家骢院士领导的课题组组装了一种聚电解质与双阳离子交替膜,在离子化表面引入能诱导产生相反离子的微粒,如酶、半导体微粒等,形成复合的有序膜,由此发展了一种固定化酶的新技术与复合超微粒的薄膜技术,并且成功地尝试了无脂链卟啉、酞菁与双阳离子的组装,进而实现了卟啉/酞菁交替膜,他们称这种膜为"分子沉积(Molecular Deposition)膜",简称 MD 膜,如图 5－19 所示。这种技术不仅仅是带有相反电荷的聚电解质的组装,而且是一种新的构造有序分子膜的有效方法。离子自组装中常用的有机化合物有聚丙烯氯化铵(PAH)、聚二甲基二烯丙基氯化铵(PDDA)、质子化聚乙烯亚胺(PEI)、聚苯乙烯磺酸钠(PSS),利用这些化合物,科研人员目前已经制备了大量的有机复合薄膜,并开展以下几方面的应用研究。

① 非对称渗透膜(Asymmetric Membrane Permeability)。将 PAH、PSS 沉积到表面氧

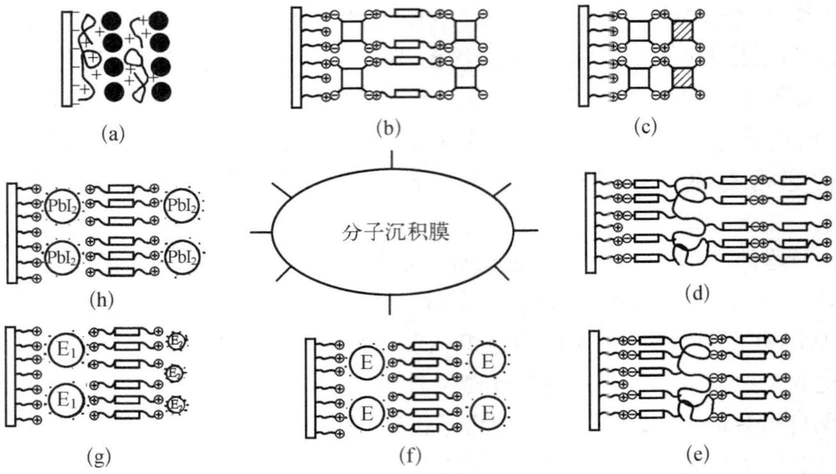

(a) 聚合物/微粒分子沉积膜；
(b) 卟啉(酞菁)/双阳离子分子沉积膜；
(c) 刚性卟啉/酞菁分子沉积膜；
(d) 准对称聚电解质/双阳离子分子沉积膜；
(e) 准不对称聚电解质/双阳离子分子沉积膜；
(f) 复合单酶分子沉积膜；
(g) 复合双酶分子沉积膜；
(h) 双阳离子/微粒分子沉积膜

图 5 - 19　各种分子沉积膜示意图

化处理的聚(4 -甲基- 1 -戊烯)上达 104 层，对氮气的阻透能力是未沉积聚电解质膜的 18 000倍，聚苯胺和 PSS 逐层吸附所形成的膜则对气体的透过性影响很小。这是因为多层膜中的 PAH 和 PSS 形成紧密堆积，限制了链段的运动，气体透过的阻力增大。而多层膜中的聚苯胺和 PSS 堆积得较为松散。美国科学家将 PAH、PSS 沉积到多孔聚丙烯(PP)膜和固体二甲基硅烷上，对 CO_2 和 N_2 的选择透过性表明，固体二甲基硅烷沉积多层膜后有较高的选择性。所以选择合适的基体和聚离子，控制聚电解质吸附的条件，可设计出性能优越的渗透膜。

② 光电器件(Photoelectric Device)。将光电活性共轭高聚物引入有机膜光电器件中一直是研究的热点，一般用简单的旋转涂膜(Spin-casting)技术来制备。但要充分发掘材料的光电特性，必须实现薄膜材料的结构在分子和超分子(Superlattice)水平上的控制。尽管 LB 膜技术可用来制备一些光电膜材，但种类有限，而聚离子间相互吸附，沉积形成多层膜，方法简单，非共轭聚合物、共轭聚合物、共轭聚合物前驱物、p 型掺杂导电聚合物、聚离子型分子染料、富勒烯等都可用来制备膜材。德国的诺伯勒研究组的结果表明，p 型掺杂共轭聚合物的极化子和双极化子形成非定域正电荷，与聚阴离子相互吸收形成多层膜，与种类离子化共轭聚合物形成的多层膜相比，稳定性、电导率都有很大的提高。他们以对甲苯磺酸作为掺杂剂，将吡咯在 $FeCl_3$ 溶液中原位聚合，与 PSS 吸附形成多层膜，电导率高达 40 S/cm。他们还基于聚对苯乙烯撑(PPV)，研究了多层膜的发光问题，PPV 与 PSS 或聚甲基丙烯酸(PMA)交替沉积制得了发光二极管，性能依赖于膜厚和与铝阴极相接触的聚离子的种类。美国科学家用共轭共聚物与非共轭聚离子交替吸附，制得了纳米多层膜，选择不同发光特性的共轭聚合物或加盐调整共轭高分子间的距离或调整吸附液的 pH，可使复合膜的光致发光和电致发光在蓝光到红光间调节。

各种分子沉积膜示意图如图 5 - 19 所示。

第三节　纳米薄膜的性能

一、力学性能

纳米薄膜由于组成的特殊性，因此其性能也有一些不同于常规材料的特殊性，尤其是超模量(Supermodulus)、超硬度(Superhardness)效应成为近年来薄膜研究的热点。对于这些特殊现象在材料学理论范围内提出了一些比较合理的解释。其中有 Koehler 早期提出的高强度固体的设计理论，以及后来的量子电子效应、界面应变效应、界面应力效应等，这些理论都不同程度地解释了一些实验现象。现在就纳米薄膜材料的力学性能研究较多的多层膜硬度、韧性、耐磨性等作介绍。

1. 硬度

纳米多层膜的硬度与材料系统的组分、各组分的相对含量以及薄膜的调制波长有着密切的关系。纳米多层膜的硬度对于材料系统的成分有比较强烈的依赖性，在某些系统中出现了超硬度效应，如在 TiN/Pt 和 TiC/Fe 系统中，尤其是在 TiC/Fe 系统中，当单层膜厚分别为 8 nm 和 6 nm 时，多层膜的硬度可达到 42 GPa，远远超过其硬质成分 TiC 的硬度；而在某些系统中则没有这一现象出现，如在 TiC/Cu 和 TiC/Al 系统中；在不同的材料系统中，其硬度值有很大的差异，如 TiC/聚四氟乙烯的硬度比 TiC 低很多，大约只有 8 GPa 左右。

影响材料硬度的另一个因素是组分材料的相对含量。机械性能较好的薄膜材料一般由硬质相(如陶瓷材料)和韧性相(如金属材料)共同构成。因此如果不考虑纳米效应的影响，硬质相含量较高的薄膜材料，其硬度较高，并且与相同材料组成的近似混合薄膜相比，硬度均有所提高。对于纳米多层膜的强化机理，多数观点认为其硬度值与调制波长 Λ 的关系近似地遵循 Hall-Petch 关系式：

$$\sigma = \sigma_0 + (\sigma_0/\Lambda)^r \tag{5-4}$$

式中，Λ 为多层膜的调制波长。按照该关系式，硬度值随调制波长 Λ 的增大而减小。根据位错机制，材料的硬度随晶粒度的减小而增大。在纳米多层膜中，界面的含量是相当高的，而界面对位错移动等材料变形机制有着直接影响，可以将层间界面的作用类似于晶界的作用，因此多层膜的硬度随调制波长的减小而增大。实验中观察到在 TiC/Cu、TiC/AlN 等系统中硬度值随调制波长 Λ 的变化近似遵循 Hall-Petch 关系式，但是在 SiC/W、TiN/Pt 系统中的情况要复杂一些，硬度与调制波长 Λ 的关系并非单调地上升或下降，而是在某一调制波长 Λ 时存在一最高值。

2. 韧性

多层膜结构可以提高材料的韧性，其增韧机制(Toughening Mechanism)主要是裂纹尖端钝化、裂纹分支、层片拔出以及沿界面的界面开裂等，在纳米多层膜中也存在类似的增韧机制。影响韧性的因素有组分材料的相对含量及调制波长。在金属/陶瓷组成的多层膜中，可以把金属作为韧性相，陶瓷作为脆性相，实验中发现在 TiC/Fe、TiC/Al、TiC/W 多层膜系中，当金属含量较低时，韧性基本上随金属相的增加而上升，但是在上升到一定程度时反而下降。

对于这种现象可以用界面作用和单层材料的塑性加以粗略地解释。当调制波长 Λ 不是很小时，多层膜中的子层材料基本保持其本征的材料特点，金属层仍然具有较好的塑性变形能力，减小调制波长 Λ 相当于增加界面含量，有助于裂纹分支的扩展，增加材料的韧性。当调制波长 Λ 很小时，子层材料的结构可能会发生一些变化，金属层的塑性降低，同时由于子层的厚度太薄，材料的成分变化梯度减小，裂纹穿越不同叠层时很难发生转移和分裂，因而韧性反而降低。

3. 耐磨性

对于纳米薄膜的耐磨性，现在进行的研究还较少，但是从现有的研究看来，合理地搭配材料可以获得较好的耐磨性。如在 52100 轴承钢基体上沉积不同调制波长的铜膜和镍膜，结果显示调制波长越小，使其磨损明显变大的临界载荷越大，也就是说铜-镍多层膜的调制波长越小，其磨损抗力越大。

对于这种现象现在没有确切的理论解释，可以粗略地用晶粒内部、晶粒界面和纳米多层膜的邻层界面上的位错滑移障碍比传统材料的多，滑移阻力比传统材料的大来解释。

从结构上看，多层膜的晶粒小，原子排列的晶格存在缺陷的可能性大，晶粒内的晶格点阵畸变和晶格缺陷的增多，使晶粒内部的位错滑移障碍增加；晶界长度也比传统晶粒的晶界长，使晶界上的位错滑移障碍增加；此外，多层膜相邻界面结构也非常复杂，不同材料的位错能的差异，导致界面上的位错滑移阻力增大。因此使纳米多层膜发生塑性变形的流变应力增加，并且这种作用随着调制波长的减小而增强。

二、光学性能

1. 蓝移和宽化

用胶体化学法(Colloid Chemistry)制备的纳米 TiO_2/SnO_2 超颗粒及其复合 LB 膜具有特殊的紫外-可见光吸收光谱，例如 TiO_2/SnO_2 超颗粒具有量子尺寸效应使吸收光谱发生“蓝移”，TiO_2/SnO_2 超颗粒、硬脂酸复合 LB 膜具有良好的抗紫外线性能和光学透过性。纳米颗粒膜，特别是Ⅱ-Ⅵ族半导体 CdS_xSe_{1-x} 以及Ⅲ-Ⅴ族半导体 CaAs 的颗粒膜，都可以观察到光吸收带边的蓝移和宽化现象。有人在 CdS_xSe_{1-x} 玻璃的颗粒膜中观察到光的“褪色”现象，即在一定波长光的照射下，吸收带强度发生变化的现象。

2. 光的线性与非线性

光学线性效应是指介质在光波场的作用下，当光强较弱时，介质的电极化强度与光波电场的一次方成正比的现象。一般来说，多层膜的每层膜的厚度可与激子玻尔半径(Exciton Bohr Radius)相比拟或小于激子玻尔半径时，在光的照射下，吸收谱上会出现激子吸收峰(Exciton Absorption Peak)，这种现象也属于光学效应。半导体 InGaAlAs 和 InGaAs 构成的多层膜，通过控制 InGaAs 膜的厚度，可以很容易地观察到激子吸收峰。光学非线性效应则是在强光场的作用下，介质的极化强度中就会出现与外加电磁场的二次、三次乃至更高次方成比例的项。对于纳米材料，小尺寸效应、宏观量子尺寸效应、量子限域和激子是引起光学非线性的主要原因。岳立萍等用离子溅射技术制备了纳米颗粒镶嵌膜，介质为 SiO_2，Ge 颗粒的平均尺寸为 3 nm，膜厚 500 nm。它的 Z 扫描曲线表明：透过率曲线以焦点为对称轴，并在焦点处有一极小值，样品吸收是强度相关的非线性吸收，在焦点附近由于单位面积上的光强增大，吸收系数也增大，在焦点处吸收系数取最大值。非线性吸收系数 β 约等于

0.82 cm/W，为三阶光学非线性响应。

三、电磁学特性

1. 磁学特性

纳米双相交换耦合多层膜 $\alpha-Fe/Nd_2Fe_4B$ 永磁体(Permanent Magnet)的软磁相(Soft Magnetic Phase)或硬磁相(Hard Magnetic Phase)的厚度为某一临界值时，该交换耦合多层永磁膜的成核场达到最大值，该结果与 Rave 等的有限元法计算结果趋势一致，考虑到工艺参数影响后，与 Shindo 等的试验及理论估算结果吻合。目前，所报道的纳米交换耦合多层膜 $\alpha-Fe/Nd_2Fe_4B$ 的磁性能仍然不高，因此，进一步优化工艺参数是研制理想纳米交换耦合永磁体材料的重要方向。

2. 电学特性

常规的导体(如金属)当尺寸减小到纳米数量级，其电学行为会发生很大的变化。有人在 Au/Al_2O_3 的颗粒膜上观察到电阻反常现象，随纳米 Au 颗粒含量的增加，电阻不但不减小，反而急剧增加。Fanchet 等用 PECVD 法制备了纳米晶 Si 膜，并对其电学性质进行了研究，结果观察到纳米晶 Si 膜的电导率大大增加，比常规非晶 Si 膜提高了 9 个数量级，纳米晶 Si 膜的电导率为 $1\ S\cdot m^{-1}$，而非晶膜的电导率为 $10^{-9}\ S\cdot m^{-1}$。这两个例子说明，材料的导电性与材料颗粒的临界尺寸有关，当材料颗粒大于临界尺寸时，将遵守常规电阻与温度的关系；当材料颗粒小于临界尺寸时，它可能失去材料原本的电性能。

3. 巨磁电阻效应(GNR 效应)

1988 年法国巴黎大学物理系 Fert 教授的科研组首先在 Fe/Cr 多层膜中发现了巨磁电阻效应，即材料的电阻率将受材料磁化状态的变化而呈现显著改变的现象。1992 年 Berkowitz 和 Chien 分别独立地在 Co/Cu 颗粒膜中观察到巨磁电阻效应，此后又相继在液相快淬工艺以及机械合金化等方法制备的纳米固体中发现了这种效应。巨磁电阻效应发现以后主要的研究方向之一是降低饱和磁场，提高低场灵敏度。解决途径其一是在多层膜中采用自旋阈结构(Spin Value)，另一种途径是将多层膜在合适的温度下退火，使其成为间断膜，使层间产生偶极矩的静磁耦合。例如组成为 Ta(10 nm)，Ag(2 nm)/[NiFe(2 nm)/Ag(4 nm)] /NiFe(2 nm)/Ta(4 nm)/SiO_2(70 nm)/Si 多层膜 315℃在(5%H_2+95%Ar)气氛中退火后，可获得 GMR 为4%～6%，饱和磁场 Hs 为 5～100 Oe，磁场灵敏度 S_L=0.8%/Oe 的膜材料。我国电子科技大学的刘颖力等采用双靶直流磁控溅射系统制备了$(Ni_{80}Fe_{20}/Cu)_n$纳米多层膜，NiFe 膜厚 3 nm，Cu 膜厚 0.4～4 nm，发现了多层膜的巨磁电阻效应，铜膜的厚度对巨磁电阻效应是正态分布的，厚度为 1 nm 时巨磁电阻效应最大。在这个位置 NiFe 通过 Cu 层间接耦合为反铁磁排列，而在其他位置为铁磁排列。在多层膜巨磁电阻研究的启发与促进下，又发现了在颗粒膜中同样存在巨磁电阻效应。

4. 气敏特性

采用 PECVD 方法制备的 SnO_2 超微粒薄膜比表面积大，存在配位不饱和键，表面存在很多活性中心，容易吸附各种气体而在表面进行反应，是很好的制备传感器的功能膜材料。该薄膜表面吸附很多氧，而且只对醇敏感，测量不同醇(甲醇、乙醇、正丙醇、乙二醇)的敏感性质和对薄膜进行红外光谱测量，可以解释 SnO_2 超微粒薄膜的气敏特性。

第四节 纳米薄膜的应用

纳米薄膜在许多领域内都有着广泛的应用前景,利用新的物理化学性质、新原理、新方法,设计纳米结构性器件和纳米复合传统材料改性正孕育着新的突破,而功能性的薄膜材料一直是人们研究的热点。

一、纳米光学薄膜

利用纳米薄膜吸收光谱的蓝移与红移特性,人们已制造出了各种各样的紫外吸收薄膜和红外反射薄膜,并在日常的生产和生活中取得应用。如在平板玻璃的两面镀制的TiO_2纳米薄膜,在紫外线作用下,可分解沉积在玻璃上的有机污物、氧化室内的有害气体、杀灭空气中的有害细菌和病毒;在眼镜上镀制的TiO_2纳米粒子树脂膜或Fe_2O_3纳米微粒聚醇酸树脂膜,可吸收阳光辐射中的紫外线,保护人的视力;在灯泡罩内壁涂敷纳米SiO_2和纳米TiO_2微粒多层干涉膜,灯泡不仅透光率好,而且具有很强的红外线反射能力,可大大节约电能。此外,利用Si纳米晶粒薄膜的(紫外)光致发光特性,还可获得光致变色效应,从而产生新的防伪、识别手段。

二、纳米耐磨损膜与纳米润滑膜

在一些硬度高的耐磨涂层/薄膜中添入纳米相(Nano-phase),可进一步提高涂层/薄膜的硬度和耐磨性能,并保持较高的韧性,而在一些表面涂层/薄膜中加入一些纳米颗粒还可达到减小摩擦系数的效果,形成自润滑材料,甚至获得超润滑功能。例如美国IBM公司在SiO_2表面上沉积硬脂酸镉单分子层,使其摩擦系数从0.5降到了0.15;日本的SONY公司将LB膜涂在金属磁带上,这种超薄的LB膜(约10 nm),可以起到理想的保护作用,且对磁带的音质没有影响。

三、纳米磁性薄膜

经过纳米复合的涂层/薄膜具有优异的电磁性能。利用纳米粒子涂料形成的涂层/薄膜具有良好的吸波能力,可对飞行器、重型武器等装备起到隐身的作用;纳米氧化钛、氧化铬、氧化铁和氧化锌等具有半导体性质的粒子,加入到树脂中形成涂层,有很好的静电屏蔽性能;纳米结构的Fe/Cr,Fe/Cu,Co/Cu等多层膜系统具有巨磁阻效应,可望用作高密度存储系统中的读出磁头、磁敏传感器、磁敏开关等。

四、纳米气敏薄膜

由于气敏纳米膜吸附了某种气体以后会产生物理参数的变化,因此可用于制作探测气体的传感器。目前研究最多的纳米气敏薄膜是SnO_2超微粒膜,该膜比表面积大,且表面含有大量配位不饱和键,非常容易吸收各种气体在其表面进行反应,是制备气敏传感器的极佳材料。

五、纳米渗透薄膜

在表面氧化处理的聚(4-甲基-1-戊烯)表面沉积104层PAH、PSS膜后,对氮气的阻透能力是未沉积聚电解质膜的 18 000 倍，聚苯胺和 PSS 逐层吸附所形成的膜则对气体的透过性影响很小。这是因为多层膜中的 PAH 和 PSS 形成紧密堆积，限制了链段的运动，气体透过的阻力增大，而多层膜中的聚苯胺和 PSS 堆积得较为松散。美国科学家将 PAH、PSS 沉积到多孔聚丙烯(PP)膜和固体二甲基硅烷上，CO_2 和 N_2 的选择透过性表明，固体二甲基硅烷沉积多层膜后有较高的选择性。所以选择合适的基体和聚离子，控制聚电解质吸附的条件，可设计出性能优越的渗透膜。

六、纳米绝缘薄膜

LB 膜是一种双亲分子，即一端亲油一端亲水，将这些分子紧密排列，将形成电阻大于 $10^9\,\Omega$ 的超薄绝缘层。这种超薄绝缘层在制造 MOS、MIS 以及超导器件中十分有用，因为它们可以在高效半导体 GaAs、InSb 及 InP 等表面上成膜。

七、纳米光电转换薄膜

自然界中植物叶绿素的光合作用及动物视觉的视紫红质的光敏作用，都是发生在薄膜上面的高效光电能量转换过程。仿照这些膜可以制成高效率的分子电池和分子开关。一个分子电池有一个电子给体(Donor)、一个电子受体(Acceptor)和处于两者之间的一个光敏染料体(S)，利用 LB 膜技术将这三个层次排列，或者将具有这三个功能的分子团用 C—H 键相接形成 LB 膜，就构成一个分子电池。美国化学家合成了一种新分子，并结合 LB 制膜技术，研制出一种能使 67%的光能转换为电能，并产生 1.5 V 电压的分子电池。瑞士的欧米茄表已拟将这种 LB 膜分子电池制在表的外壳上，希望通过吸收在普通环境下的漫散射光即能为表提供动力。

（赵崇军）

复习思考题

1. 什么是纳米薄膜？纳米薄膜与二维纳米结构单元在概念和内涵上是否完全等同？为什么？
2. 纳米薄膜有哪些主要的制备方法？试对它们的特点进行比较。
3. PVD 制膜包括哪些基本过程？CVD 制膜是依据什么技术原理？Sol-gel 制膜共有几种方法？
4. 何谓 LB 膜？它有哪些类型？LB 膜是由何形成的？它的制备原理是什么？
5. 何谓 SA 膜技术？SA 膜的制备原理是什么？它有哪些特点？
6. 纳米薄膜与常规薄膜有哪些不同的性质？请举例说明纳米薄膜的重要应用。

参考文献

[1] 陈光华，邓金祥．纳米薄膜技术与应用．北京：化学工业出版社，2003.
[2] 蔡珣，石玉龙，周建，等．现代薄膜材料与技术．上海：华东理工大学出版社，2007.
[3] 欧阳健明．LB 膜原理与应用．广州：暨南大学出版社，1999.
[4] 陈光华，邓金祥．纳米薄膜技术与应用．北京：化学工业出版社，2003.

[5] 曹茂盛，关长斌，徐甲强．纳米材料导论．哈尔滨：哈尔滨工业大学出版社，2001.
[6] Freund L B, Suresh S. 薄膜材料．卢磊，等译．北京：科学出版社，2007.
[7] 田明波，刘德令．薄膜技术与薄膜材料．北京：清华大学出版社，2006.
[8] 郑伟涛．薄膜材料与薄膜技术．北京：化学工业出版社，2004.
[9] 唐伟忠．薄膜材料制备原理、技术及应用．北京：冶金工业出版社，2003.
[10] Fendler J H，et al. 纳米粒子与纳米结构薄膜．项金钟，吴兴惠，译．北京：化学工业出版社，2003.
[11] 沈海军，穆先才．纳米薄膜的分类、特性、制备方法与应用．微纳电子技术，2005，11：506－510.

第六章　三维纳米结构

本章要求

1. 了解什么是三维纳米结构，熟悉三维纳米结构的研究范畴。
2. 了解什么是纳米玻璃，熟悉纳米玻璃的特点、制备方法及其主要应用。
3. 了解什么是纳米陶瓷，熟悉纳米陶瓷制备过程。
4. 了解纳米陶瓷的四个基本特性。
5. 了解什么是介孔材料，熟悉介孔材料的分类和结构特点。
6. 掌握介孔材料的合成方法，熟悉介孔材料的形成机制，了解介孔材料的主要应用。
7. 了解什么是纳米金属，熟悉纳米金属的分类方法和晶化技术。
8. 理解纳米金属的基本效应，熟知纳米金属的主要应用。
9. 了解什么是纳米高分子，熟悉纳米高分子的结构类型。
10. 掌握螺旋结构高分子、嵌段共聚物和树枝状高分子的结构特征、制备过程和主要应用。

三维纳米结构(3D Nanostructure)是指由零维、一维、二维中的一种或多种基本结构单元组成的复合材料，其中包括：横向结构尺寸小于 100 nm 的物体；纳米微粒与常规材料的复合体；粗糙度小于 100 nm 的表面；纳米微粒与多孔介质的组装体系等。

第一节　纳 米 玻 璃

玻璃材料以其特有的结构和物理化学性能，在现代科学技术领域占据着其他材料无法替代的位置。随着科学技术的进步和纳米技术的发展，其赋予玻璃的新功能将不断被人类所认识，而纳米玻璃(Nanoglass)材料的应用，则将进一步促进科学技术向前发展。

一、纳米玻璃的研究层次

纳米玻璃是指在透明玻璃连续相中周期排列着纳米尺寸的第二相(微粒、分相、结晶或气孔)的玻璃材料。玻璃的特点是透明、热或光化学稳定性好，并具有无定形结构能容纳不同晶格常数的纳米尺度量子点而产生较少界面缺陷，是比较理想的基体材料。纳米功能颗粒与玻璃相之间通过相的复合，可以获得具有一系列特殊性能的功能材料，根据玻璃中纳米粒子的粒度大小，纳米玻璃的研究内容分为以下 3 个研究层次。

(1) 1 nm 左右　原子、分子级结构控制技术(1 nm 左右)，通过组成控制和引入结构缺陷等，控制局部配位场，发现新的光、电功能。

(2) 一至几十纳米　超微粒子结构控制技术(一至几十纳米)，利用气相法、溶液法等加工技术和超短脉冲激光、超高压、附加高电压等外来能源。对微粒、分相和结晶、气孔的周期排列进行控制，创造超高亮度发光体、环境净化和催化功能玻璃、光集成元件等基础材料。

(3) 几十至一百纳米　高次结构控制技术(几十至一百纳米),利用无机-有机复合析出各向异性的晶体和控制其界面状态等,进行高次异型结构、周期规则结构形成技术的研究,进一步研究可能用于太阳能电池、运输机械等的超轻质、高强度玻璃基板材料。

二、纳米玻璃的制备方法

纳米玻璃的制备方法主要有:熔融热处理法(Melting Treatment)、溶胶-凝胶法(Sol - gel)、离子注入法(Ion Implant)、射频磁控溅射法(RF Magnetron Sputtering)、气相沉积法(Vapor Deposition)、熔融-分相法(Melting - separating Phase)、辅助电场(磁场)法、熔融光诱导热处理晶化法等。以下将分别介绍这些制备方法。

1. 熔融热处理法

熔融热处理法,也称共熔法,是将基础玻璃料与掺杂物混合(一般同时引入还原剂,如 Sb_2O_3、SnO_2等),干燥后高温熔融,再冷却成型。例如用两步退火法制 $CdSe_x S_{1-x}$半导体纳米微晶玻璃或先熔制基础玻璃后再粉碎,与掺杂物混合,高温熔融后淬火,最后进行热处理。通过调节热处理的温度和时间来控制析出纳米颗粒的尺寸及分布。

利用熔融热处理工艺可制备在硅酸盐、硼酸盐、磷酸盐玻璃系统中掺杂纳米金属 Au、Ag、Cu 或部分半导体材料的复合玻璃。此法工艺简单,成本低廉,可制备大尺寸和各种形状的玻璃材料,但需高温熔制,一般为 1 200～1 500℃。熔融法制备时还必须注意热处理气氛。掺杂物的低溶解度和易挥发或氧化使得掺入质量分数($10^{-1}\%$～$10^{-4}\%$)少,且使反应不易控制,易出现杂相。

2. 溶胶-凝胶法

溶胶-凝胶法(Sol - gel)通常将半导体颗粒原料或金属盐直接引入溶胶,制成干胶后进行热处理析出纳米颗粒。该工艺合成温度低,并能用气氛保护,能制备具有特殊组成的玻璃,适用于制备薄膜材料的样品。样品成分完全可以按照其原始配方和化学计量比准确获得,并具有高的纯度和良好的均匀性。溶胶-凝胶法可制备掺 Au、Cu、CuCl 和 CuBr 复相玻璃,含纳米 TiO_2的高硅氧玻璃,以及 PbS、CdSe、CdS、Mn 等纳米粒子掺杂玻璃。溶胶-凝胶法具有掺杂浓度高、粒径分布窄等优点;缺点是不易形成多组分玻璃,有时还会产生其他产物。

3. 离子注入法

离子注入法(Ion Implant)是在玻璃表面进行离子注入,通过选择注入离子种类、剂量、能量、基质温度和后续热处理温度等参数来控制纳米颗粒在玻璃表面和近表面层析出。离子注入法多用于金属离子注入,如 Au^+、Ag^+、Cu^+。离子注入法还可进行多种离子连续注入或混合离子束注入,如 Au/Cu、Ag/Cu、Ag/In、In/Cu、Ag/Sb、Cd/Ag 和 Cu/Ni 等,形成金属合金或核-壳体系混合团簇。

离子注入是一个非热平衡过程,可以将任何一种元素在各种温度下注入不同基础成分的玻璃中,能克服平衡态溶解度的限制,从而获得高的掺杂浓度。通过控制离子束的注入位置,可在结构上直接设计,非常适用于平面、空心波导和集成器件,但离子注入易引起玻璃分相、新相生成等物理化学过程从而产生杂相。离子注入法受温度影响较大,且额外的高辐射损伤会引起玻璃折射率的改变。此外,由于加速离子到基质的渗透不一致,会使玻璃表面或近表面层析出的纳米金属颗粒有较宽的尺寸分布。

4. 离子交换法

离子交换法(Ion Exchange Law)主要是通过低共熔盐的不同离子如 Ag^+、Cu^+ 等替换玻璃基质表面层的一价碱金属离子(Li^+、K^+、Cs^+、Na^+ 等),再在还原气氛下退火使金属离子还原,通过热处理使金属原子聚集长大,纳米金属颗粒在玻璃与低共熔盐的界面及近表面层析出。此法成本低,可大规模生产,能使颗粒分布均匀,并可提高掺入量,达几个百分比,被广泛用于硅酸盐玻璃掺杂 Ag 和 Cu,近年来更因适用于制作多模波导和可应用于集成光器件而颇受重视。

5. 气相沉积法

气相沉积法(Vapor Deposition)是通过热、激光、电子束照射含金属或半导体掺杂物的玻璃原料做成的靶材,使之在基板上沉积成掺杂金属或半导体纳米颗粒的玻璃薄膜,如CVD、PVD、PLD、MOCVD 等。Wang 等通过脉冲激光沉积制得掺杂纳米 CdS 的石英玻璃。Takeda 等通过多源同步倾斜沉积将 SiO_2 与 ZnTe 或 Au 掺杂剂用两个对立放置的倾斜方向沉积,然后热处理可制得平面各向异性的纳米颗粒掺杂复合玻璃。此外,通过电子束沉积与热沉积结合使用也可以制备掺杂纳米 Ag 颗粒的 SiO_2 薄膜。

6. 辅助电场法

传统的热处理法可以制备各种形状、尺寸的微晶玻璃材料,应用相当广泛。但在含纳米晶玻璃制备过程中,由于热处理过程中的温度场波动、升降温过程中的热惯性等因素无法精确控制玻璃中纳米晶体的生长,使得含纳米晶玻璃材料的制备较为困难。静电场对玻璃的核化、相变同样具有相当的影响,同时由于对静电场强度、加载时间和加载范围的控制比对温度场的控制更为容易而精确,因而利用温度场和辅助电场相结合的手段,控制玻璃体中的成核、生长及相变,从而有效控制析出晶粒的尺寸。林健等研究了辅助电场对 TeO_2-Nb_2O_5-AgCl 系统玻璃核化与析晶过程的促进作用。结果发现,辅助电场能帮助玻璃在稍低于核化和晶化温度区域的温度下成核和析晶,它可以成为控制玻璃核化和晶化过程的一个"开关",有可能用以精确控制玻璃中纳米晶体的生长,并从理论上推导了辅助电场对玻璃核化、晶化的影响机理,为含纳米晶非线性光学玻璃的制备提出了一种新的思路。

7. 光诱导热处理晶化法

该方法是先熔制出掺杂了功能金属离子的玻璃,通过光的作用(紫外光照射,X 射线或超短脉冲激光辐照)使金属离子还原,提供电子的源可为共掺的离子(如 Ce^{3+})或玻璃基体中的活性侧位,然后在一定的温度下进行热处理,金属原子迁移聚集成纳米金属颗粒,并在激光聚焦照射的位置析出($nAg \rightarrow Ag_n$)。超短脉冲能够在短于热扩散的时间领域(ps 量级)将能量注入材料中,由于能量向晶格耗散所产生的热影响很小,可实现精细加工,并通过诱导多光子吸收等非线性光学效应实现对透明介质内部有空间选择性的修饰。通过移动三维平台控制焦点位置,可将图案写入玻璃内部。通过改变超短脉冲扫描功率密度和热处理温度控制纳米金属粒子的尺寸,从而改变玻璃的着色,可以实现在无色透明玻璃内部形成三维彩色图案。

综上所述,熔融热处理法、溶胶-凝胶法、离子互换法、离子注入法等制备方法只能使纳米金属颗粒在整块玻璃或玻璃的表面或界面附近析出,不具有空间选择性和有序性。这种空间有序性正是光电集成技术,特别是全光集成技术所需要的,光诱导热处理晶化法从根本上解决了这一难题。

三、纳米玻璃的应用

纳米微粒具有独特的小尺寸效应、量子尺寸效应、表面效应、介电限域效应等，使纳米玻璃具有独特的性能，从而为其带来了广泛的应用。

1. 光学功能材料

光通信是20世纪80年代初在兆比特(10^6)级传输速度的基础上开始的，到90年代后半期，千兆比特级传输速度的光纤已经商品化。但是，在当今互联网产业飞速发展的形势下，信息消费量以当初预测速度2倍以上的速度增长，因此，15年后需要生产出一根光纤就能传送10兆兆比特(10^{12})级信息量的纤维并商品化。

若通信技术发展到能以兆兆比特的速度进行光传输，则与其成比例的信息传输成本，特别是消耗能量的成本会急剧上升。这种倾向在字节存储器和超高清晰度显示器中也同样存在。原因是因为现在用于光通信、光存储、显示器等与光信息技术有关产品的光子学、设备以及操作系统，是以提高原材料的纯度和质量等而改善制造工艺为主，关于新材料、新工艺革新的研究则比较落后，远不能适应和满足日新月异的信息技术的需要。在此，纳米玻璃就是构筑能与兆兆比特多媒体相适应的光子材料的研究基础。

纳米玻璃在吸收线附近的强光作用下不但具有很强的光学非线性和快的光响应速度等特性，而且具有超宽带域放大、开关和合、分波等功能，是研制光波导、光开关、光传输、光放大、波长转换器、光合分波器、波长分波器、波长选择滤波器等光电子器件和设备的理想材料，在光计算、光通信、光信息处理和电光效应的器件方面具有广阔的应用前景，是当前国际光学功能材料研究的热点之一。

2. 不受温度影响的玻璃

通过调整玻璃组成并利用激光照射、附加超高压等技术，使玻璃中析出一种不破坏透明性的纳米微晶体(Nanocrystallite)，从而获得一种性能与温度无关的原材料(即使当温度发生变化时，其尺寸和折射率也完全不发生变化的玻璃)。例如用于1 000多重波(复式波)超大容量光传输设备的材料。

3. 超高亮度发光玻璃

把发光超微粒子高浓度稳定地保持在玻璃中，就能得到用于显示装置和夜间照明设备的发光玻璃。如用反微胶囊法制备的直径为几十纳米的玻璃微粒中平均添加1个半导体超微粒子，然后使该微粒(微胶囊)均匀地分散在玻璃连续相中并规则排列，可大幅度提高其发光效率。

4. 高性能过滤器用玻璃

在通过激发而分相、晶化(Crystallization)的玻璃中，如能形成周期性的、控制在几纳米以下的气孔，就能高效地去除环境激素等有害物质，制成纳米过滤器元件。

5. 光开关用非线性玻璃

含有超微粒子的材料具有显著的量子效应(Quantum Effect)。例如，粒子在微米尺寸时几乎不表现的量子闭合效应，当进入纳米尺度时，即发生以红色着色的表面等离子体激元效应和在邻近场发生相互作用的界面效应(Interface Effect)。如果从周围附加光电场，其吸光度将变大，从而具有了光学非线性特性，有可能作为超高速开关应用。在创造新一代光子学材料方面，把这些纳米级的超微粒子在保持透光性的同时嵌入玻璃材料中，并通过电磁场等外场进行排列等超微细控制，对发现新功能很有意义。

6. 光波控制用玻璃

用超短脉冲激光聚光照射玻璃内部或表面，使玻璃的被照射区域在激光的诱导下发生折射率提高、结晶或分相。在玻璃表面或内部，形成大小为光波长的1/2至1/4、折射率与基质玻璃不同的周期结构，可制造能将光信号进行导波、分波的微小设备。

7. 超高强度玻璃

玻璃的强度由其表面的裂纹数量及其大小等决定，因此，如果研究出一种使裂纹难以生成的表面处理技术(Surface Treating Technology)，玻璃的强度和可靠性会大幅度提高。通过改变组成提高玻璃整体的强度，在此基础上再加上在玻璃表面附近透明的分相与结晶化，以及在表面有机-无机复合的表面涂层技术，防止裂纹的产生和发展，可能开发出更薄、更高强度的玻璃材料。若通过在玻璃基板的表层形成纳米尺度的异质层，可实现基板的高强度化和超平坦化，就可能获得高速运转、高速读取的大容量光盘。

随着纳米玻璃广泛的应用，各种制备技术的研究也不断地深入，根据不同的应用目的可以选择合适的制备技术。纳米玻璃已广泛应用于MP3镜面、高楼大厦的装饰玻璃、汽车的挡风镜等等。利用纳米玻璃的自洁和杀菌作用，还可开辟纳米玻璃在医疗卫生、餐饮等领域的新用途。由于纳米玻璃具有高的非线性系数和超快非线性响应等特点，在全光调制的光波导、光开关、光存储、光双稳、平面微透镜、光限幅器和激光微腔等许多新型器件方面也将具有诱人的应用前景。

第二节　纳米陶瓷

纳米陶瓷(Nanoceramics)是20世纪80年代中期发展起来的先进材料。所谓纳米陶瓷是指陶瓷材料的显微结构中晶粒、晶界以及它们之间的结合都处于纳米尺寸水平，包括晶粒尺寸、晶界宽度、第二相分布、气孔尺寸、缺陷尺寸都是纳米级。由于纳米陶瓷中晶粒的细化，晶界数量大幅度增加，可使材料的强度、韧性和超塑性(Super Plastic)大幅度提高，并对材料诸多性能产生重要影响，从而使纳米陶瓷比传统陶瓷具有更优异的性能，拓宽了陶瓷材料的应用领域，因此，纳米陶瓷材料的研究成为近年来新材料研究的热点。

一、纳米陶瓷的制备

纳米陶瓷的制备过程与传统陶瓷基本相同，主要包括纳米粉体制备、陶瓷素坯的成型和纳米陶瓷烧结三个阶段。其中，纳米粉体是纳米陶瓷制备的基础。随着陶瓷粉体的超细化，其表面电子结构和晶体结构发生变化，产生了微米级以上尺度材料所不具有的重要作用：(1) 纳米粉体具有极小的粒径、大的比表面积和高的化学活性，可以降低材料的烧结致密化程度，节约能源；(2) 使材料的组成结构致密化、均匀化，改善陶瓷材料的性能，提高其使用可靠性；(3) 可以从纳米材料的结构层次(1～100 nm)上控制材料的成分和结构，有利于充分发挥陶瓷材料的潜在性能，而使定向设计纳米材料的组织结构和性能成为可能。

1. 粉体制备

纳米陶瓷粉体是指介于固体与分子之间的具有纳米尺寸(1～100 nm)的亚稳态中间物质。纳米陶瓷粉体难以采用传统的机械方法制得，现在已发展了多种纳米陶瓷粉体的制备方法，如沉淀法(Precipitation)、溶胶-凝胶法、高能球磨法、微波、等离子体法等(其具体制备方法可参见第三章纳米微粒的相关内容)。

2. 素坯成型

素坯成型是将陶瓷粉体转变成具有一定形状、体积和强度的陶瓷坯体。陶瓷成型的素坯密度和素坯中显微组织的均匀与否对于陶瓷在烧结过程中的致密化有极大的影响。纳米粉体由于自身的特点，使得达到较高的素坯密度和较均匀的颗粒堆积更加困难。因为纳米颗粒之间很容易因范德瓦尔斯力吸引而团聚，这些团聚会使素坯中的颗粒堆积的不均匀性增加，同时坯体的密度也较低；纳米粒子小，单位体积中颗粒间的接触点大大多于普通粉体，因此在成型时，每个接触点都会因摩擦力的作用而阻碍颗粒间的滑动，这同样会影响均匀化，同时还容易在素坯中留下残余应力，使坯体在烧结时破碎。

随着对纳米陶瓷制备研究的深入，素坯的成型方面也有很多新的进展，主要表现为：首先，传统的干压成型方法(Dry-pressed Molding Methods)得到进一步发展。利用包膜技术减少颗粒间的摩擦，有利于提高素坯的密度，而提高成型压力则是最主要的发展趋势。利用电磁脉冲等特殊手段，将成型压力提高到 2～10 GPa，从而使素坯密度达到理论密度的62%～83%，比普通的等静压成型高出 20%～40%。Lequitte 等指出 ZrO_2采用连续加压的方法，有利于纳米陶瓷粉体的成型。第一次加压导致粉体软团聚的破坏，第二次加压导致晶粒的重排，以使颗粒之间更好地接触，提高素坯的密度。其次，在新的成型方法方面，大量的湿法成型方法也成为研究热点。如利用离心注浆成型方法，可获得相对密度高达 74%、颗粒分布均匀的纳米 Y－TZP 坯体。还有诸如渗透固化(Filtering Solidification)、直接凝固注模成型(Direct Coagulation Casting, DCC)、凝胶注模成型(Gel-casting)以及挤压成型(Extrusion)、注射成型(Injection-molding)等成型方法也得到了广泛的研究。

3. 烧结工艺

陶瓷材料的烧结是指素坯在高温下的致密化过程。随着温度的上升和时间的延长，固体颗粒相互键联，晶粒长大，孔隙和晶界渐趋减小，通过物质的传递，其总体积收缩，密度增加，最后成为坚硬的具有某种显微结构的多晶烧结体。对于纳米陶瓷而言，烧结是极为关键的一步。几乎所有关于纳米陶瓷烧结的研究，最重要的问题都是如何控制晶粒的长大，也就是如何使陶瓷在晶粒不长大或长大很少的前提下实现致密化。由于纳米颗粒表面能大，晶粒生长迅速，即使在快速烧结的条件下或很低的温度(如 1 200℃)下，晶粒也很容易长到100 nm以上。因此，人们从烧结动力学的观点出发，采取了多种手段控制晶粒的长大，除了使用性能良好的粉体，采用超高压等新型成型方法外，可供选择的途径还有选择适当的添加剂和采用新型的烧结方法和烧结工艺等。适当的添加剂可有效地降低陶瓷烧结的温度，抑制晶粒的长大，但也有可能引入不希望出现的杂相，因此寻求新的烧结方法和烧结工艺便成为纳米陶瓷研究的重点。

在纳米陶瓷的制备过程中，无压烧结(Pressureless Sintering)、热压烧结(Hot-pressing Sintering)等传统的烧结方式仍将得到广泛使用。但在具体的烧结工艺上则有很多创新，如无压烧结中的多阶段烧结等。同时，新的纳米陶瓷的烧结方法也在不断出现，这些方法都是通过采用新的加热或加压方式，以期达到促进致密化、控制晶粒生长的目的。在加热方式上的发展包括微波烧结(Microwave Sintering)、等离子体烧结(Plasma Sintering)、等离子活化烧结(Plasma Activated Sintering)、放电等离子烧结(Spark Plasma Sintering)等；

在加压方式上的发展主要有超高压烧结(Ultra-high-pressure Sintering)、冲击成型(Shock Compaction)、爆炸烧结(Explosive Sintering)等。

立方钙钛矿型钛酸锶,通过还原或掺杂后,可用作晶界层电容器材料、气敏材料、湿敏材料、光催化电极材料、高温超导载体,甚至还可以用来处理核废料,因此,对钛酸锶的研究一直是个活跃领域。材料致密化的好坏直接影响其电学性能和质量稳定性。而材料的致密化与烧结工艺密切相关,因此如何制订合理的烧结制度,改善材料的介电性能是一个受到普遍关注的问题。华东理工大学徐云龙等用改进的 Sol - gel 方法得到了如图 6 - 1 所示的纳米 $SrTiO_3$粉体(颗粒约为 20～30 nm,近似呈球形,粒度分布较均一);通过研究煅烧、烧结温度及其保温时间、降温方式等工艺参数对 $SrTiO_3$陶瓷介电性能的影响,确定 $SrTiO_3$陶瓷最佳烧结工艺:升温速率为 5℃/min,最高烧结温度 1 000℃,保温 0.5 h,随后降温至 750℃保温 0.5 h,再冷却至室温。本实验获得的瓷片不仅致密性好,气孔少,晶粒尺寸小(小于100 nm),而且具有良好的介电性能,在低频下其介电常数高达3 000。该工艺制备的纳米 $SrTiO_3$陶瓷比传统方法制备的微米级 $SrTiO_3$陶瓷的烧结温度降低了 200～300℃。

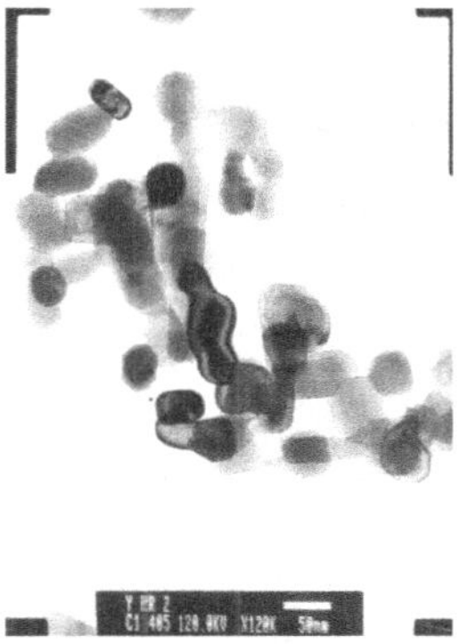

图 6 - 1　纳米 $SrTiO_3$陶瓷粉体的 TEM 图

二、纳米陶瓷的特性

1. 高强度

陶瓷的性能取决于其微观组织结构,其中晶粒尺寸和气孔率(Porosity)是两个主要的因素,陶瓷强度随气孔率的增加呈指数级下降,同时,强度与晶粒尺寸的平方根成反比,纳米陶瓷中晶粒尺寸与气孔尺寸都是纳米级,因而具有较高的强度和韧性,一般比普通陶瓷高出 3～5 倍。如在 100℃下,纳米 TiO_2陶瓷的显微硬度为 13 000 kN/mm^2,而普通 TiO_2陶瓷的显微硬度低于 2 000 kN/mm^2。

2. 增韧性

传统的陶瓷通常表现出很强的脆性,纳米陶瓷由于晶粒小、晶面大,晶面的原子排列混乱,纳米晶粒易在其他晶粒上运动,使纳米陶瓷在受力时易于变形而不呈现脆性。如纳米 TiO_2陶瓷在室温下表现出很高的韧性,压缩至原长度的 1/4 仍不破碎;在陶瓷制品中添加适量的纳米 SiO_2,不但大大降低了陶瓷制品的脆性,而且使其韧性增加了几倍甚至几十倍。此外,若在陶瓷制品表面喷涂薄薄一层纳米 SiO_2,其粗糙度大大减少,防污与自洁功能也大为增强。

3. 超塑性

所谓超塑性是指在拉伸试验中,在一定的应变速率下,材料产生较大的拉伸形变。陶瓷的超塑性是由扩散蠕变引起的晶格滑移所致,扩散蠕变速率与扩散系数成正比,与晶粒尺寸的三次方成反比,普通陶瓷只有在很高的温度下才表现出明显的扩散蠕变,而纳米陶瓷的扩散系数提高了 3 个数量级,晶粒尺寸下降了 3 个数量级,因而其扩散蠕变速率较高。在较低的温度下,因其较高的扩散蠕变速率而对外界应力作出迅速反应,造成晶界方向的平移,纳米陶瓷表现出超塑性,使其韧性大为提高,如纳米 TiO_2陶瓷在 900℃可发生无裂纹形变,韧性提高了 50%。目前,纳米陶瓷材料产生超塑性的机理尚不够清楚,但一般认为陶瓷具有超塑性应具有较小的粒径和快速的扩散途径两个条件。

4. 烧结特性

纳米材料具有大量的界面，这些界面为原子提供了短程扩散途径及较高的扩散速率，并使得材料的烧结驱动力也随之剧增，这大大加速了整个烧结过程，使得烧结温度大幅度降低，烧结速率大幅度提高。纳米陶瓷材料的烧结温度比传统陶瓷材料低约 600℃，烧结时间也大为缩短。12 nm 的 TiO_2 粉体，不加任何烧结助剂，可以在低于常规烧结温度 400～600℃条件下进行烧结，同时陶瓷的致密化速率也迅速提高。

三、纳米陶瓷的应用

纳米陶瓷在建筑行业、电子陶瓷领域、抗菌（杀菌）方面、生物领域、军事领域、精密设备领域、环境领域都有广泛的应用。

纳米陶瓷可作为电子陶瓷应用于基板、包装、感测器、电容器、压电蜂鸣器和热敏电阻等。如纳米 Y_2O_3 和 ZrO_2 在较低温度烧结的陶瓷具有很高的韧性和强度，可用于轴承和刀具等耐磨器件；用纳米 Nd_2O_2 和 Sm_2O_3 等制作的多层电容和微波器件，性能都得到了很大的提高。由于具有超高纯度、好的热导性和长久的耐干扰性能，纳米陶瓷可以使微处理器集成化程度更高、运行速度更快，可作为下一代电脑芯片。

近十年来，我国陶瓷墙地砖就产量而言，已成为世界大国。但不少功能特性的品种、高档墙地砖的彩色釉料需进口；卫生陶瓷、装饰陶瓷无论是结构、功能，还是造型、色调、釉面质量等方面的差距更大，高档卫生陶瓷仍大量采用进口货。纳米复合功能建筑卫生陶瓷的开发，将使功能性建筑卫生陶瓷得到发展，例如荧光墙地砖、氧敏变色和具有保洁、抗菌功能特性的墙地砖。研究表明，纳米抗菌粉体的抗菌效果将更强，抗菌率可达到99.9%。因此它在保持陶瓷制品原有使用功能和装饰效果的同时能增加消毒杀菌及化学降解的功能。纳米磷酸锆载银抗菌粉体可用于 1 100～1 300℃一次烧成的日用瓷和卫生瓷产品中，抗菌时间可维持 20 年以上。

生物功能陶瓷是具有某些特殊生理行为的陶瓷，具有生物降解性和生物相容性，如人造牙齿、人造骨等。纳米陶瓷材料硅酸铝钇（YAS）就可以应用于癌症的治疗，初步临床表明，用这种材料治疗可以大大延长病人的寿命；纳米氧化锆陶瓷坚硬、耐磨、耐腐蚀且具有生物相容性，同时还具有多孔承载能力强等特性，代替传统医用植入体中的材料可以提高使用效果，降低费用；采用纳米颗粒进行复合制备的磷酸钙骨水泥，与机体亲和性好，无异物反应，并且材料具有可降解性，能被新生骨逐步吸收。

纳米功能防弹陶瓷以其优异的防弹性能、较轻的质量及相对便宜的价格已成为使用最为广泛的防弹材料。目前，国内外主要使用的特种防弹陶瓷有 Al_2O_3、B_4C、SiC、TiB_2、AlN、Si_3N_4 等。纳米陶瓷的红外发射率可达 0.3～0.95 范围，根据需要可广范围调节，且对高频电磁波的吸波率和透波特性也可广范围调节，已广泛应用于军工攻防武器装置和重要军事设施。

纳米陶瓷的应用还可以节约能源、减少环境污染（传统的陶瓷工业能耗大、污染重）。纳米陶瓷的烧结温度比普通陶瓷的低几百度，而且还可能继续下降，这样不仅可节省大量能源，还有利于环境的净化。

纳米陶瓷以其巨大的潜在优异性能，特别是室温超塑性、高韧性、低温烧结性等，给陶瓷工业注入了新的活力。随着纳米陶瓷研究的深入，必将引起陶瓷工业的发展与变革。

第三节 纳米介孔材料

1992 年美国 Mobile 公司的科学家们首次运用表面活性剂作为模板成功合成出介孔二氧化硅，这是继微孔沸石分子筛之后的又一类分子筛材料。它一诞生就得到国际物理学、化学与材料学界的高度重视，并迅速发展为跨学科的研究热点之一。

一、分类及结构特征

1. 分类

介孔材料按照化学组成分类，可分为硅基和非硅基组成介孔材料两大类，后者主要包括过渡金属氧化物、磷酸盐和硫化物等，由于它们一般存在可变价态，有可能为介孔材料开辟新的应用领域，展示出硅基介孔材料所不能及的应用前景。但非硅组成的介孔材料热稳定性较差，经过煅烧，孔结构容易坍塌，且比表面积、孔容均较小，合成机制还欠完善，不及硅基介孔材料研究活跃。

介孔材料按照介孔是否有序分类，可分为无序介孔材料和有序介孔材料。其中有序介孔材料是 20 世纪 90 年代初迅速兴起的一类新型纳米结构材料，它利用有机分子——表面活性剂作为模板剂，与无机源进行界面反应，以某种协同或自组装方式形成由无机离子聚集体包裹的规则有序的胶束组装体，通过煅烧或萃取方式去除有机物质后，保留无机骨架，从而形成多孔的纳米结构材料。

2. 结构特点

按照国际纯粹与应用化学协会（IUPAC）的定义，孔径大于 50 nm 的孔称为大孔，小于 2 nm 的孔称为微孔，孔径为 2～50 nm 的多孔材料称为介孔（中孔）材料。介孔材料具有以下特点：(1) 长程结构有序；(2) 孔径分布窄并可在 1.5～10 nm 之间系统调变；(3) 比表面积大，可高达 1 000 m^2/g；(4) 孔隙率高；(5) 表面富含不饱和基团等。

介孔材料具有蜂窝状的孔道，其孔道是有序排列的，包括层状、六方对称排列和立方对称排列等，可以让一些有机大分子、生物高分子通过，可以"筛选"沸石分子筛不能"筛"的大分子；此外，介孔材料由于量子尺寸效应及界面耦合效应的影响而具有奇异的物理、化学等许多优良的性能，这些性能使其在分离提纯、生物材料、催化、新型组装材料等方面有着巨大的应用潜力。

二、介孔材料的合成

近年来科学家们努力尝试各种方法来合成介孔材料，包括常用的利用表面活性剂机理合成介孔材料的软模板法，还有最近研究出来的新方法如硬模板法、纳米晶粒组装法等。这些方法大大拓展了介孔材料及其复合物的合成途径。

1. 软模板法

软模板（Soft Templates）法主要是指以表面活性剂或两亲高分子为模板剂，在溶液中利用有机相和无机物种之间的界面组装作用力，通过纳米自组装技术来合成有序的介孔材料。其合成机理主要是液晶模板机理和协同机理，适用于硅基和非硅基介孔材料。

最早提出并在后来普遍适用于硅基介孔材料合成机制的是液晶模板机理。该理论认为有序介孔材料的结构取决于表面活性剂疏水链的长度,以及不同表面活性剂浓度等,并提出两条可能的合成途径,如图 6-2 所示。

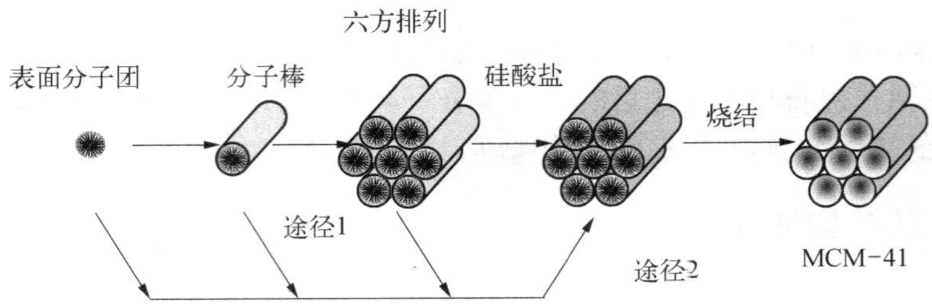

图 6-2 液晶模板机理模型示意图

途径一:当表面活性剂浓度较大时,先形成六方有序排列的液晶结构,然后硅铝酸根以液晶相为模板,填充于其中;途径二:加入的无机离子与表面活性剂相互作用,按照自组装方式排列成六方有序的液晶结构。液晶模板机理也适用于非硅组成的介孔材料的合成。

软模板合成路线的核心过程是溶胶-凝胶,通过对含有表面活性剂(模板剂)、硅源(有机硅酸酯、硅酸钠等)、钛源(有机钛酸酯、钛酸盐等)的溶胶-凝胶经历晶化过程而制得。晶化一般在升高压力和温度(25~200℃)下进行,晶化时间从几小时到几周不等,表面活性剂采用高温煅烧或其他物理化学方法(溶剂或超临界萃取等)脱除。该法所得的介孔分子筛材料中钛部分替代产物骨架中的硅原子,形成杂原子介孔材料。根据合成条件的不同,软模板合成路线法又分为水热合成、室温合成和微波合成等。

目前,大多数介孔材料都采用传统的水热法合成。如 Ti-MCM-41 系列分子筛在经典的水热合成条件下(T>100℃,自生压力),于碱性介质中通过正硅酸乙酯(TEOS)、钛酸丁酯(TBOT)等水解产生的硅物种和钛物种在静电作用下的超分子组装过程合成。其他的 Ti-SBA、Ti-MSU 等系列的介孔材料的合成也大多采用水热合成法。而室温合成法主要应用于 Ti-HMS 的合成。微波法是近年来新发展起来的合成方法,与传统水热合成法相比,大大缩短了反应时间,简化了操作程序,节能又经济。目前,Ti-MCM-41 和 Ti-SBA-15 除了传统的水热法合成也用微波法合成。Kang 等利用微波水热合成法在 373~393 K 制得 Ti-MCM-41,合成样品不仅具有平均 3 nm 的窄孔径分布,而且粒径分布窄(400~440 nm),小于水热法合成样品的粒径(590 nm)。

根据表面活性剂性质的不同以及与无机物种之间的相互作用力不同,可以制备出具有不同骨架和形态的介孔材料。无机物种与表面活性剂相互作用主要有两种类型:静电组装和氢键组装。静电组装是指无机前驱体和作为结构导向剂的表面活性剂胶团的极性端基之间静电荷密度的匹配。通常离子表面活性剂与无机硅物种之间通过超分子静电组装合成 MCM-41 系列及其他结构的介孔分子筛。这种作用合成出的分子筛孔径较小,孔壁较薄,水热稳定性较差。氢键组装是指无机前驱体和表面活性剂端基通过氢键相互作用的组装,通常非离子表面活性剂和嵌段共聚物和中性无机物种之间是通过氢键作用组装的。与静电匹配途径相比,经氢键作用途径合成的介孔分子筛具有较厚的孔壁,介孔骨架结构的热稳定性及水热稳定性较高。

2. 纳米晶粒组装法

纳米晶粒组装法是近年来发展起来的一种介孔材料的新制备方法。其合成机理同经典的软模板法合成介孔材料非常类似，不同之处在于软模板法一般是由无机前驱体离子在模板剂上的自组装，而纳米晶粒组装法是由经表面修饰后的成型纳米晶粒（一般为几个纳米）在模板剂上的自组装。这种方法特别适用于介孔金属、金属氧化物和金属硫化物的合成。纳米晶粒的组装过程如图 6－3 所示，首先合成金属氧化物的纳米晶粒，再用修饰剂对其表面进行修饰，然后在表面活性剂的协同作用下组装成具有介孔结构的复合材料，最后通过煅烧除去模板剂，即得到介孔材料或介孔复合体系。如此制备的介孔材料，兼具纳米晶的特征（小尺度、尺度可控、粒径分布窄）和介孔材料的特征（一维或三维的纳米线阵列及均匀的孔径分布）。这对于研究介孔材料的电学、磁学、传感性能及催化性能，并通过与单纯的纳米晶的性能比较，进一步研究由于介观尺度上的有序排列所导致材料性质的变化具有重要意义。

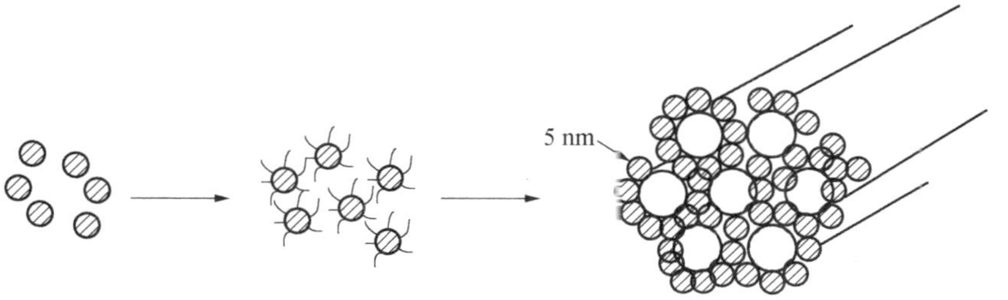

图 6－3　纳米晶粒组装过程

Corma 等利用预合成的直径为 5 nm 的胶状分散的 CeO_2 球形晶粒为前驱体，用氨基酸对其进行官能化修饰，然后以嵌段共聚物 P123 为模板，在水溶液中进行纳米晶粒自组装合成了大比表面积的、热稳定的六方结构的介孔 CeO_2，其用作染料敏化太阳能电池的光阳极时表现出了较高的电极效率。纳米晶粒组装法的优点在于能使修饰后的纳米晶粒保持很好的形状和大小，不会发生纳米晶粒结块长大，因此保留了材料本身的纳米性质。

3. 硬模板法

软模板法对非硅基体系的合成存在一定的局限性，特别是过渡金属氧化物，由于其水解速率难以控制以及变价离子的存在，使得用软模板法合成有序的介孔金属氧化物及其复合物有很大的难度。同时利用表面活性剂模板法合成的介孔金属氧化物，其孔壁是无定形的，这大大限制了其在催化和微纳系统等领域的应用。针对上述情况，出现了另一种合成介孔材料的可取方法，就是利用有序的介孔材料作为硬模板(Rigid Templates)，通过纳米复制技术得到其反介孔结构。硬模板法的主要过程是利用预成型的有序介孔固体的空穴，内浸渍所要求的无机盐前驱物，随即在一定的温度下矿化前驱物使其转变成目标组分，最后除去原固体模板得到了所要求组分的反介孔结构材料。图 6－4 为硬模板法的制备过程。

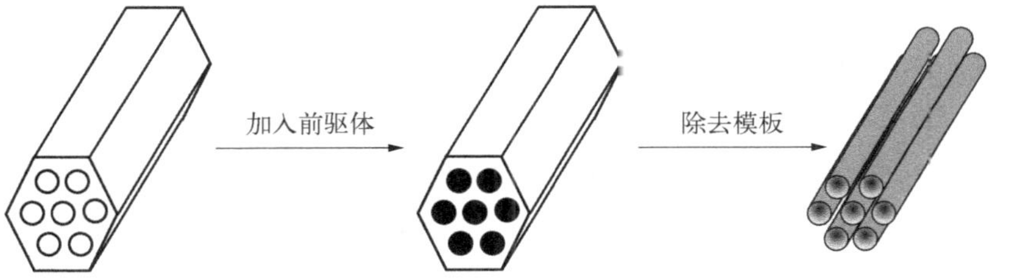

图 6－4　硬模板法制备过程

利用介孔硅作为模板合成介孔材料最典型的例子就是合成介孔碳。Ryoo 等首先使用 MCM－48 为模板，以蔗糖为碳源合成介孔碳材料 CMK－1。利用同样的方法，他们又使用 SBA－15 为模板合成了六方的介孔碳 CMK－3。此外，又有人成功地利用介孔碳 CMK－3 为硬模板来反向复制得到了六方结构的介孔 SBA－15。用这种方法生产介孔硅从经济上考虑虽然没有价值，但给我们提供了一种合成介孔材料的新方法，即可以利用介孔碳为硬模板来合成介孔新材料。

Kim 等利用 CMK－1(由 MCM－48 复制得到)为模板合成介孔硅 HUM－1。奇怪的是，这种反向复制得到的介孔材料不同于上述由 CMK－3 得到 SBA－15，HUM－1 与 MCM－48 的介孔结构明显不同，而且这种介孔硅材料 HUM－1 也无法通过传统的表面活性剂模板路径得到。到目前为止这是合成这种介孔氧化硅材料的唯一方法，这说明使用硬模板法可以复制得到新的介孔材料。复旦大学高滋研究小组也已经将上述方法变成了现实。他们首先合成介孔碳小球，然后以介孔碳为模板合成氧化钛、氧化锆、氧化铝、磷酸锆和磷酸铝等介孔实心或空心小球。类似地，Tiemann 等利用介孔碳 CMK－3 为模板，成功地合成了介孔有序的氧化镁。

三、介孔材料的应用

介孔材料的应用经过十五年的研究，介孔材料的性能逐渐为人们所理解和掌握，吸引了越来越多不同领域研究者的关注，在各个领域内显示了广泛的应用前景。

1. 化工领域

介孔材料是很好的“纳米微反应器”，其尺寸均一的大纳米孔道为许多尺寸较大分子的催化反应提供了优良的反应场所，显示了明显的空间限制效应。通过各种化学的或物理的方法，可以将各种各样的催化剂组装或引入到介孔材料的孔道中，或者利用一定的化学键作用将催化剂“锚钉”到介孔材料的孔壁上或孔壁骨架中，实现催化剂的高度分散和固定，尤其在大体积分子参与的化学反应中更突显其优势。例如，在直接作为酸催化剂使用时，能够改善固体酸催化剂上的结炭，促进产物的扩散，从而提高转化率和选择性，为重油、渣油等催化裂化开辟了新天地。又如，在有序介孔材料骨架中掺杂具有氧化还原能力的过渡元素、稀土元素或者负载氧化还原催化剂制造接枝材料。这种接枝材料具有更高的催化活性和择形性，这也是目前开发介孔分子筛催化剂最活跃的领域之一。

2. 生物医药领域

一般生物大分子如蛋白质、酶、核酸等，当它们的相对分子质量在 1 万～100 万之间时，尺寸小于 10 nm；相对分子质量在 1 000 万左右的病毒，其尺寸在 30 nm 左右。有序介孔材料的孔径可在 2～50 nm 内连续调节和无生理毒性的特点使其非常适用于酶、蛋白质等的固定和分离。实验发现，葡萄糖、麦芽糖等合成的有序介孔材料既可成功地将酶固定化，又可抑制酶的泄漏，并且这种酶固定化的方法可以很好地保留酶的活性。药物的直接包埋和控释也是有序介孔材料很好的应用领域。有序介孔材料由于具有巨大的比表面积和比孔容，可以在材料的孔道里载上卟啉、吡啶，或者固定包埋蛋白等生物药物，通过对官能团修饰控释药物，提高药效的持久性。通过对材料修饰磁性纳米粒子，可以定向控制药物的输运。

3. 环境领域

一些有毒有机化学污染物难于降解，并具有生物积累性和三致(致癌、致畸、致突变)作用或慢性毒性，有的通过迁移、转化、富集，浓度水平可提高数倍甚至上百倍，对环境和人体健康是一种潜在威胁，日益受到人们的关注。在水中优先控制的污染物中，有毒有机氯化物是环境污染防治的重中之重。这些氯化物的主要来源是有机农药、工业洗涤剂、消毒剂和化学武器等。解决地下水中有毒有机氯化物污染的办法一般采用光催化降解反应和催化加氢脱卤反应。负载贵金属催化剂(第Ⅷ族金属)是高效加氢脱卤反应催化剂，操作简单、安全，并且不产生二□英。其中，负载钯催化剂对多氯烷烃等有很高的加氢脱卤反应活性。但是，这些催化剂多应用于高温高压气相反应，以及含有机溶剂的液相反应中，且反应的条件很苛刻。此外，有机溶剂本身对地下水也可能造成污染，因此迫切需要开发用于水溶剂中多卤代有机物加氢脱卤反应的高效负载钯催化剂。而有序介孔材料由于具有宽敞的孔道、均匀的孔径分布，可以使活性位置更容易分散，同时，利用疏水的碳为载体，更有利于疏水反应物在水溶剂中与催化剂接触，有利于提高催化活性。

目前在国内已有多家科研机构和单位从事有序介孔材料的研究开发工作。其中，复旦大学赵东元教授课题组在有序介孔材料的合成和结构研究领域取得了丰硕的成果。他们合成了一系列以复旦大学命名(FDU 系列)的新型介孔分子筛材料，被很多国际同行研究和使用。他们提出了普适的“酸碱对”路线，按无机物的酸碱性(p*K*a)大小进行反应配对，控制金属离子的水解，成功地合成了一系列高质量的、热稳定的、大孔径的、高度有序的、各种组成的、多种结构的非硅介孔氧化物、混合氧化物、金属磷酸盐(硼酸盐)、混合金属磷(硼)酸盐等介孔分子筛。最近，他们又选用一种低相对分子质量可溶性的酚醛树脂作为高分子前驱体，商品化的三嵌段聚合物 PEO－PPO－PEO 为模板，通过溶剂挥发诱导有机-有机自组装，制备了一类高有序度的高分子和碳介孔材料，分别命名为 FDU－14(*Ia*3*d*)、FDU－15(*p*6*m*)和 FDU－16(*Im*3*m*)。采用 PPO－PEO－PPO 型和 PEO－b－PS 型嵌段共聚物为模板分别得到了介孔碳 FDU－17(F*d*3*m*)和 FDU－18(F*m*3*m*)。同时，利用水相下嵌段共聚物与酚醛树脂的有机-有机自组装，也成功地合成出了介孔碳材料(FDU－14，15 和 16)，使得介孔碳的大批量制备成为可能。另外，通过控制条件还制备了介孔碳 FDU－16 单晶。在上述研究的基础上，他们还将有机-有机自组装方法扩展到三元共组装体系，成功地合成出了有序介孔高分子-氧化硅和碳-氧化硅纳米复合材料，得到了具有开放孔道的有序介孔高分子和碳材料，打破了传统的硬模板合成的限制，推动了有序的碳介孔材料在吸附、分离、催化剂载体、电极材料和储氢等领域的应用。

可以相信，随着研究工作的进一步深入，有序介孔材料像沸石分子筛那样作为普通多孔性材料应用于工业已不遥远。

第四节　纳 米 金 属

所谓纳米金属(Nanometal)是利用纳米技术制造的金属材料，具有纳米级尺寸的组织结构，在其组织中也包含着纳米颗粒杂质。近年来，在金属材料领域，在纳米尺度进行组织结构控制的研究工作十分活跃，发现了不少新的奇特性质，显著提高了材料的性能。人们关注这种纳米技术的初衷，是希望包含有数十至数百个原子的原子凝聚物能够显现出不同于原子、分子或大块材料的量子尺度效应或纳米尺度效应，特别是纳米尺度效应。事实上这是金属材料领域很早以来就一直在进行研究的一个重要课题。

一、纳米晶化技术

图 6 - 5 列出了使金属材料结晶化所使用的各种传统技术和新型技术，下面分别加以介绍。

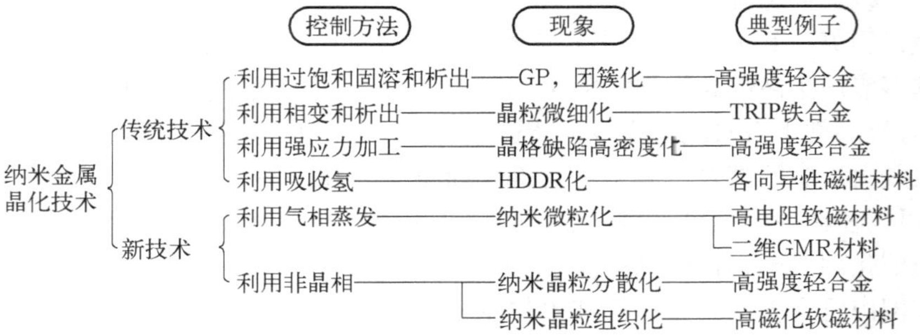

图 6 - 5　纳米金属晶化技术的分类、所利用的现象以及典型实例

1. GP 和团簇化

这是利用过饱和固溶体(Solid Solution)析出现象的一种控制纳米组织的方法，对于没有晶格形态变化的铁一类金属，人们早就在用这种方法来提高材料的强度，特别是还利用这种方法来制造飞机用的铝合金材料——硬铝。通常，在从过饱和固溶体状态到析出稳定相之前有一个析出前阶段，在那一阶段将形成 GP 区，或者有准稳定相析出，人们便利用这一现象来提高材料的强度。最近，人们对这些准稳定相加以控制，设法在此析出前阶段形成纳米团簇，取得了很好的效果。设法在晶粒间界和间界附近形成无析出带(PFZ)，这种控制方法也能够在相当大的程度上提高材料的性能，尤其对于提高材料的可锻性和成型性效果明显。利用过饱和固溶体析出过程来提高材料性能的一个实际应用例子，是通过精确控制 Al - Mg - Si 系合金的组织结构来制造汽车所使用的板材。这方面的研究，对于减轻运输机器的重量和解决环境问题都会起到积极的作用。

2. 晶粒微细化

在组织结构中，晶粒的大小对强度的影响最大，利用相变使晶粒微细化的现象，可以把晶粒大小控制到微米量级。通过晶粒微细化，不仅能够提高材料的强度，而且还能够增加材料的延展性，因此人们总是在寻找使晶粒微细化的新方法，希望能够把晶粒大小减小到纳米量级。例如，500 MPa 号的钢材，当晶粒被微细化至 1 μm 左右时，其 0.2%屈服强度即提高到 700 MPa，而且由延展性变为脆性的转变温度也下降至液氮温度以下。因此，人们总是希望能够把晶粒大小进一步减小至微米以下。

3. 冷加工技术

使晶粒微细化的一种最简便的方法，就是进行冷加工。这其中，最重要的是反复辊轧法(ARB)、等断面剪切加工法(ECAP)和机械研磨法(MM)。ARB 法是把多层冷轧板叠合起来再进行滚轧，以增加材料内的应变。这种方法能够使材料内部蓄积起非常大的应变，而且还能在板材之间的结合面形成大倾角的晶粒界面。ECAP 法是利用 L 形的模具，采取强制手段使材料产生剪切形变。这种方法的优点是加工后材料的断面面积不变，仅仅是应变增加。MM 法是利用硬质球珠的动能来把材料研磨成金属粉末，再通过同冷锻一样的加工操作使粉末结合成整体，然后再研磨、冷锻，如此反复多次，最后形成纳米晶粒，同时也在材料中生成高密度的位错。

4. 吸氢技术

利用吸收氢的技术是把材料置放在氢气氛围中于高温下保持一段时间，然后再经热处理除去材料中所含的氢，结果，由于化合物在与氢发生反应的过程中，其内部组织得到微细化，最后制成的就是性能非常好的黏结在一起的磁粉。最近，又有人把这种氢处理方法应用于钛合金，希望得到纳米尺度的结晶组织，其目的是想找到一种利用超塑性的加工方法。这种氢处理的技术，今后还可能应用到其他金属材料上。

5. 利用非晶相的技术

使非结晶相发生纳米结晶化的研究，其动力来自于 1988 年的一项发现，即非结晶合金在结晶化以后，它的软磁性能得到了改善。接着在 1990 年，又发现了纳米晶粒在其中作分散分布的非结晶 Al 基合金。这些材料全都是把经由液体骤冷得到的金属作为原材料，通过低温加热，使其内部在结晶化的初期生成纳米晶粒而得到的。它们的组织特点是，在非晶相内均匀地分布着许多只有 10 nm 大小的超微晶粒。这些纳米晶粒难以在高温下生成，若采用普通方法，是极难得到这样的特殊组织的。因此，为了获得这种新材料而使用的那些新颖的控制内部组织的方法，便十分引人注目了。非晶相是溶质元素以均匀分布的方式固溶在其中的一种均质相，可以把各种溶质加以固溶，并能够逐渐增加溶质的数量，直至得到过饱和固溶体。过饱和固溶体属于一种能量很高的非平衡态，因而在低温下会析出其中的溶质，而且由于存在结构和组分的不均匀性，这些析出物将会在基质内各处形成无数均匀分布的晶核。又由于非结晶相是一种无各向异性的结构，因此，晶核在生长中将保持球形。在普通的结晶材料中，要想通过精密控制在晶核出现和生长的初期形成纳米大小的粒子，是十分困难的，但是，采用从非晶相生成晶粒的方法，由于上述原因，对材料组织进行控制就不再是难事，而且这样形成的纳米粒子还十分稳定。

二、尺度效应

纳米多晶合金因其独特的物理和机械性质备受人们关注。尤其是当晶粒直径小于 10 nm时，会有 20%～50%原子都位于晶粒界面上，这样的纳米多晶体将有可能显示出普通晶体材料所不具备的某些特殊性质。例如，在物理性质方面，已经知道会出现软磁性、非常大的磁电阻效应(Magnetoresistance Effect)和异常霍尔效应(Hall Effect)等；在机械性质方面，已经知道会出现超弹性、超塑性、高强度和高延展性等。这其中，最明显的尺度效应是高强度化和软磁化。

对于金属结晶材料，材料的强度同晶粒的大小有关，强度按照霍尔-佩琦定律与晶粒直径的 $-1/2$ 次方成正比。按照这样一种正比关系，如果晶粒的大小进入纳米范围，材料的强度便应该会得到极大的提升。在图 6-6 中定性地给出了抗张强度与晶粒直径之间的关系。最近有研究表明，即使已经进入纳米范围，继续减小晶粒直径，材料的强度仍然会直线上升。这是目前在不降低延展性的

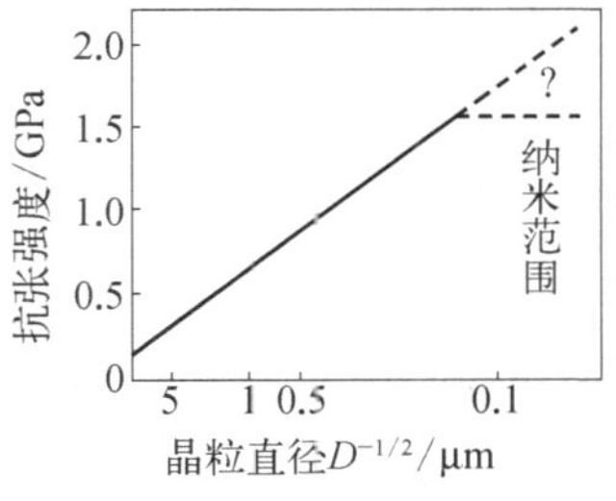

图 6-6 钢的晶粒直径与其抗张强度之间的关系

前提下提高材料强度的唯一方法，其重要性不言而喻。另有一些合金，在晶粒减小到纳米尺度以后，结晶磁各向异性消失，变成了软磁合金，这种新型软磁材料已经得到实际应用，并被制成了许多产品。

三、纳米金属材料的应用

1. 非晶态轻合金

1990年，有人成功地制成了一种高强度的铝合金，其屈服强度达到了令人震惊的1 600 MPa。该合金的非晶相中以10%～20%(体积分数)均匀地分布着直径为5～10 nm的Al微粒，正是这些纳米粒子使合金具有非常高的强度。当时猜测，这可能是由于分散的纳米Al粒子阻碍了非晶相变形的缘故。后来在Mg合金和Ti合金中也观察到了这种能够增加材料强度机制，从而证实了这是一种普遍现象。图6－7中显示了近一个世纪来铝合金的强度不断得到提高的历史，纳米晶粒分散型非晶态Al合金在此发展过程中对于提高铝合金材料强度所起的重大作用。目前，使用将铝粉末固化成型的方法，人们已经将这种材料试制成线材和板材等制品，目的是要把它们尽快投入使用。

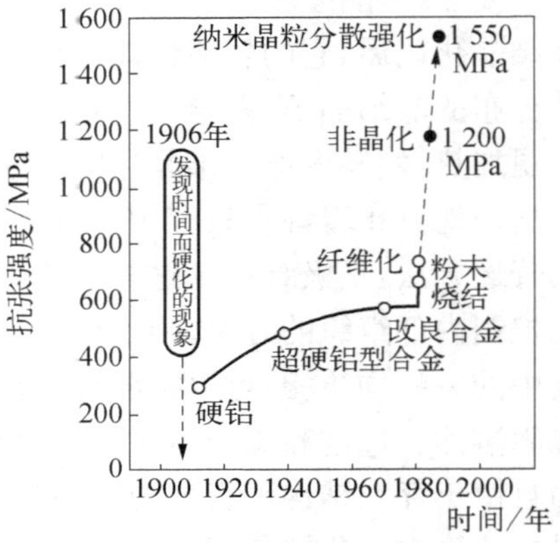

图6－7　铝合金的强度随时代而提高

美国巴尔的摩港的霍普金大学的研究人员新近成功地研究出利用金属加工技术和热处理相结合的方法，由工业纯铜材制得了强度极高(相当于传统铜材6倍)且韧性也优良的纳米结构铜材。其制取方法是首先将工业纯铜材放置于液氮(温度为－196℃)中保持3～5 min，取出后轧制到大约1 mm的厚度，每道轧制之间都要把铜材浸入液氮中冷却。经过这样的轧制变形之后，铜材便会产生高密度位错，而低温又会使其缺陷保持原始状态。随后把加工变形的铜材放入炉中加热到200℃保温3 min，使其发生再结晶并形成几乎无位错的超细晶粒。这种铜材经过冷轧后具有较高的位错密度，而在热处理时通过再结晶而形成了极细(粒径只有二三百纳米)的晶粒组织，是原始晶粒的几百分之一，这就大大提高了这一材料的强度。通过控制热处理的温度可使20%～25%的晶粒发生“反常晶粒长大”，这样就形成了纳米晶粒与粗晶粒的混合组织，最终产品既具有极高的强度又具有优良的塑性。这一新工艺还将运用到其他纯金属材料的生产中。

2. 纳米结晶软磁合金

非晶软磁合金的主要成分是Fe－Si－B合金，其中添加有少量的Nb和Cu。把原材料加热，使之产生结晶，结果便得到由无数纳米大小的Fe微粒结合在一起的凝聚组织，其饱和磁化强度达到1.2～1.4 T，而磁导率则达到数十万。发现这样一种由纳米结晶化而产生的软磁性，在磁性物理学中也是一个重要的研究课题。这种类型的材料再进一步发展，于1990年又发现了不少属于Fe－M－B(M可以是Zr，Nb，Hf等)系的新的软磁合金，它们全都具有非常高的饱和磁化强度(1.4～1.6 T)。研究表明，这类纳米结晶合金并非只有单一的组织，材料的大部分都是由直径为20 nm晶粒的界面构成的，然而也有少量残存的非晶相，属于一种纳米复合组织。因此，这种组织十分稳定，其中的粒子生长缓慢，加热到600℃才不过生长到数十纳米。

3. 超塑性加工材料

纳米金属材料与微晶金属材料相比，其形变速度提高了 2～3 个数量级，因而有望实现高速塑性加工，这正是人们长期盼望的一种理想的超塑性材料。如具有纳米结晶组织的铝合金，内部的晶粒比传统材料中的晶粒小得多，几乎能够以工业生产所能达到的极限变形速度进行塑性加工。

第五节　纳米高分子

纳米高分子(Nano-polymer)(全称纳米结构的自组装高分子)包括小分子间通过非共价键形成的高分子以及高分子间通过非共价键形成的高分子聚集体。

纳米高分子不仅有链状聚合物(Chain Polymers)，还有梳状聚合物(Comb Polymer)、星状聚合物(Stellate Polymer)、超支化聚合物(Ultra-branch Polymer)和树枝状聚合物(Dendritic Polymer)，这些都是有分支的高分子。如图 6－8 所示的是由构造单元的单体重复连接起来而形成的合成高分子(聚合物)。

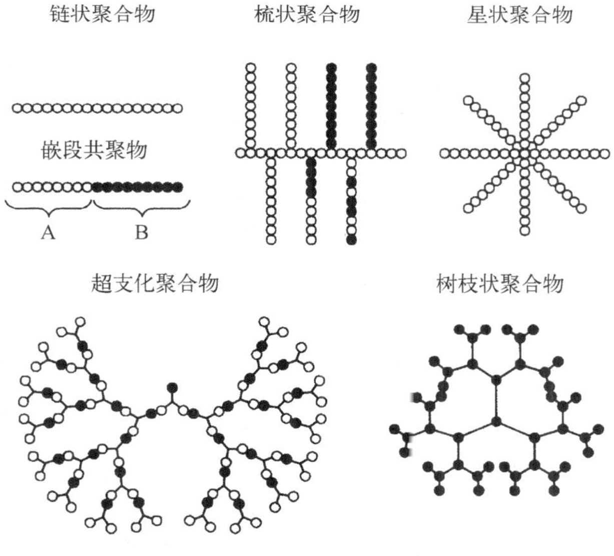

图 6－8　链状聚合物、嵌段共聚物以及各种分支高分子(聚合物)示意图

纳米高分子均有这种由主链结构所决定的特征三维结构(高阶结构)。然而在蛋白质和核酸等天然高分子中，它们的结构却同时存在着碳中心不对称和螺旋不对称(如图 6－9 所示)。在这种情形能够出现高阶结构，主要是因为存在着氢键(NH…O—C)的缘故。在很多情况下，即使没有这样的支持键，在固体状态以主链作为基本构造作规则连接，也能够形成具有螺旋结构的合成高分子(例如全同立构聚合物)。

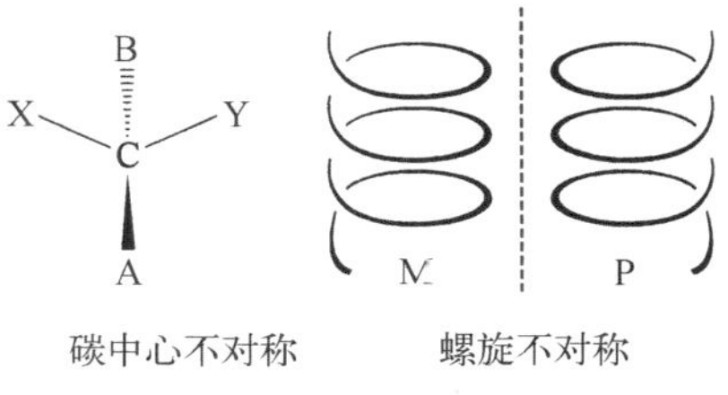

图 6－9　碳中心不对称和螺旋不对称

一、螺旋结构高分子

在主链没有不对称碳的聚合物中引入有光学活性侧链的聚异氰酸盐或者聚异氰化物等手征型高分子（如图 6－10 所示），它们虽然没有像氢键那样的支持键，却也能够在溶液中保持稳定的螺旋结构。不仅如此，还可以把这种螺旋结构进一步凝聚，构建出超螺旋的或者棒状的纳米结构物。侧链上有羧酸的共轭高分子聚乙炔，如果受到具有光学活性的胺的作用，还可以形成偏向一个方向的螺旋结构（如图 6－11 所示）。

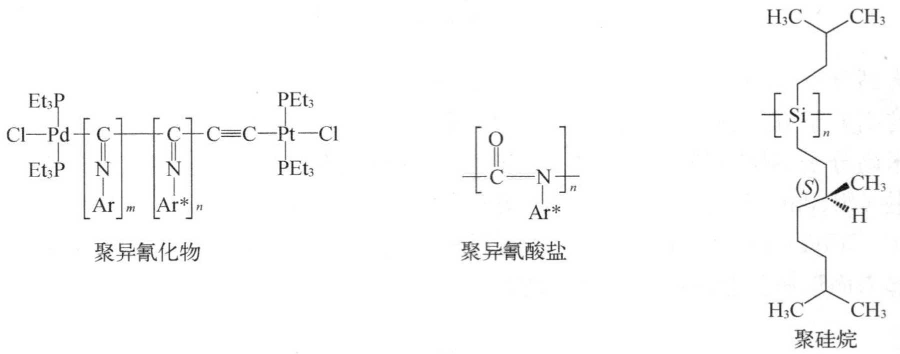

图 6－10　手征型高分子（聚异氰化物、聚异氰酸盐和聚硅烷）

具有光学活性的聚硅烷，由于其内部的 δ 电子被局域化，将显示出它的螺旋状一维硅主链的特征紫外线吸收、圆偏振光二色性和荧光。只需选择相应的侧链基，就可以使主链的形状发生非常大的变化，从螺旋形直到直棒形。因此，在作为高分子主干的主链骨架上，添加侧链基，就不仅可以控制它的高阶结构，而且还可以控制它在光和电子方面的物理性质。

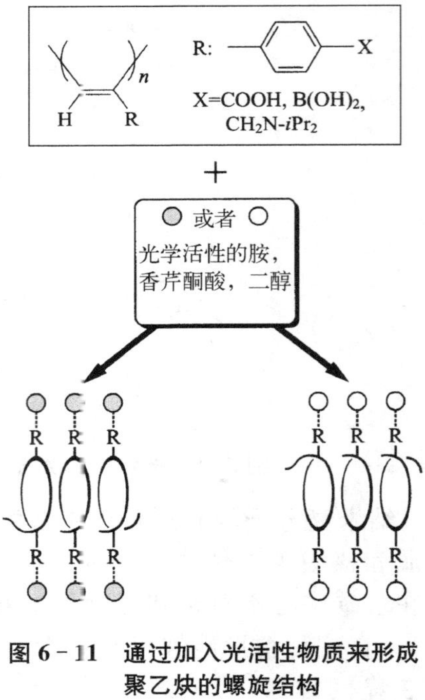

图 6－11　通过加入光活性物质来形成聚乙炔的螺旋结构

二、嵌段共聚物

在嵌段共聚物中，大部分自组装利用的是不同嵌段的亲疏水效应，将两条不相容的分子链通过共价键连接起来，这样既阻止了链段完全分离，同时又实现了相分离，可以获得分子链段周期性有序的片状、圆柱状和球状等相。这些不同形状相是由于分子链的不对称而形成的。这就像液膜一样，如果两边张力不等，液膜就会弯曲，而由于曲率的不同会形成各种形状。对于嵌段共聚物来说，微相分离时表现出来的形成由嵌段间的体积分数来决定。当链段的对称性极差，即其中一嵌段占的体积分数非常小时，分子链聚集成球状；当链段对称性比较差时，形成圆面积柱状；嵌段对称性好，形成片板状；在片状和圆柱状之间还可形成螺旋状。

嵌段共聚物就其组成嵌段的柔顺性划分可分为缠绕-缠绕型(Coil-coil)和刚棒-缠绕型(Rod-coil)。

1. 缠绕-缠绕型嵌段共聚物

缠绕-缠绕型嵌段共聚物(软-软型嵌段共聚物)可分为双嵌段 AB 型和三嵌段的 ABA 型以及星形嵌段共聚物,如$(AB)_n$、A_mB_n和 ABC 型。其形态和相行为在理论上和实验上都已被广泛地进行过研究,而且传统上应用也比较广泛,如用作热塑性弹性体、高分子合金的增溶剂等。现在的研究热点在于根据其嵌段的不对称和相分离,研究其在聚集时的自组装行为。这种自组装主要是形成核壳模型和各种纳米结构粒子,如纳米球、碳纳米管等,同时还包括凝聚态时的晶格形成及其转变。

$(AB)_n$型星形不对称双嵌段共聚物(n 为奇数)一般形成核壳(Core-shell)粒子,而且随着双嵌段组分的不同,其形状能发生改变。Thomaselal 等对 PS-b-PI 的(SI)型的研究发现,在 PS 的体积分数为 0.27～0.28 时,能形成有序的双连续的双棱形结构,其中 PS 为双棱形网络,而 PI 则为阵列。n 为偶数的对称双嵌段,其一般形成周期性的片状结构,且其片间距离为嵌段臂长。

A_mB_n型星形嵌段共聚物,因为其通过异质臂(Heteroarm)构成,一般易形成强的相分离趋势。Milner 提出相图来解释不同结构的形状与体积分数以及自由能的关系(如图 6-12 所示)。

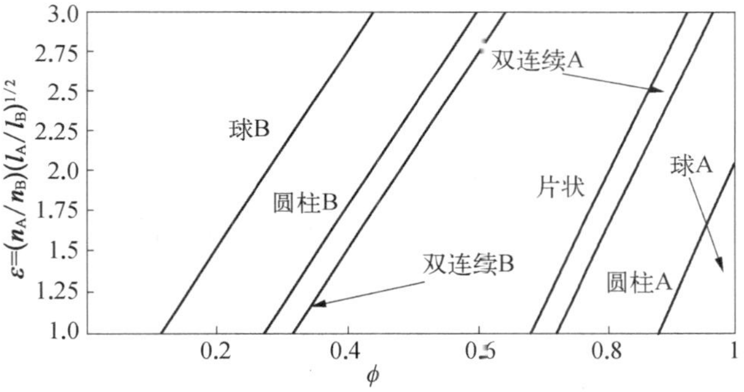

图 6-12　相结构体积分数及自由能关系

ABC 型星形嵌段共聚物的 TEM 和 SAXS 表明其能形成三重对称和 P6mm 对称。对质量分数为 S/DMS/BMA=36/26/38 的 PS-PDMS-PBMA 的观察发现,三角形的二维阵列表现出三重对称。这表明由 3 个不同的组分组成的三连续网络结构存在。

2. 刚棒-缠绕型嵌段共聚物

刚棒-缠绕型嵌段共聚物是在聚合物分子链中含有一段刚性的链和一段柔性的链。对硬-软嵌段共聚物的研究以前较少,其主要原因在于其合成比较困难。近年来,由于发现含刚棒的双嵌段共聚物在选择性溶剂(溶解其中一个嵌段)中能通过自组装形成一些特定形状的纳米结构而引起广泛关注。

由于含有刚性的硬段对称性很差,其自组装不仅能形成纳米结构,甚至能形成微米结构粒子,Gilles Widauskl 等较早地报道了聚苯乙烯-b-聚对苯撑(PS-b-PPP)双嵌段在二硫化碳中形成星形球。刚性嵌段 PPP 通常是不溶于二硫化碳溶剂,聚集成空球壳,柔性嵌段 PS 分散在其周围,球的直径为 0.2～10 μm。蒸干溶剂,该共聚物则组装成尺寸单分散性的多孔膜，粒子排列成规整的六方阵列。S、I、Stupp 等合成了一个三嵌段共聚物，以聚苯乙烯和聚丁二烯为柔性段，以芳香族聚酯为刚性段，多分子聚集在一起，自组装成规整的蘑菇状的超分子结构。Engeng 等进一步发现这种超分子结构在转变成宏观物体时仍能保持其形状和尺寸。Samson A Jenekhe 等研究了聚苯乙烯-b-聚苯基喹啉(PPQ-b-PS)在选择性溶剂三氟乙酸(TFA)与二氯甲烷(DCM)中的自组装行为。通过控制混合溶剂比例和蒸发速率，该聚合物能得到不同形状(球状、圆柱、囊状)的超分子结构(如图6-13所示)。

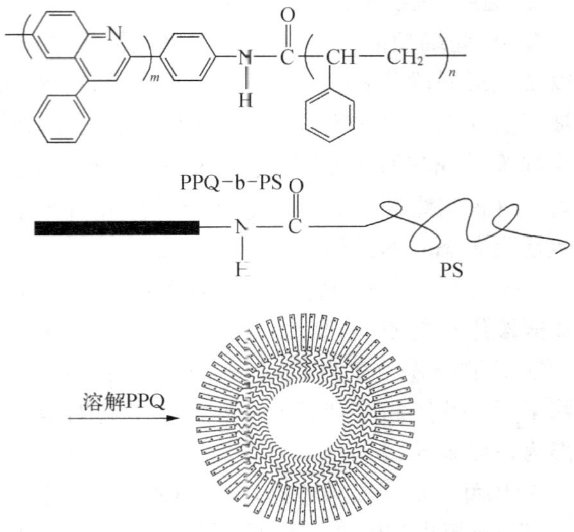

图 6-13　PPQ-PS 在选择性溶剂中自组装结构

聚集体的微粒尺寸在微米级，如果在溶液中加入富勒烯，则富勒烯能被聚集体包裹而溶解，空球中能包裹 10^{10} 以上的富勒烯。进一步的研究表明，在 PS 的选择性溶剂二硫化碳中，形成外软内硬的球，与在 TFA 和 DCM 中形成的内软外硬球相反。

对于主链液晶，自组装限制在线性和片状近晶超分子结构，棒状单元平行排列成长轴状。而嵌段的共聚物含有排斥链段。这有利于控制超分子结构，例如，聚苯乙烯-聚己基异氰酸酯(PS-B-PHIC)呈现液晶态，微观形态上呈现近晶 C 型和近晶 O 型，微观尺寸从数十纳米到 1 μm，结构随硬段体积分数变化，在数十微米区域内呈现长程有序。

三、树枝状高分子

树枝状高分子(Dendritic Polymer)是单分散性的大分子，这种分子有规则地高度支化成三维分子构架，是从一点出发伸展开来的结构。早期并没有对其实际应用进行探讨，直到近年来，在进一步了解树枝状高分子的独特结构和性能后，才开始将其广泛应用到催化、药物释放和新材料设计等领域。

在自组装树枝状分子结构提出以前，树枝状分子的设计都是通过共价键将树枝与核相连，后来发现通过氢键、金属配位和亲疏水效应等也可以自组装成树枝状高分子。继而，树枝状分子化学先驱之一的 Donald Tomalia 较早地提出了将树枝状高分子自组装成纳米结构。Zimmenan 等利用树枝状分子核间氢键的相互作用和树枝间的范德瓦尔斯力和 π 堆积效应进行组装，可以形成直径为 6 nm，厚 2 nm 的圆盘状纳米结构。Atsushi Ikeda 等合成了含糖核的树枝状大分子，由于糖核间存在氢键相互作用，分子自组装成球状的粒子。而且还发现，随着树枝代数增加，球状粒子尺寸减小，这是由于空间拥挤引起解聚作用，可通过这两种相反效应的平衡来控制粒子尺寸为几个纳米到上百纳米。Newkome 等观察到了外层含有 36 个羰化物的烷烃树枝状分子，当使用四甲基铵正离子为外部基团时，单分子呈现球状结构，且其尺寸为 3 nm；当使用羧酸为外部基团时，也能观察到分子聚集的纳米结构，这很可能是分子间氢键作用导致的。

不同类型的含金属配位的树枝状分子在固态表面能形成单分子球状结构。Van Veggel等报道了包含钯的树枝状大分子。这种含金属的分子能形成半径为 15～20 nm，高度为4.2 nm的球状聚集体。

树枝状分子的自组装不仅限于氢键和金属键的相互作用。还可通过分子的亲疏性进行组装。Meijer 等报道了一种树枝状嵌段共聚物，这种共聚物以聚苯乙烯为核，其为亲油性；以聚丙烯亚胺为树枝，其为亲水性。由于相分离的存在而自组装为球状胶束或者囊状超分子纳米结构。

纳米结构的自组装高分子研究方兴未艾。随着现代分析测试技术的发展，以及原子力显微镜、隧道扫描电镜、动态光散射等先进测试技术的应用，纳米结构的高分子自组装机理将得到深入了解，并将应用到设计特定的纳米结构材料上，最终实现仿生物体系的组装。2005 年中国科学院合肥智能机械研究所张忠平研究员与新加坡国立大学、国家材料工程研究院的科研人员合作，成功地利用廉价原料、简单的过程在常温下合成了类似生物组织的三维树枝状分支的纳米花（如图 6－14 所示）。研究发现，利用生物分子的结构修饰效应可以

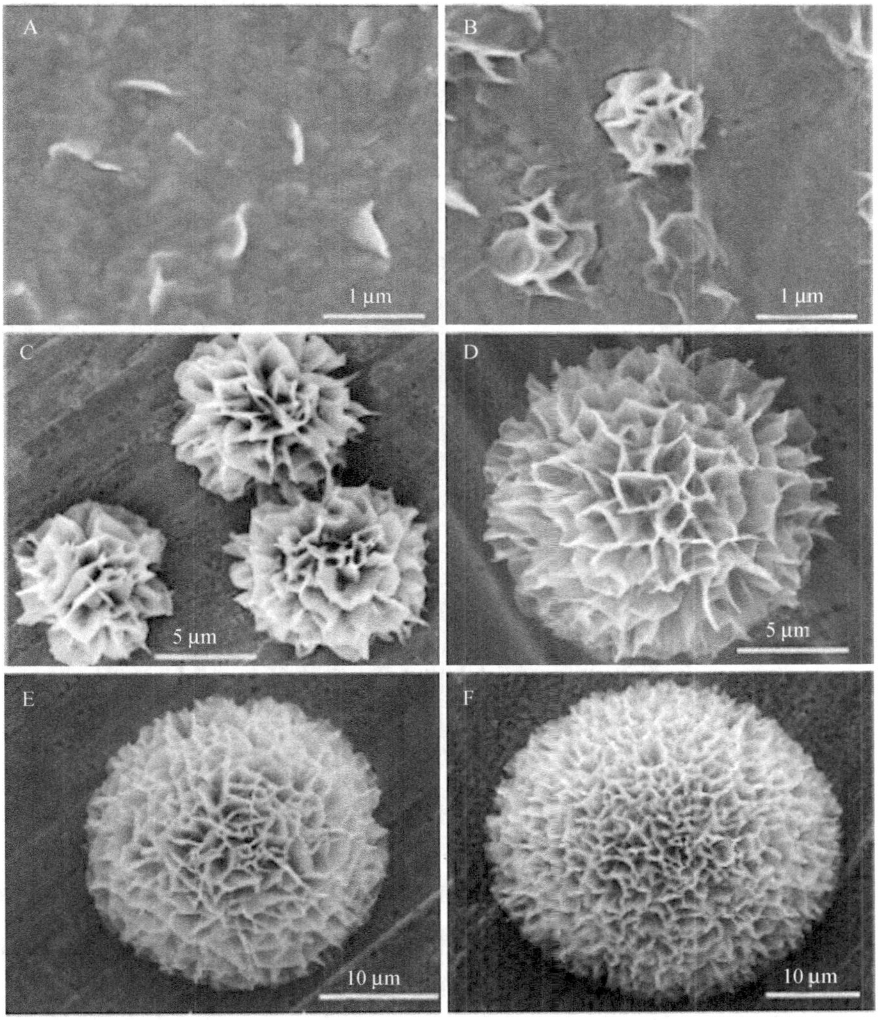

图 6－14　生长了不同时间的纳米花（A. 2 天，B. 3 天，C. 4 天，D. 5 天，E. 6 天，F. 9 天）

进一步对纳米花进行构造装饰，衍生出新的复杂纳米构造。三维纳米花作为一个例子很好地证明了模拟自然可以开辟纳米结构设计与合成的新途径。著名国际性杂志“NanoToday”在2005年5月7日以“纳米花正在开放”为封面标题对这一研究成果作了重点介绍。编辑认为，该项研究对自然界生物纳米超结构的形成提供了新的解释。这一新的纳米超结构在药物输送、组织培养、催化、气体吸附等领域有着广泛的潜在应用。

第六节　最新研究进展

三维纳米结构的构建和制造对于传感器、燃料电池中电极、催化剂载体、数据存储等很多领域都十分重要。最近，中国科学院化学所分子纳米结构与纳米技术院重点实验室万立骏研究员和白春礼院士领导的课题组，利用自组装技术，成功制备了一种新型具有特殊三维纳米结构的 V_2O_5 电极材料。研究表明，这种纳米结构材料用作锂离子电池电极材料时，具有优异的锂离子充放电性质。这是该课题组继表面二维结构的构筑、特定结构金属和半导体纳米材料制备之后，又通过一种多醇配合的方法，实现了 V_2O_5 纳米棒的三维自组装，通过对实验条件的控制，制备出具有特殊三维结构的空心微球。可以将片状 V_2O_5 纳米晶组装成鸟巢状或者刺猬状结构（如图6－15所示），为棒状结构在弧面上的组装与调控这一挑战性的课题提供了一种简易的解决方案。V_2O_5 是一种具有广泛应用前景的过渡金属氧化物，在锂离子电池、催化、传感等方面的研究已受到了广泛关注。

图6－15　单一的纳米片晶(a)可以组装成具有鸟巢状(b)、线团状(c)和刺猬状(d)的空心微球

目前制造三维纳米结构的方法主要有胶体自组装（Colloidal Self-assembly）、高分子相分离（Polymer Phase Separation）、控制化学刻蚀（Chemical Etching Controlling）等。虽然不同的技术对于生产特定的3D结构是非常重要的，但是无人能提供一个全面的解决方案来制造三维纳米结构，这是由于各方法存在不同缺点，如形态中有限的适应性、狭窄的应用领域、复杂的实验装置等。最近，美国伊利诺斯大学的 Shir 等开发了一种全新的三维纳米制造技术用以避免以上问题的发生。此项技术是将柔软、具有弹性的亚波长掩模以几何学上的等角方式与一定厚度且透明的光敏材料相接触，然后进行单、多光子曝光实现的，这种方法被称之为邻近纳米模板法。其典型工艺为将透明的感光固体薄膜固定到感光底层之上，然后把弹性体掩模置于薄膜之上，并在原子尺度上进行紧密的等角接触，透过光通过掩模在光敏薄膜内部产生了复杂的光强分布，最后将光敏材料洗掉，从而得到了三维纳米结构。

（钱秀珍　徐云龙）

复习思考题

1. 何为三维纳米结构？它与零维、一维和二维纳米结构单元有何联系和区别？
2. 纳米玻璃的研究有哪几个层次？各层次的研究内容有何不同？
3. 光诱导热处理晶化法与其他纳米玻璃的制备方法有何显著区别？
4. 纳米陶瓷粉体及材料有哪些特殊效应？纳米陶瓷在制备方法上与微米陶瓷有何异同？
5. 介孔材料的结构有何特点？介孔材料的各种合成方法共同特征是什么？介孔材料有哪些主要应用？
6. 何为金属的非结晶相纳米结晶化技术？该技术的难点和关键是什么？
7. 纳米高分子与通常的高分子有何区别？
8. 你认为实现仿生物体系组装的关键问题有哪些？

参考文献

[1] 高濂，李蔚．纳米陶瓷．北京：化学工业出版社，2001.

[2] 张立德．纳米材料．北京：化学工业出版社，2000.

[3] 戴遐明，等．纳米陶瓷材料及其应用．北京：国防工业出版社，2005.

[4] 纳米技术手册编辑委员会．纳米技术手册．王鸣阳，郭成言，译．北京：科学出版社，2005.

[5] 武秀兰，任强，李启甲．纳米玻璃的研究进展．玻璃与搪瓷，2004，10，32(5)：55－58.

[6] 曾垂省，陈晓明，闫玉华，等．介孔材料及其应用进展．化工科技，2004，12(5)：48－52.

[7] 邹东利，郭亚昆，路学成．纳米陶瓷及其纳米复相陶瓷的研究现状．陶瓷，2007，10：11－15.

[8] 何光国，曾繁涤，熊鹏，等．纳米结构的自组装高分子研究进展．功能材料，2003，3(24)：258－261.

[9] 王洪成，程金树．纳米玻璃的制备技术与应用．国外建材科技，2007，28(4)：41－44.

[10] 王燕刚，王遥俊，李常林，等．介孔金属氧化物/复合物的合成方法．化学进展，2006，18(10)：1338－1344.

[11] 罗淑文，陈彤，曾毅，等．钛硅介孔分子筛．化学进展，2008，20(2/3)：213－220.

第七章　纳米复合材料

本章要求

1. 掌握纳米复合材料的定义和分类方法。

2. 熟悉纳米复合材料的功能设计、合成设计和稳定性设计原理。

3. 了解无机/有机纳米杂化材料和有机/无机纳米杂化材料的定义及其两者的区别之处。

4. 了解陶瓷基纳米复合材料的概念，熟悉陶瓷基纳米复合材料的制备方法。

5. 了解金属基纳米复合材料的含义，熟悉金属基纳米复合材料的特性和主要制备方法。

6. 理解和掌握纳米插层复合原理以及层状硅酸盐黏土的表面修饰改性方法。

7. 理解聚合物基纳米复合材料的性能特点，掌握聚合物纳米复合材料的力学性能。

8. 了解聚合物基纳米复合材料的含义和其分类与主要制备方法。

复合材料是由两种或两种以上性质不同的材料，通过各种工艺手段组合而成的复合体。复合材料由于各组成材料的协同作用，因而兼具刚度大、强度高、质量轻等单一材料无法比拟的优异性能。复合材料的结构是以一个相为连续相(称为基体)，而另一相是以一定的形态分布于连续相中(称为增强体)。如果增强体是纳米颗粒、纳米晶片、纳米晶须、纳米纤维等纳米结构单元，那么就称为纳米复合材料。

纳米复合材料作为纳米技术中的重要环节，有许多不同于宏观复合材料的优异性能，纳米复合技术为新材料的研究和制备提供了新方向和新途径，因此备受世界各国的重视。纳米材料的特异性能，再加上复合材料的优异性能，使纳米复合材料成为复合材料的新生长点之一。纳米颗粒的巨大表面积和相互作用力，极易团聚而长成粗大颗粒，然而，若将其分散在某一基体中构成复合材料，则能够阻止复合材料团聚的倾向，从而使其维持纳米尺寸状态并充分发挥纳米效应。

第一节　纳米复合材料的分类

纳米复合材料的分类有多种方法，现归纳如图 7－1 所示。

按基体形状可把纳米复合材料分为 0－0 复合、0－2 复合、0－3 复合，分别表示把纳米粒子和其他种类的纳米粒子复合，分散到二维的薄膜材料中和常规的三维固体材料中。示意图如图 7－2 所示。

按增强体形状可把纳米复合材料分为零维(颗粒增强)、一维(纤维、晶须增强)、二维(晶片、薄层、叠层增强)，如图 7－3 所示。

按复合方式的不同，纳米复合材料可分为晶内型、晶间型、晶内-晶间型和纳米-纳米型，其示意图如图 7－4 所示。

- 纳米复合材料
  - 按基体种类分
    - 金属基纳米复合材料
    - 陶瓷基纳米复合材料
    - 高分子基纳米复合材料
  - 按增强体种类分
    - 颗粒增强纳米复合材料
    - 晶须增强纳米复合材料
    - 纤维增强纳米复合材料
  - 按基体形状分
    - 0－0 复合
    - 0－2 复合
    - 0－3 复合
  - 按增强体形状分
    - 零维（颗粒状）
    - 一维（纤维状）
    - 二维（片状）
  - 按复合方式分
    - 晶内型
    - 晶间型
    - 晶内-晶间混合型
    - 纳米-纳米型
  - 按用途分
    - 结构纳米复合材料
    - 功能纳米复合材料
    - 智能纳米复合材料

图 7－1　纳米复合材料的分类

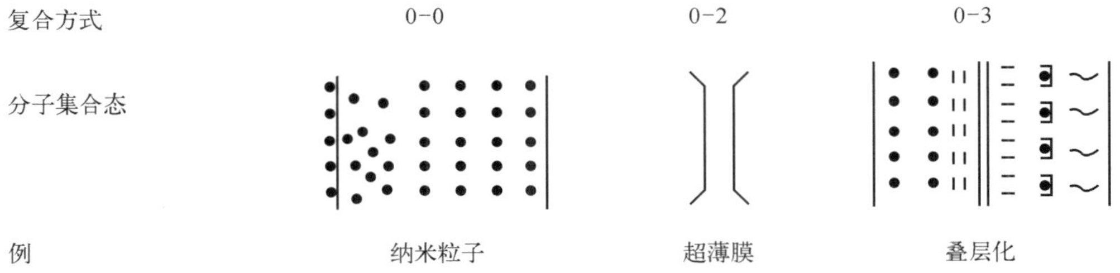

图 7－2　按基体形状分类的纳米复合材料示意图

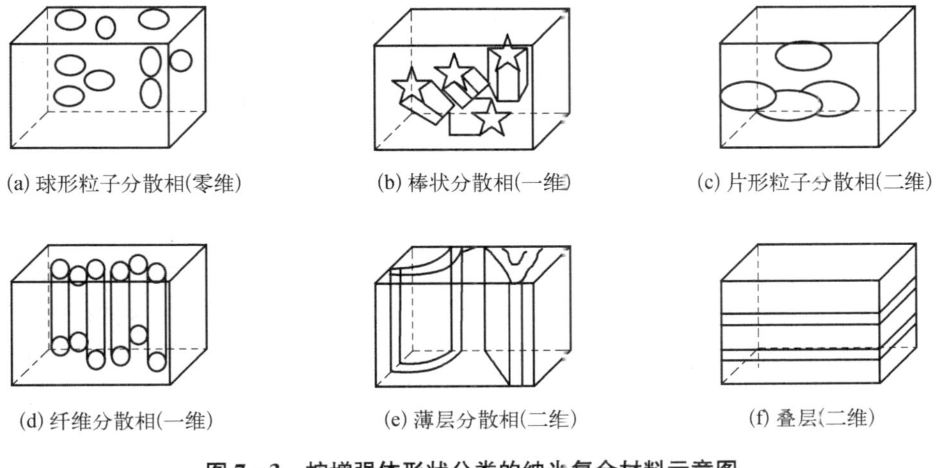

图 7－3　按增强体形状分类的纳米复合材料示意图

按用途不同来分，纳米复合材料则可以分为结构型、功能型和智能型。结构纳米复合材料主要用作承力和次承力结构，因此要求质量轻、强度和刚度高，且能耐一定的温度。结构纳米复合材料基本上是由纳米级增强体和基体组成的。功能纳米复合材料是指提供除机械

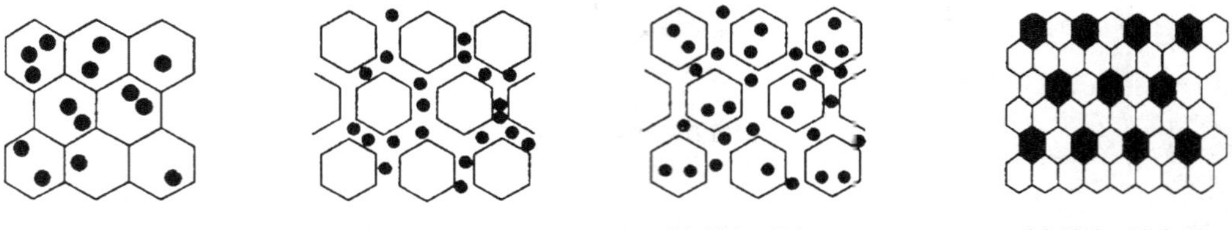

图 7-4　按复合方式分类的纳米复合材料示意图

性能以外其他物理性能的纳米复合材料，其中包括电学性能、磁学性能、热学性能、光学性能和声学性能等。智能化纳米复合材料是指具有自检测、自判断、自恢复、自协调和执行功能的纳米复合材料。复合是使材料智能化的有效途径之一。

第二节　纳米复合材料的设计

纳米复合材料因汇聚纳米材料和复合材料两者的优势，而成为未来新材料设计的首选对象。在纳米材料设计中，主要关注纳米材料的功能设计、合成设计和稳定性设计，力求解决复合材料组分的选择、复合时的混合与分散、复合工艺、复合材料的界面作用及复合材料物理稳定性等问题，最终获得高性能、多功能的纳米复合新材料。

一、纳米复合材料的功能设计

功能设计，就是赋予材料以一次功能或二次功能特性。以聚合基纳米复合材料为例来说明，对于纳米复合材料，步骤一是纳米(增强体)材料的选择，即依据设计意图，选用合适的纳米材料，例如为了赋予复合材料超顺磁性，可以选择铁或铁系氧化物等单一或复合型纳米材料；为了赋予复合材料发光特性，可以选择含稀有金属铕的钇系氧化物等纳米材料。步骤二是基体聚合物材料的选择设计，依据纳米复合材料的适用环境，选择合适的有机聚合物基体，如高温环境，必须选择聚酰亚胺等耐高温的聚合物。此外，纳米复合材料的界面设计也是不可忽略的重要环节，而选择合适的复合方法，才能提高纳米材料与聚合物基体的强界面作用，充分发挥不同属性的两种组分的协同效应。

二、纳米复合材料的合成设计

纳米复合材料的合成设计，就是以最简单、最便捷的手段获得纳米级均匀分散的复合材料的科学方法论。在功能设计完成之后，合成设计中主要关心的就是纳米材料的粒度与分散度，从目前纳米复合材料的合成发展状况看，主要有 4 种方法，即溶胶-凝胶法、插层法、共混法和填充法。其中，溶胶-凝胶法中的纳米颗粒具有较小的粒度和较均匀的分散度，但合成步骤较复杂，且纳米材料与聚合物材料的选择空间较小。插层法能够获得单一分散的纳米片层的复合材料，容易工业化生产，但不足之处是可供选择的纳米材料不多，目前主要限于黏土中的蒙脱土。共混法是纳米粉体和聚合物粉体混合最简单、最方便的操作方法，但难以保证纳米级的分散力度和分散强度，如果利用诸如蒙脱土插层聚合物改性的纳米复合母料，然后利用共混法则是比较好的，既经济又能得到纳米级分散的效果。填充法从目前看仍处于发展初期，但它已显示诸多的优点。例如，纳米材料和基体聚合物材料的选择空间大；纳米材料不但可以任意组合，而且可以任意地分散到粉体、液态、熔融态的聚合物，或是聚合物的前驱体小分子溶液中，成型的方法多，易于实现纳米材料纳米级分散的效果。

三、纳米复合材料的稳定化设计

为了获得稳定性良好的复合材料，必须使纳米粒子牢牢地固定在基材中，防止纳米粒子因集聚而产生相分离。为了保障纳米粒子能够均匀地分布在聚合物基体中，必须借助一些强化学键的形成，或其他作用力，具体包括以下几种。

1. 形成共价键

利用聚合物链上的官能团（羧基、卤素、磺酸基）与纳米粒子的极性基团（羟基等）产生化学反应，形成共价键；或通过含有双键的硅氧烷参与聚合物前驱体的聚合，形成硅氧烷为支链的聚合物，硅氧烷的部分水解或与正硅酸的共水解形成与聚合物主链存在共价键结合的 SiO_2 纳米粒子。

2. 形成离子键

如果聚合物链和纳米粒子彼此带有异性电荷，则可通过形成离子键而获得稳定的复合材料体系。如在酸性条件下，苯胺更容易插层到钠基蒙脱土中，经苯胺聚合形成 PAn/MMT 复合材料，其中聚苯胺以某种盐的形式与蒙脱土的硅酸盐片层上的反粒子以离子键的方式存在于片层间。

3. 形成配位键

聚合物基体与纳米粒子以电子对和空电子轨道相互配位的形式产生化学作用，构成纳米复合材料，例如以溶液法和熔融法制备的聚氧化乙烯（PEO）/蒙脱土纳米复合材料，嵌入的 PEO 分子同蒙脱土晶层中的 Na^+ 就以配位键的形式生成 PEO－Na^+ 配合物，使 PEO 分子以单层螺旋构象排列于蒙脱土的晶层中。

4. 纳米作用能的亲和作用

纳米粒子因其特殊的表面结构而具有很强的亲和力，这种力称为纳米作用能，借助该作用力，纳米粒子与很多聚合物材料可以说是无选择地产生很强的相互作用，形成稳定的复合体系。以纳米作用能结合的关键，就是保证纳米粒子能够以纳米尺寸的粒度分散在聚合物基体中。

第三节　陶瓷基纳米复合材料

陶瓷具有机械性能优良、耐磨性好、硬度高以及耐热性和耐腐蚀性好等特点，但是它的最大缺点是脆性大。近年来，通过往陶瓷中加入或生成纳米级的颗粒、晶须、晶片、纤维等，使陶瓷的韧性大大改善，而且使其强度及模量也有了提高。

一、陶瓷基纳米复合材料的制备

陶瓷基纳米复合材料最早是由化学气相沉积（CVD）法制备的，然而 CVD 工艺不适用于批量制造大尺寸和形状复杂的制品，而且成本高，而一些传统的生产陶瓷的工艺及由此发展而来的一些新工艺得到了重要的应用。

1. 固相法

(1) 热压烧结

将陶瓷粉体在一定温度和一定压力下进行烧结，称为热压烧结，与无压烧结相比，其烧结温度低得多。通过热压烧结，可制得具有较高致密度的陶瓷基纳米复合材料，并且晶粒无明显长大。例如在制备 SiCw/ Si_3N_4 纳米复合材料过程中，如果在氩气气氛中热压烧结(烧结压力为 20～30 MPa)，在 1 600～1 700℃就可以得到致密的(可达理论密度的 95%)结构。

(2) 反应烧结

反应烧结是将陶瓷基体粉末和增强体纳米粉末混合均匀，加入黏结剂后压制成所需形状，经高温加热进行氮化或炭化，并使陶瓷基体和纳米级第二相紧密地结合在一起，从而获得陶瓷基纳米复合材料的方法。反应烧结法可用来制备氮化硅或碳化硅基纳米复合材料，其优点是：① 陶瓷基体几乎无收缩；② 纳米晶须或纤维的体积分数可以相当大；③ 大多数陶瓷的反应烧结温度低于常规烧结温度，因此可以避免纳米晶须或纤维的损坏。

(3) 微波烧结

陶瓷基纳米复合材料在烧结过程中，纳米级第二相晶粒在高温时迅速长大，因此，为了有效得到小的晶粒，就必须缩短高温作用时间，即采用快速升温、快速降温的烧结方法，而微波烧结技术可以达到高速升温的条件，其升温速度可以达到 500℃/min，因此在几分钟内就可以达到样品所需温度条件；而在停止微波作用后，由于没有周围加热丝等(传统烧结方法中所采用的马弗炉)的余热对样品的辐照，样品是唯一的热源，因此具有比较快速降温的特点。

2. 液相法

(1) 浆体法

为了克服热压烧结中，尤其是增强体材料为纳米晶须和纤维时，各材料组元混合不均匀的问题，可以采用浆体法制备陶瓷基纳米复合材料。该方法是把纳米级第二相弥散到基体陶瓷的浆体中，通过超声波搅拌和溶液的 pH 调节可以提高弥散性。弥散的混合浆体可直接浇注成型并烧结，也可以冷压烧结和热压烧结，浆体法工艺流程如图 7-5 所示。

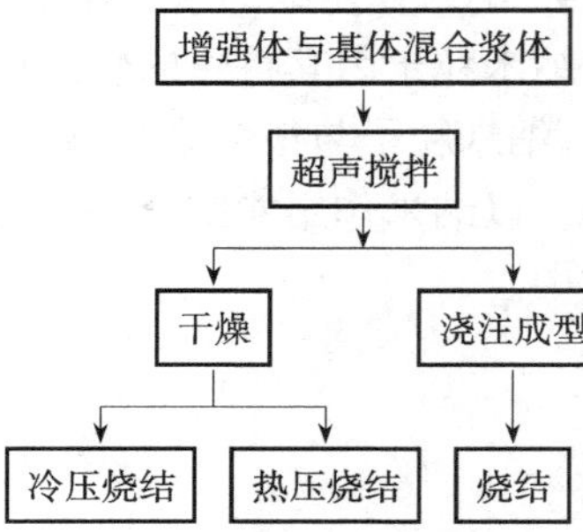

图 7-5 浆体法工艺流程图

直接浇注成型所制备的陶瓷基纳米复合材料机械性能较差，孔隙太多，因此一般不用于生产性能要求较高的陶瓷基纳米复合材料；而采用湿法混料、热压烧结的工艺，可以制备出纳米级第二相弥散分布的陶瓷基纳米复合材料。

(2) 液态浸渍法

液态浸渍法和金属渗透法类似，所不同的是，温度要高得多，而且陶瓷熔体的黏度通常很高。

采用液态浸渍法已成功地制备出氧化铝纳米纤维增强金属间化合物(例如 Ni_3Al)纳米复合材料。液态浸渍工艺一般可获得密实的基体，但由于陶瓷的熔点较高，熔体与增强体材料之间极可能发生化学反应，而且陶瓷熔体的黏度比金属的高，因此对预制件的浸渍相对困难些。另外，只有基体与增强体材料的热膨胀系数比较接近时，才可以减少因收缩不同产生的开裂。

(3) 溶胶-凝胶法

简单来说，溶胶是溶液中由于化学反应沉积而产生的微小颗粒(1～100 nm)形成的悬浮液，具有液体特征；凝胶是水分（或其他溶剂）减少的溶胶，具有固体特征。

用溶胶-凝胶法制备复合材料，是将基体组元形成溶胶，然后加入增强体材料组元，经搅拌使其在液相中均匀分布。当基体组元形成凝胶后，这些增强组元则稳定均匀地分布在基体材料中。经干燥或一定温度下热处理，然后压制、烧结，即可形成复合材料。溶胶-凝胶工艺过程如图 7-6 所示。溶胶-凝胶法的优点是基体成分易控制，复合材料的均匀性好，加工温度较低；其缺点是得到的复合材料收缩率大，常导致基体发生开裂。

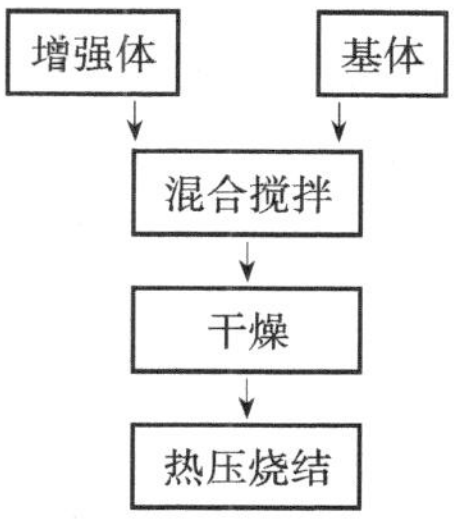

图 7-6　溶胶-凝胶工艺过程

（4）聚合物热解法

聚合物热解工艺是利用有机先驱体在高温下裂解而转化为无机陶瓷基体的一种方法，主要用于制备非氧化物陶瓷基复合材料，目前主要以氮化物、碳化物系陶瓷基体为主。这种方法的特点是：可充分利用聚合物基和现有成型技术；可以对纳米第二相前驱体进行分子设计，制备所期望的单相或多相陶瓷基体；裂解温度较低（<1 300℃），可避免纳米增强相与陶瓷基体间的化学反应；而且无压烧结，因而设备较简单；可仿形制造复杂形状的制品。该方法主要的不足之处是：致密周期较长，制品的孔隙率较高（15%～30%），基体在高温裂解过程中收缩率较大，容易产生裂纹和气孔。针对这些问题，国内外目前均在先驱体的合成与改性、成型工艺的优化等方面进行研究，并取得一定进展。例如，混料时加入金属粉可以解决聚合物先驱体热解时收缩率大、气孔率高的问题；采用热解一热压的方法也可以解决气孔率高的问题。

3. 气相法

气相法主要有化学气相沉积法（CVD）和化学气相浸渍法（CVI），下面主要介绍应用最为广泛的 CVD 法。

CVD 法是使反应物气体在加热的增强相预制体中进行化学反应，使基体生成物沉积在增强相表面，从而形成陶瓷基复合材料。CVD 技术发展已比较成熟，应用十分广泛。CVD 法制备陶瓷基纳米复合材料的条件如表 7.1 所示。

表 7.1　化学气相沉积的复合结构

母相	分散相	原料气源	沉积温度/℃	结构类型
C	B_4C	$C_xH_y-BCl_3$	1 100～2 000	球形粒子分散相
	SiC	$C_3H_8-SiCl_4$	1 440～2 025	片形粒子分散相
	ZrC	$C_xH_y-ZrCl_4$	1 300～1 500	球形粒子分散相
	BeO	$C_xH_y-Be(C_5H_7O_4)$	1 600～2 000	球形粒子分散相
BN	TiN	$BCl_3-NH_3-TiCl_4$	1 400	球形粒子分散相
SiM	BN	$SiCl_4-NH_3-B_2H_6$	1 100～1 300	叠层
	TiN	$SiCl_4-NH_3-TiCl_4$	1 050～1 200	球形粒子分散相
SiC	TiC	$SiCl_4-CCl_4-TiCl_4$	1 300～1 600	球形粒子分散相
Ti-B-N	TiB_2	$TiCl_4-BCl_3-N_2$	1 050～1 500	球形粒子分散相

CVD 法的优点是：生成物基体的纯度高，颗粒尺寸容易控制，可获得优良的高温机械性

能，特别适用于制备高熔点的氮化物、碳化物、硼化物系陶瓷基的纳米复合材料，例如以$SiCl_4$、C_4H_{10}和Ar气作为沉积气相，在纳米增强相预制体的间隙中沉积SiC，沉积速度快，且沉积温度低。不足之处是生产周期长，成本较高，而且制品的孔隙率较大。

4. 原位复合法

在陶瓷基纳米复合材料的制备过程时，利用化学反应（在基体中）原位生成增强体组元的工艺过程称为原位复合法。这种方法的关键是在陶瓷基体中均匀地加入可生成纳米第二相的元素或化合物，控制其反应条件，使其在陶瓷基体致密化过程中，在原位生长出纳米颗粒、晶须和纤维等，从而形成陶瓷基纳米复合材料。该方法的优点是有利于制作形状复杂的结构体，成本低，同时还能有效地避免人体与晶须等的直接接触。

二、陶瓷基纳米复合材料的性能

纳米复合材料一般可包括晶粒内和晶粒间两种，纳米粒子主要弥散于基体晶粒内或晶粒间，其作用不仅可以提高室温力学性能，如纳米复合陶瓷能使其基体材料的强度和韧性提高2～5倍，而且可改善高温力学性能，如硬度、强度、抗蠕变性及其抗疲劳破坏性能。

1. 高强度、高韧性

纳米复合材料的强度和韧性均比未加增强体的基体材料要高，如Al_2O_3基体晶粒（晶内型）在加入纳米SiC颗粒（SiC_P）增强体后，其拉伸强度提高4倍多，而其断裂韧性并不降低；Al_2O_3陶瓷材料在加入纳米晶须SiC（SiC_W）后的断裂韧性提高。这些性能的改善，有利于抗热、抗震等热学-力学性能的改善。此外，弥散相与氮化物、碳化物、硼化物陶瓷基是直接结合的，这对于改善复合材料的高温力学性能极为有利。

2. 良好的抗蠕变性

增强体的加入有利于提高复合材料的抗蠕变和抗疲劳性，例如在加入SiC_W晶须增强体后，在1 500℃和相同的应力下，SiC_W/Al_2O_3纳米复合材料的蠕变速率小于Al_2O_3陶瓷的蠕变速率，如图7－7所示。

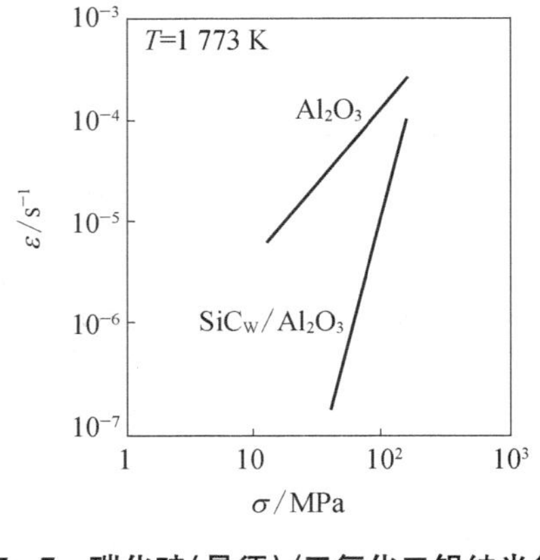

图7－7　碳化硅（晶须）/三氧化二铝纳米复合材料的蠕变速率与应力关系

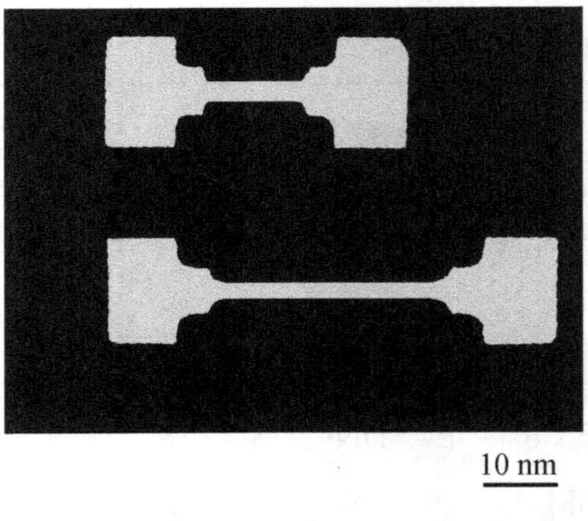

图7－8　具有超塑性成型特性的Si_3N_4/SiC纳米复合陶瓷

3. 超塑性

陶瓷基纳米复合材料具有类似于金属的加工性和超塑性。科学家把具有金刚石那样的强共价键的Si_3N_4和SiC进行纳米组合，结果成功地制备了如图7－8所示的具有超塑性的材料。该材料可以用作超精密加工的特殊材料，因而具有十分广泛的应用前景。

三、纳米复合陶瓷的作用机制

1. 显微结构

（1）晶粒细化

在微米级陶瓷基体中加入纳米颗粒可以抑制基体晶粒的长大，例如纳米 SiC 的加入可以抑制 Al_2O_3 晶粒的尺寸，原因可以解释为：① SiC 与 Al_2O_3 不发生反应，也难于移动或粗化，使晶界移动困难，从而抑制 Al_2O_3 晶粒的长大；② 纳米 SiC 的加入提高了成核浓度，在减小晶粒尺寸的同时促使晶粒大小均匀化，减小了晶粒异常长大的可能性，这种均匀细化的显微结构有利于提高材料的抗弯强度。一般 Al_2O_3 晶粒的大小随 SiC 纳米颗粒含量的增多和粒径的减小而减小。

（2）微米晶粒的潜在纳米化效应

由于纳米颗粒在微米级基体晶粒内的存在，次界面处存在较大的残余应力，使基体的晶粒内产生大量亚晶界和潜在微裂纹。亚晶界的产生使基体更加细化，从而进一步提高材料的抗弯强度。实际上亚晶界或微裂纹的存在使基体晶粒处于一种潜在分化状态，即“纳米化效应”。

（3）纳米颗粒对基体晶粒形状的影响

对纳米 Si_3N_4 复合陶瓷，纳米颗粒的存在促使基体晶粒呈细长的棒状生长。这种棒状晶粒的作用类似于晶须，可使裂纹偏转和裂纹桥接机理发挥作用，从而提高材料韧性。这种情况在 Al_2O_3/Si_3N_4，Si_3N_4/SiC 两种纳米复合陶瓷中都有所体现。不过，当 SiC 加入过多时，则会在 Si_3N_4/SiC 中形成等轴晶 Si_3N_4。

2. 晶内韧化机理

晶内型纳米相的韧化机理主要有以下几方面。

① 晶内型结构导致纳米化效应。纳米粒子进入微米级陶瓷基体后，纳米颗粒与基体颗粒的尺寸存在数量级的差异，使纳米相的烧结温度比基体的低，因此在一定温度下基体颗粒开始向纳米颗粒收缩，并发生致密化；与此同时，纳米颗粒将完全进入基体颗粒内部（一定量的纳米颗粒分布在晶界处，大部分纳米颗粒分布在微米级基体晶粒内部），所以，材料结构中除基体颗粒间的主晶界外，在纳米相和基体晶粒间还存在着大量次晶界和微裂纹，引起基体颗粒的潜在分化，相当于组织的再细化，使得主晶界的作用被削弱。

② 诱发穿晶断裂。纳米化效应使晶粒内部产生微裂纹，且两种颗粒的热膨胀系数和弹性模量失配，在主晶界处形成了强化作用的压应力，而在次晶界处（基体内部）形成局部拉应力，致使穿晶断裂概率大大增加。

③ 纳米粒子使裂纹二次偏转或被钉扎。沿晶内微裂纹或次晶界扩展的主裂纹前端遇到纳米粒子时，无法穿过而发生偏转或被钉扎，耗散了断裂能量，使材料增强增韧。

3. 晶间强韧化机理

晶间型结构强韧化机理主要有以下几种。

① 主晶界被纳米粒子局部强化。纳米粒子-基体的晶界较微米-微米复合陶瓷的晶界干净，杂质和玻璃相极少，晶界强度大大提高，纳米相与基体结合较好，起到了固定晶界、强化晶界的作用。

② 晶界纳米粒子使裂纹二次偏转或被钉扎。沿主晶界扩展的微裂纹前端遇到纳米粒

子时，因晶界强度很高而无法继续前进，或被钉扎，或在更大外力作用下偏转进入晶内，诱发了穿晶断裂。

③ 晶间纳米粒子形成有利的应力分布。当纳米相的弹性模量大于基体时，纳米粒子周围形成切向压应力，使得朝向纳米粒子扩展的主裂纹远离该粒子所在晶界而向晶内前进，并增加了裂纹扩展路径。

目前，纳米陶瓷研究已成为陶瓷复合材料研究的热点，纳米弥散技术也已成为改善传统陶瓷材料的室温和高温性能的一个重要方向。

第四节　金属基纳米复合材料

金属基纳米复合材料（Metal Matrix Nanocomposites，MMNCs）是以金属及合金为基体，与一种或几种金属或非金属纳米级增强体结合的复合材料，因兼有金属和纳米相而具有独特的结构特征和物理、化学及力学性能，成为一种新兴的纳米复合材料和新型金属功能材料。

一、金属基纳米复合材料的制备

制备金属基纳米复合材料主要有固相法、液相法、沉积法和原位复合四种工艺，以下分别介绍这四种工艺。

1. 固相法

固相法主要指的是粉末冶金法，其工艺流程如图 7－9 所示。由图 7－9 中可以看出，工艺过程主要分为两步：首先将增强体材料（纳米颗粒、纳米晶片、纳米晶须等）与金属粉末混合均匀，然后进行封装、除气或采用冷等静压（Cold Isostatic Pressing，CIP），再进行热等静压（Hot Isostatic Pressing，HIP）或无压烧结，以提高复合材料的致密性。经过热等静压或无压烧结后，一般还要经过二次加工（热挤压、热轧等）才能获得金属基纳米复合材料毛坯。

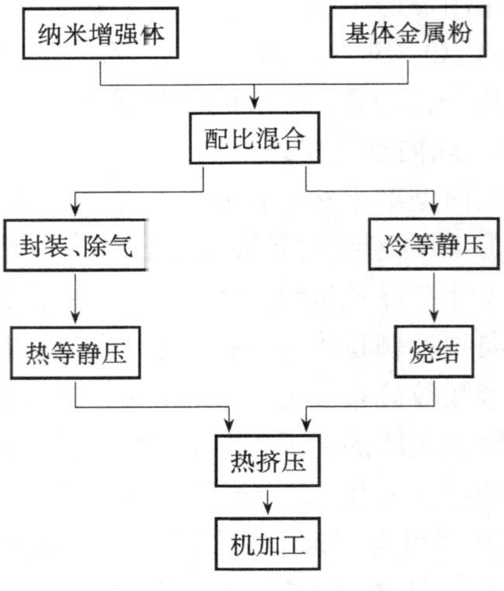

图 7－9　粉末冶金工艺流程图

此外，还可以将混合好的增强体材料与金属粉末压实封装于金属包套中，然后加热直接进行热挤压成型，同样可以获得致密的金属基纳米复合材料。

粉末冶金法制备金属基纳米复合材料具有如下优点。

（1）热等静压或无压烧结温度低于金属熔点，因而由高温引起的增强体材料与金属基体界面反应少，可以减小界面反应对复合材料性能的不利影响，同时可以通过热等静压或无压烧结时的温度、压力和时间等工艺参数来控制界面反应。

（2）可以根据所设计的金属基纳米复合材料的性能要求，使增强体材料与基体金属粉末以任何比例混合，增强体含量可达 50%以上。

（3）可以降低增强体与基体互相湿润的要求，也降低了增强体与基体粉末的密度差要求，使纳米颗粒、纳米晶片、纳米晶须等均匀分布在金属基纳米复合材料中。

(4) 采用热等静压工艺时其组织细化、致密、均匀，一般不会产生偏析、偏聚等缺陷。可使孔隙和其他内部缺陷得到明显改善，从而提高复合材料的性能。

(5) 粉末冶金工艺制备的金属基纳米复合材料可以通过传统的金属加工方法进行二次加工，得到所需形状的复合材料零件的毛坯。

正是鉴于上述显著优点，因此，虽然粉末冶金法存在工艺过程比较复杂，特别是金属基体必须制成金属粉末，增加了工艺的复杂性和成本等缺点，但是国内外仍然在致力于发展粉末冶金工艺。

2. 液相法

液相法也可称为熔铸法，其中包括压铸成型法、半固态复合铸造法等，这些方法的共同特点是材料在制备时均处于液态。液相法是目前制备纳米颗粒、纳米晶片、纳米晶须增强金属基复合材料的主要方法。与固相法相比，液相法的工艺及设备相对简便易行。

(1) 压铸成型法

压铸成型法是指在压力的作用下，将液态或半液态金属和纳米增强体混合，以一定速度充填到铸模型腔，在压力下快速凝固成型而制备金属基纳米复合材料的工艺方法。如图 7-10 所示是一个典型的压铸工艺流程图，可以看出，其中主要包括四个工序。

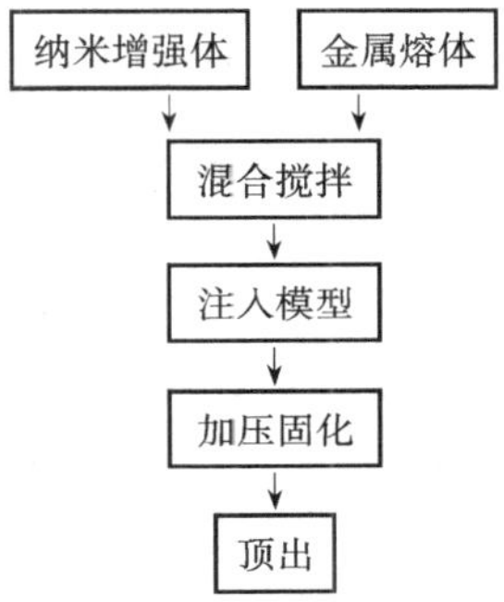

图 7-10　典型压铸工艺流程图

压铸成型工艺中，影响复合材料成型的工艺因素主要有熔融金属的温度、模具预热温度、使用的最大压力、加压速度等。

(2) 半固态复合铸造法

半固态复合铸造法是针对搅拌法的缺点而提出的改进工艺。通常，采用搅拌法制备金属基复合材料时，常常会由于强烈搅拌而将气体或表面金属氧化物带入金属熔体中，同时当纳米颗粒与金属基体湿润性差时，纳米颗粒难以与金属基体复合，而且纳米颗粒在金属基体中由于相对密度关系而难以得到均匀分布，影响复合材料性能。而采用半固态复合铸造法可以将纳米第二相(主要是纳米颗粒)加入处于半固态的金属基体中，通过搅拌使纳米颗粒在金属基体中均匀分布，并取得良好的界面结合，然后浇注成型，或将半固态复合材料注入模具进行压铸成型。半固态复合铸造的原理是将金属熔体的温度控制在液相线与固相线之间，通过搅拌使部分树枝晶破碎成固相颗粒。

3. 沉积法

沉积法有喷涂沉积和喷射沉积两种，喷涂沉积主要应用于纤维增强金属基复合材料，喷射沉积主要用于制备颗粒增强金属基复合材料。沉积工艺的最大特点是增强材料与金属基体的湿润性要求低，增强材料与熔融金属基体的接触时间短，界面反应量少。通过沉积工艺，可以使许多金属基体，如铝、镁、钢、高温合金等，与各种纳米陶瓷颗粒、晶须、纤维复合，因此基体金属的选择范围广。

(1) 喷涂沉积法

喷涂沉积主要原理是以等离子体或电弧加热金属粉末和增强体粉末，通过喷涂气体沉积到基板上。采用低压等离子沉积工艺可以制备出含有不同体积含量的增强材料，以及两种基体不同分布相结合的复合材料。

(2) 喷射沉积法

喷射沉积工艺是一种将粉末冶金工艺中混合与凝固两个过程相结合的新工艺。该工艺过程是将基体金属在坩埚中熔炼后，在压力作用下，通过喷嘴送入雾化器，在高速惰性气体射流的作用下，液态金属被分散为细小的液滴，形成所谓"雾化锥"。同时，通过一个或多个喷嘴向"雾化锥"喷入增强颗粒，使之与金属雾化液滴一起在基板上沉积，并快速凝固形成颗粒增强的金属基复合材料。

该工艺与其他工艺相比，具有以下优越性：

① 高致密度，直接沉积的复合材料密度可达到理论密度的 95%～98%；

② 凝固速度快，金属晶粒细小，组织致密，消除了宏观偏析，合金成分均匀；

③ 增强材料与金属液滴接触时间短，很少或没有界面反应；

④ 适用于多种金属材料基体，可直接形成接近零件实际形状的坯体；

⑤ 工序简单，喷射沉积效率高，有利于实现工业化生产。

该工艺最大的缺点是雾化所使用的气体成本较高。

4. 原位复合法

原位反应的基本原理是在金属基体中加入或通入能生成第二相的组元化合物，在一定的温度下，在基体中发生原位反应，形成原位复合材料。由于是直接在基体中生成纳米相，无需二次烧结，因此制备的金属基纳米复合材料不但具有界面清洁、与基体结合强度高、呈弥散分布、晶粒细小、粒径可控等特点，而且具有强度高、弹性模量大、抗疲劳性能、耐磨性能和高温抗蠕变性能好等优点，所以是一种十分有效的纳米颗粒增强复合材料制备方法。

二、金属基纳米复合材料的性能

在金属基纳米复合材料中，高强度、高模量、耐热性好的纳米颗粒、纳米晶片、纳米晶须、纳米纤维和纳米管等弥散分布于基体材料中，提高了基体材料的强度、模量、韧性、抗蠕变、抗疲劳性和高温性能，甚至增加了功能性和智能性。其性能特征主要表现在以下方面。

1. 高比强度、高比模量

纳米复合材料的一个优点是具有高比强度和高比模量性质。比强度、比模量是指材料的强度或模量与密度之比。材料的比强度越高，制作零件时其自重越小；材料的比模量越高，零件的刚性越大。表 7.2 列出了几种典型的金属基纳米复合材料的比强度和比模量。

表 7.2　几种典型金属基纳米复合材料的性能

复合系统	抗拉强度 /MPa	拉伸模量 /GPa	密度 /$(g \cdot cm^{-3})$	比强度 /$(MPa \cdot g^{-1} \cdot cm^{-3})$	比模量 /$(GPa \cdot g^{-1} \cdot cm^{-3})$
Al_2O_{3P}/Al	900	130	2.9	310	45
SiC_W/Al	620	138	2.8	221	49
SiC_P/Al	510	100	2.8	188	36
SiC_F/Al	900	110	2.6	436	42
Al_2O_{3F}/Al	900	130	2.9	310	45

颗粒和晶须增强金属基纳米复合材料的金属基体大多采用密度较低的铝、镁和钛合金，以便提高复合材料的比强度和比模量。其中较为成熟、应用较多的是铝基纳米复合材料。这类复合材料所采用的增强体材料大多为碳化硅、氮化硅、碳化硼、氧化铝等的纳米颗粒、晶须，其中以碳化硅为主。

2. 抗蠕变、抗疲劳性好

金属基纳米复合材料纳米粒子的原子扩散行为影响着材料的许多性能，如抗蠕变、抗疲劳性。图 7-11 给出了 SiC_P 和 SiC_W 增强 6061 Al 在不同应力作用下的蠕变速率的变化趋势。从图中可见，在相同应力作用下(如 50 MPa)，颗粒增强的纳米复合材料的最小蠕变速率要比基体合金低 2 个数量级；在相同蠕变速率下，颗粒增强时比未增强基体的蠕变应力增加 1 倍左右，即纳米复合材料所承受的应力提高了 1 倍，而晶须增强时又比颗粒增强时的抗蠕变性能更好。一般纳米复合材料的应力指数 n(即图中直线的斜率)明显高于基体的 n，基体的 n 约为 4～5，而纳米复合材料的 n 约为 9～20，这反映了纳米复合材料的蠕变速率对应力的敏感性强。

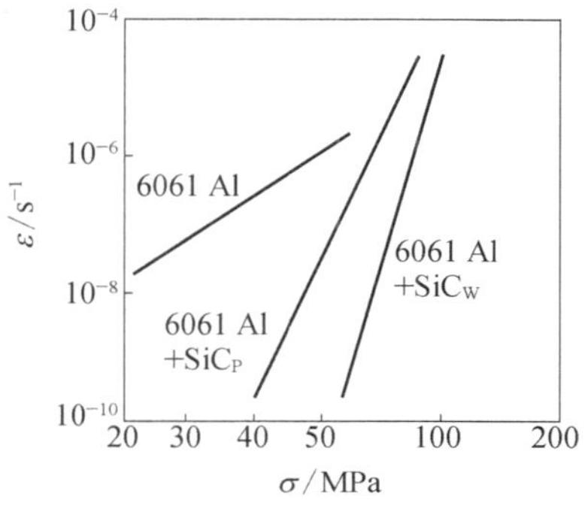

图 7-11　SiC_P 和 SiC_W 增强 6061 Al 的蠕变性能

颗粒和晶须增强金属基纳米复合材料的疲劳强度和疲劳寿命一般比基体金属高。图 7-12 为 SiC_P 和 SiC_W 增强 6061 Al 及其基体的 $S-N$ 曲线(应力-寿命曲线)。从图 7-12 中可见，纳米复合材料的疲劳强度明显高于其基体。在相同的疲劳应力作用下，纳米复合材料的疲劳寿命比基体金属的高 1 个数量级，不过晶须增强与颗粒增强的纳米复合材料疲劳性能基本接近。纳米复合材料疲劳性能的提高可能与其强度和刚度的提高有关。

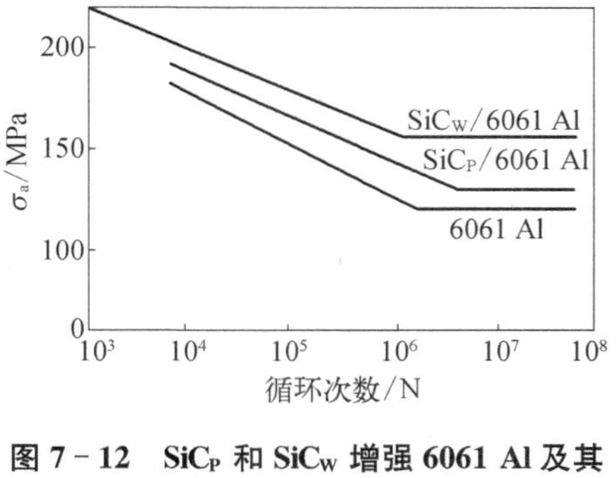

图 7-12　SiC_P 和 SiC_W 增强 6061 Al 及其基体 $S-N$ 曲线

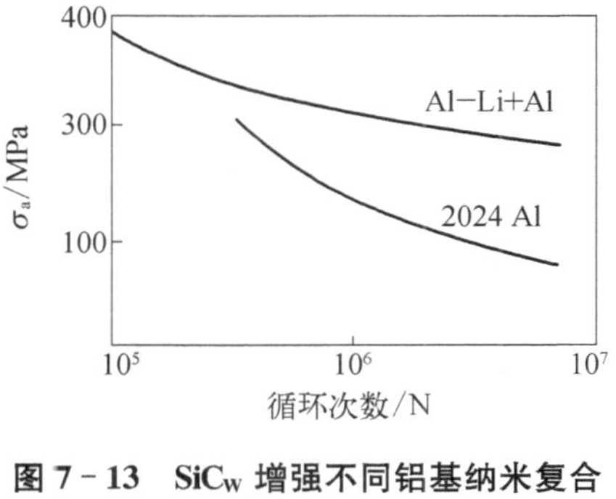

图 7-13　SiC_W 增强不同铝基纳米复合材料的 $S-N$ 曲线($R=0.1$)

晶须增强不同铝基纳米复合材料的疲劳性能如图 7-13 所示。从图 7-13 中可见，在铝基体中增加一部分锂形成“复合基体”时，其疲劳性能明显提高，这与晶须增强纳米复合材料疲劳裂纹的形成和扩展有关。

晶须增强纳米复合材料时，疲劳裂纹在晶须的端部或与基体的界面处形成。含有复合基体的 SiC_W 增强纳米复合材料，其裂纹的形成及扩展受基体韧化的影响，因而提高了其疲劳性能。

3. 超顺磁性

当纳米微粒尺寸小到一定临界值时便可进入超顺磁状态。因此，如果希望复合材料具有超顺磁性能，则可以选用单一或复合型纳米材料作为填料来组合成纳米顺磁性复合材料。例如，Tanaka 等将尺寸为 10～30 nm 的铁的氧化物和氮化物纳米颗粒弥散于银基体中后，在相对较高的温度发生了超顺磁性。

三、金属基纳米复合材料的应用

金属基纳米复合材料除了具备金属和非金属材料特性，由于其纳米相具有独特的尺寸效应、局域场效应以及表面效应，表现出不同于一般宏观复合材料的力学、热学、电、磁和光学性能，因此成为近年来纳米复合材料的研究热点，其中以金属/金属纳米复合材料，金属/高聚物纳米复合材料和金属介电核壳结构纳米复合材料的应用研究最具代表性。

1. 金属/金属纳米复合材料

金属基纳米复合材料具有高的比强度、比模量，出色的抗疲劳能力，很好的耐热性、耐摩擦性、耐腐蚀性等特性。具体来讲，纳米增强增韧的新型合金可大幅度提高材料的强度，降低材料的用量，减轻飞行器质量，从而提高飞行速度和性能；纳米氧化物弥散强化高温合金具有良好的高温强度，优良的抗氧化、耐摩擦以及耐高温腐蚀等性能，目前已部分用于航空发动机的导向叶片和涡轮工作叶片等，例如纳米 Co/WC 的硬度比普通 Co/WC 提高 1 倍以上，韧性和耐磨性也有显著提高，已用作保护涂层和切削工具。铝合金是传统的制造超音速飞机或飞行器蒙皮的合金材料，而 Mg - Li - Al 合金的密度虽然只有普通铝合金的 50%左右，但是因其塑性好，强度高，已开始用于导弹、宇宙飞船的结构材料。

功能金属基纳米复合材料的磁性主要表现在超顺磁性和矫顽力上，用它制作磁记录材料可以提高信噪比，改善图像质量。已经研制的 FeSi - CuNb 纳米晶软磁合金具有高达 1 125 T 的 Bs 值及高达 105 的初始磁导率，与 Co 基非晶相当的低铁损值，是迄今为止最优良的软磁材料。利用稀土永磁材料优异的磁性能，将软磁相与永磁相在纳米尺度范围内进行复合，能获得兼具高饱和磁化强度和高矫顽力优点的新型永磁材料。

2. 金属/聚合物纳米复合材料

近年来，金属/聚合物纳米复合材料得到了较广泛的研究，已报道的金属粒子涉及金、银、铜、铁、铝、铟和锡等，而高聚物则有四氯乙烯、乙烯、聚氯乙烯、聚酰(亚)胺等。金属纳米粒子的电磁性能与块体金属截然不同，例如，当粒子尺寸小于临界值时，电阻反而比块体材料高几个数量级；10～25 nm 的铁磁金属微粒矫顽力比相同的宏观材料大 1 000 倍，而当颗粒尺寸小于 10 nm 时，矫顽力变为 0，表现为超顺磁性。金属纳米粒子/聚合物复合材料在电磁材料方面有潜在的应用，可作为电介质材料、导电材料、屏蔽材料、吸波材料。

3. 金属介电核壳结构纳米复合材料

核壳复合粒子是由至少两种物质组成的复合粒子，通常是其中一种物质形成内核，另外一种物质形成外壳。由于核壳结构复合粒子的结构和组成能够在纳米尺度上进行设计和剪裁，因而具有许多不同于单组分粒子的独特的光、电、磁、催化等物理和化学性质，是构筑新型功能材料的重要组元。

自从 Tauster 等发现金属与半导体载体之间强烈的相互作用后，人们在金属-半导体复合粒子方面做了一些工作，如 TiO_2/Rh、TiO_2/Ni 等复合粒子的制备和性质研究。另外，研究较多的是金属介电核壳结构的 SiO_2/M 体系，如 SiO_2/Au、SiO_2/Ag、SiO_2/Ni 等。近年来，科学家又发现单分散的金属介电核壳复合纳米粒子通过剪裁内核的直径与壳层厚度的比值，能表现出可调的光学性质，可用于开发光子晶体材料，实现对光的操纵。例如 Halas 等通过静电吸附原理将金属纳米粒子组装到胶体颗粒的表面，并以组装到表面的纳米粒子为种子制备了金包覆 SiO_2核壳结构的复合粒子。通过改变此复合粒子的核壳相对尺寸，可以使共振波长发生几百纳米的移动。

金属介电核壳结构复合纳米颗粒因其独特的结构而具有许多奇异的性质，尤其表现在表面等离子体共振特性上。通过改变金属纳米颗粒的大小和核壳的相对尺寸，可实现光学共振在很宽波段内的可调特性。这一特性不仅在光学，而且在医学等领域也有广泛的应用前景。

（1）光学领域

金属为壳的复合纳米颗粒由于其结构可调，使其在光子学、光电子学等方面的应用日益受到人们的重视。例如把 Au 纳米颗粒作为电介质或半导体颗粒的壳层时，当较小的 Au 颗粒（2～3 nm）附在大粒径的载体上时，大大增加了载体的比表面积，因此可用于增强 SERS 分析仪器及非线性光学的光信号，促进电化学和催化剂反应的速率。当金属为壳制备成核壳复合材料时，金属的超微颗粒对特定波长的光吸收很强，反射率很低，通常可低于 1%，利用这一特性可以使其作为高效率的光热、光电等转换材料，可以高效率地将太阳能转变为热能、电能，还有可能应用于红外敏感元件和红外隐身技术等。

（2）医学领域

金属为壳的复合纳米粒子在可见光至远红外乃至微米波段具有可控的强吸收特性。由于纳米粒子的大小、核壳尺寸的比例可精确控制，并且随着核壳尺寸比的增加，表面等离子体共振波长向长波方向移动。因此精确控制核壳尺寸比例，就可以精确控制表面等离子体共振波长。波长为 0.8～1.2 μm 的近红外是活体组织不吸收的低能辐射，而金属纳米壳层可以吸收，利用这一特性可以用来治疗癌症，例如美国莱斯大学及德州的一批研究人员把经过培养的人类乳腺癌细胞放在含有纳米壳层的溶液中，将肿瘤置于红外线附近加热，发现肿瘤内温度在 4～6 min 就能够提高到足以消灭癌细胞的水平，成功地杀死了乳腺肿瘤，而不伤及周围正常细胞。

第五节　聚合物基纳米复合材料

聚合物基纳米复合材料是以聚合物为基体的有机-无机纳米复合材料，它综合了无机、有机纳米材料的优良特性，因而吸引了众多科技工作者的关注。聚合物基纳米复合材料可分为两类：一类是将聚合物插入到纳米尺度的层状的无机物中而形成的聚合物/层状纳米无机物复合材料，亦即所谓的插层型聚合物纳米复合材料；另一类是以纳米级无机粒子填充到聚合物当中去而形成的聚合物/无机纳米粒子复合材料，亦即所谓的填充型聚合物纳米复合材料。

一、插层型聚合物纳米复合材料

自然界中的许多化合物都具有典型的层状结构，通过合适的方法将聚合物插入其中，使可获得有机/无机混杂型纳米复合材料。最常用的层状无机物为硅酸盐类黏土、石墨等。限于篇幅，本小节仅以蒙脱土作为无机纳米粒子的代表，对聚合物/蒙脱土插层型纳米复合材料进行介绍。

聚合物/蒙脱土插层复合法是指具有层状结构的纳米尺寸的黏土、硅酸盐矿等，经有机化处理后，在其层间插入单体或聚合物，并同时发生插入化学反应，使一层一层分散在聚合物内而制成纳米复合材料的方法。插入法可大致分为3种情况：(1) 将聚合物单体插入到黏土矿物的层间域，进行原位聚合；(2) 将溶液中的聚合物直接嵌入黏土矿物的层间区域；(3) 将聚合物熔融体直接插层复合。第一种方法行之有效，但仅适用于制备黏土型复合材料；第二种方法制备条件比熔融体插层温和，但溶剂的使用对环保不利，且对有些聚合物来说层离的纳米聚合物不易得到；第三种方法，由于没有使用溶剂，工艺简单且不污染环境，很容易由目前塑料加工工艺来实现，易于工业化生产，因此具有很好的应用前景。目前，用熔融体插层法已制备了尼龙6/黏土、聚丙烯/黏土、聚酰亚胺/黏土、聚乙烯醇/高岭土、尼龙6/云母等纳米复合材料，其性能与聚合插层法制得的材料基本相同，说明聚合物熔融体插层具有更广泛的适用性。

1. 聚合物/蒙脱土纳米插层原理

(1) 蒙脱土的结构和特性

蒙脱土的化学组成为 $Na_{0.7}(Al_{3.3}Mg_{0.7})Si_8O_{20}(OH)_4 \cdot nH_2O$，属2∶1型层状硅酸盐，即每个单位晶胞由二层硅氧四面体中间夹着一层铝氧八面体构成的三明治状结构，两者之间靠共享氧原子连接，蒙脱土的晶体结构如图7-14所示，每个结构单元为1 nm厚，长、宽为100～200 nm的片层，层间有可交换的阳离子，如 Na^+、Ca^{2+}、Mg^{2+} 等，有机阳离子表面活性剂可与它们进行阳离子交换进入黏土层间，使层间距扩大。在适当条件下，熔融聚合物等可使层间距进一步扩大，甚至剥离成单层，使黏土以几纳米至几十纳米厚的片层均匀分散于聚合物基体中。

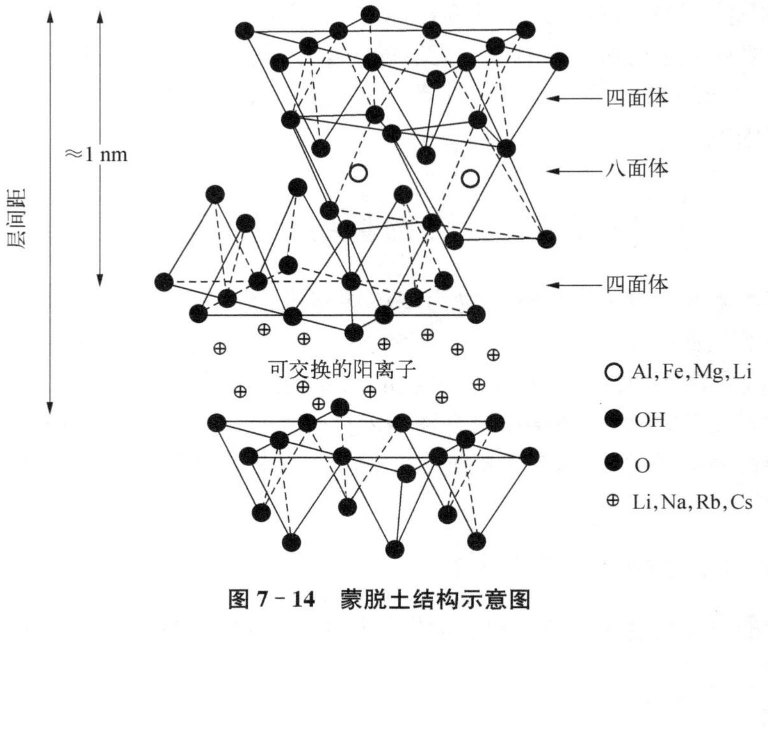

图7-14　蒙脱土结构示意图

蒙脱土夹层内的离子易吸水，发生水合作用，强烈的排斥力使夹层溶胀。通常，层间电荷中心距离即夹层距离为 1～1.5 nm。如果用适量水溶胀形成水凝胶，则蒙脱土可能以单层形式或数层聚集形式存在。对于钠基蒙脱土，如果用足量的水进行充分溶胀，则夹层间距可达到 1.7～2.0 nm。当蒙脱土无限溶胀时，其层间距亦可超过 2 nm。

(2) 蒙脱土的修饰和改性

蒙脱土这种亲水的微环境不利于亲油型聚合物如尼龙、聚酰亚胺、聚丙烯、聚氨酯等的插层反应的进行。这就需要对蒙脱土片层进行表面修饰，以改变其片层极性，降低表面能，增加两相间的亲和性。用于蒙脱土表面修饰的有机阳离子称为插层剂。

目前在制备聚合物/蒙脱土纳米复合材料时常用的插层剂有氨基酸、烷基铵阳离子、硅烷偶联剂和其他阳离子表面活性剂等。

氨基酸是最早使用的插层剂，它的分子中含有—NH_2和—COOH，酸性介质中—COOH 上的质子转移到—NH_2形成—NH_3^+；—NH_3^+再与蒙脱土层间的 Na^+、K^+等交换从而使蒙脱土有机化。它已成功地用于合成尼龙 6/蒙脱土纳米复合材料。烷基铵阳离子是目前最常用的插层剂。Jordan 首先发现长链的烷基铵阳离子可以容易地插入到蒙脱土层间，使蒙脱土有机化而制备聚合物基的纳米复合材料。

根据蒙脱土层电荷密度的不同，烷基铵阳离子在蒙脱土层间会采取不同的排布方式，主要有四种：单层排列、双层排列、假三层排列和石蜡结构的斜立排列，如图 7-15 所示。当层电荷密度较高时，烷基铵采取斜立排列，蒙脱土的层间距最大，最有利于合成聚合物/蒙脱土纳米复合材料。

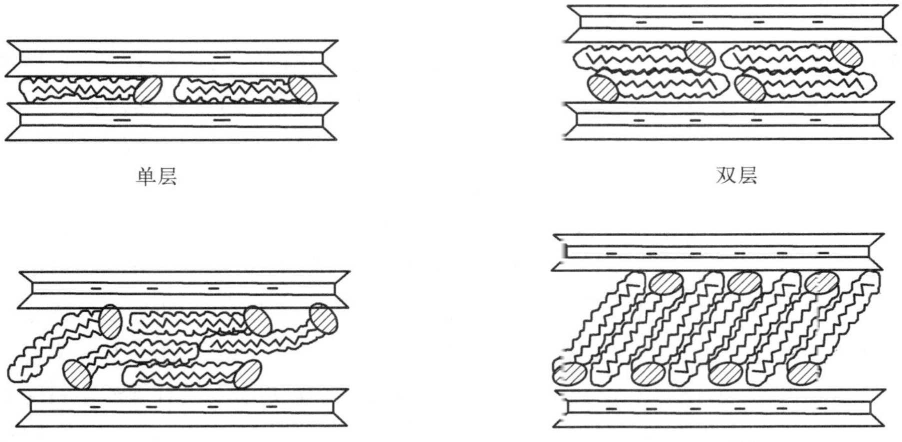

图 7-15　烷基铵在蒙脱土层间排列

(3) 聚合物/蒙脱土复合类型

蒙脱土与聚合物复合后，根据蒙脱土分散相的尺度和分散状态，可得到常规、插层和剥离三种类型的复合材料，如图 7-16 所示。其中，常规复合材料中，蒙脱土仍保持原有状态，以简单的颗粒形式分散于聚合物基体中，蒙脱土片层并没有发生层间扩展等结构上的变化，聚合物大分子没有进入硅酸盐片层，蒙脱土仅起到常规填料的作用。而插层型复合材料和剥离型复合材料已经达到了纳米复合的水平。

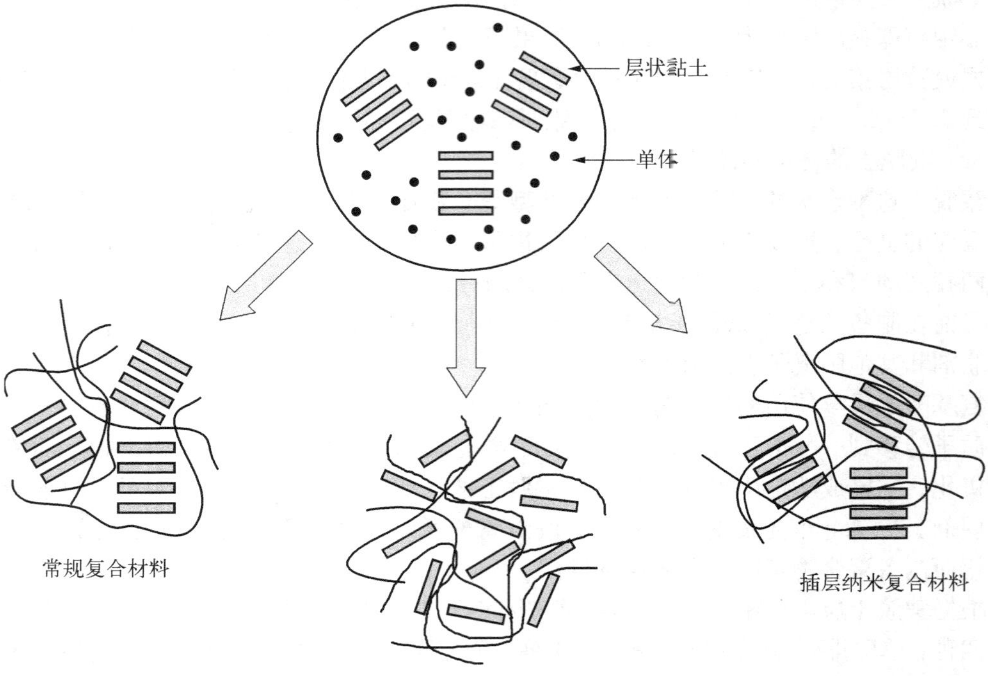

图 7－16　聚合物/蒙脱土复合材料结构示意图

① 插层型纳米复合(Intercalated Composite)

在插层型纳米复合材料中，聚合物进入蒙脱土颗粒，并插入蒙脱土片层间，层间距因大分子的插入而明显增大，但片层之间仍存在较强的范德瓦尔斯力，片层与片层的排列仍是规整有序的。由于高分子链输运特性在层间受限空间与层外自由空间有很大的差异，因此插层型聚合物/蒙脱土纳米复合材料可作为各向异性的功能材料。

② 剥离型纳米复合材料(Exfoliated Nanocomposites)

在这种复合材料中，聚合物分子大量进入蒙脱土片层间，蒙脱土片层完全剥离，层间相互作用力消失，叠层结构被彻底破坏，硅酸盐片层以单一片层有序而均匀地分散于聚合物基体中，此时蒙脱土片层与聚合物实现了纳米尺度上的均匀混合，无机物相当于刚性棒状分子(长度约 100 nm，厚 1 nm 左右)，起着分子增强的作用，当无机物用量在 5%左右时得到的复合材料的性能往往比常规复合材料或纯聚合物要高得多。一般而言，剥离型结构比插层型结构能形成更加均匀、细致的复合材料，由于分散相具有极大的比表面积，这种复合材料是理想的强韧型材料。

2. 聚合物/蒙脱土纳米插层材料的制备

(1) 原位插层聚合

原位插层聚合法是先将单体或插层剂插层于具有层状结构的并已改性的蒙脱土中，再将单体在蒙脱土片层之间聚合成高分子。在制备过程中，单体聚合使片层之间的距离扩大、解离，使蒙脱土在聚合物基体中达到纳米尺度的分散，从而获得纳米级复合材料。1987 年，日本科学家利用原位插层聚合方法制备了尼龙 6/蒙脱土纳米复合材料，使材料的热变形温度、力学性能与阻隔性能均得到不同程度的提高。中国科学院化学研究所对尼龙6/蒙脱土体系进行了研究，首创了“一步法”复合方法。图7－17为原位插层聚合制备聚合物/蒙脱土纳米复合材料的模型示意图。

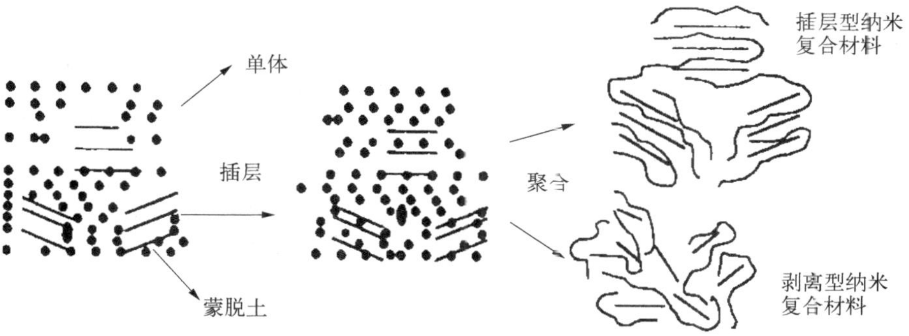

图7－17　原位插层聚合制备聚合物/蒙脱土纳米复合材料模型示意图

(2) 溶液插层复合

溶液插层技术是先将离子交换过的蒙脱土分散在合适的溶剂中，再与聚合物溶液混合并搅拌，生成杂化物溶液，然后再蒸发掉溶剂，得到聚合物/蒙脱土纳米复合材料的方法。Kazuhisa Yano等利用聚合物溶液插层制备了聚酰亚胺/蒙脱土纳米复合材料，具有很好的气体阻隔性，仅添加质量分数为2%的蒙脱土，各种气体的渗透系数就降为普通聚酰亚胺的一半，而且，复合材料的热膨胀系数也有所降低。王胜杰、漆宗能等选择氯仿作为溶剂，成功地将聚二甲基硅氧烷插入到经十六烷基胺盐交换过的有机蒙脱土片层之间。他们首先在室温下将有机蒙脱土充分地分散在氯仿溶剂中，然后将聚二甲基硅氧烷溶于该分散体系中，并升温到60℃左右，在蒸发回收氯仿的同时进行高分子插层，溶剂蒸发完毕的同时也完成了聚合物分子链的插层过程，得到了硅橡胶/蒙脱土纳米复合材料。

(3) 熔融插层复合

熔融插层首先把聚合物和蒙脱土混合，然后再加热到聚合物熔点以上，在静止条件下或在剪切力作用下直接插层进入蒙脱土的片层间，如图7－18所示。美国Cornell大学的Vaia和Giannelis等首先采用这种方法制备了PS/蒙脱土、PEO/蒙脱土纳米复合材料。

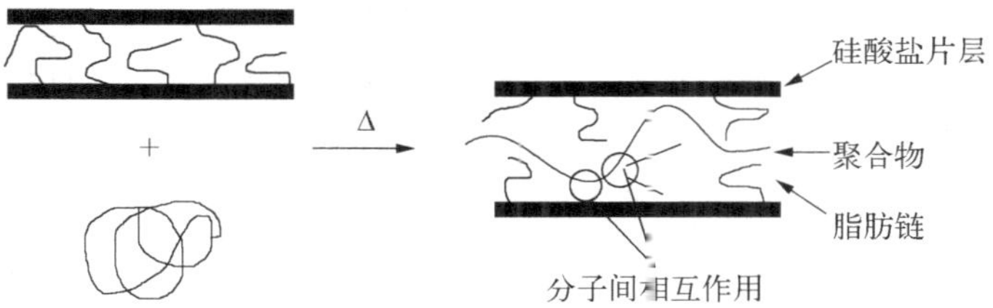

图7－18　熔融插层聚合制备聚合物/蒙脱土纳米复合材料模型示意图

研究表明，原位插层、溶液插层和熔融插层这三种插层方法所得到的复合材料具有相同的结构，由于熔融插层不需任何溶剂，工艺简单，易于工业化应用，是一种更加通用和环保的方法，具有很好的应用前景。

3. 聚合物/蒙脱土纳米插层复合材料的性能

聚合物/蒙脱土纳米复合材料最吸引人之处在于即使含量很低的蒙脱土，也可使聚合物材料的机械性能和一些物理性能得到显著的提高。

(1) 力学性能

① 抗张性能

Okada 等报道了由于蒙脱土的剥离，使得尼龙 6/蒙脱土纳米复合材料的抗张强度和抗张模量有了大幅度提高。剥离蒙脱土质量分数仅为 4%的尼龙 6 纳米复合材料的抗张强度增加了 55%，抗张模量增加了 90%。

② 弯曲性能

对环氧树脂/蒙脱土纳米复合材料的研究发现，当环氧基体中蒙脱土体积分数仅为 4.2%时，材料的弯曲模量就可提高 43%。与抗张强度一样，蒙脱土对弯曲模量的增强效应与蒙脱土的分散以及剥离度有关。

③ 抗断裂性能

Xavier 等发现，部分剥离的不饱和聚酯蒙脱土纳米复合材料的韧度升高，这是因为非剥离的蒙脱土聚集体充当了应力集中物，引起了周围的塑性形变。

(2) 防护性能

① 防渗透性

渗透性的降低，即阻隔性的提高，也是聚合物/蒙脱土纳米复合材料的一个优点。丰田研究所报道尼龙 6/蒙脱土复合材料与未处理的聚合物相比，吸水性下降了 40%。渗透性的降低是因为蒙脱土片层有较大的纵横比，这增加了流体在纳米复合材料内部扩散时路径的弯曲度。蒙脱土的纵横比越大，材料的渗透性越低。此外，聚合物/蒙脱土纳米复合材料结构对聚合物链的限制也可能是导致渗透性降低的重要原因。

② 耐溶剂性

聚合物/蒙脱土纳米复合材料的耐溶剂性能很好。对环氧树脂/蒙脱土纳米复合材料研究表明，当溶剂分子小到可以渗入聚合物网状结构中，或者当溶剂分子大到可以引起环氧基体中分子破坏时，纳米复合材料的耐有机溶剂性能是最好的。

(3) 热学性能

① 热稳定性

丰田研究所的研究者发现，聚合物/蒙脱土纳米复合材料的热稳定性与原聚合物材料相比有了显著提高，尼龙 6/蒙脱土纳米复合材料热变形温度比未处理的尼龙 6 提高了 87℃，同时材料的热膨胀系数降低到原来的 45%。热稳定性的提高随蒙脱土片层长度和含量的增加而增加，原因应归于受限区域的出现。

② 阻燃性

聚合物/蒙脱土纳米复合材料的可燃性很低，有些复合材料有很高的自熄性、较高的抑烟性以及很低的热释放速率，是理想的阻燃材料。1997 年，Gilman 等对聚合物/蒙脱土纳米复合材料的阻燃性进行了研究，发现蒙脱土质量分数为 2%和 5%时，材料的热释放速率峰值分别下降 32%和 63%，因此制备聚合物/蒙脱土纳米复合材料是提高聚合物耐燃性，而又无污染的新途径。

二、填充型聚合物纳米复合材料

填充型聚合物纳米复合材料是无机纳米粒子直接填充在聚合物基体中的一种有机-无机纳米复合材料，它是至今应用最早也是最广泛的一种纳米复合材料。

1. 填充型聚合物纳米复合材料的制备

填充型聚合物纳米复合材料的制备是将已制成的或经过改性的无机纳米粒子通过各种混合方式分散于聚合物基体中，该方法的优点是纳米粒子的制备与聚合物的合成分别进行，原料选择余地大；供选择的纳米单元种类多，其混合的形式可以是溶液、乳液、熔融等共混。不足之处在于纳米粒子易团聚，在聚合物基体中难以分散，以及纳米相在有机聚合物基体中易产生相分离，影响复合材料的物理性能。因此，通常要对纳米微粒的表面进行修饰改性，以提高其在聚合物基体中的分散性和稳定性来克服这些缺点。

(1) 直接共混法

共混法是将各种无机纳米粒子(包括纤维管)与聚合物直接进行分散混合而得到的一类复合材料。这类方法的特点是过程比较简单，适合各种形态的纳米粒子，容易实现工业化。共混法将纳米粒子与聚合物材料的合成分步进行，可控制粒子状态、尺寸，其缺点是要纳米粒子呈原生态纳米级的均匀分散较困难，因而给产品的稳定性带来了新问题。为此发展了一些不同的工艺，如溶液共混法、乳液共混法和熔融共混法等。

(2) 原位聚合法

原位聚合法是使纳米粒子在单体中均匀分散，然后进行聚合反应，既实现了填充粒子的均匀分散，又保证了粒子的纳米特性。此外，在原位聚合过程中，基体只经一次聚合成型，不需热加工，避免了由此产生的降解，从而可以保证基体各种性能的稳定。原位聚合方式有悬浮聚合、分散聚合和乳液聚合等。

原位聚合法在磁性高分子微球和非线性光学材料的制备中有广泛的应用，此法操作简单，但是存在无机粒子易于团聚且分布不均匀等问题。

(3) 溶胶-凝胶法

溶胶-凝胶技术制备聚合基纳米复合材料的方法大致可分为三种情况：① 把前驱体溶解在预形成的聚合物溶液中，在酸、碱或某些盐的催化作用下，让前驱物水解，形成半互穿网格；② 把前驱物和聚合物单体溶解在溶剂中，让水解和单体聚合同时进行，这样使一些完全不溶的聚合物原位聚合而均匀地嵌入无机网络；③ 在上述的聚合物或单体中，可以引入能与无机组分形成化学键的基团，增加有机与无机组分之间的相互作用。

溶胶-凝胶法合成的纳米复合材料中有机、无机分子混合均匀，产物材料的成分能够精确控制，工艺过程温度低，材料纯度高。该法的另一特点是可在温和条件下进行，通过低温化学手段在相当小的尺寸范围内能够裁剪和控制材料的显微结构，使其均匀性达到亚微米级、纳米级甚至分子级水平。该法存在的最大问题是在凝胶干燥过程中，由于溶剂、小分子、水的挥发可能导致材料收缩龟裂；而且，有机金属氧化物交联成网状结构，不利于加工，需要经过剪裁合成预期骨架结构，故在一定范围内限制了此法的使用。

2. 填充型聚合物纳米复合材料的性能

(1) 力学性能

纳米粒子具有比表面积大、表面活性原子多、与聚合物的相互作用强等性质，因此将纳米粒子填充到聚合物中，是提高聚合物纳米复合材料力学性能的有效手段。填充型纳米复合材料能够改善材料的力学性能，例如无机纳米微粒和橡胶弹性微粒可同时大幅度提高塑料 PP 的韧性、强度和模量，PP/纳米 SiO_2/EPDM 复合材料的综合性能已接近或达到工程塑料的性能。如图 7－19、图 7－20 和图 7－21 所示为纳米 TiO_2/PP 聚合物纳米复合材料的力学性能随 TiO_2 含量变化的情况，可以看出，随着纳米 TiO_2 粒子含量的增加，PP 的强度和韧性都有不同程度的增加。

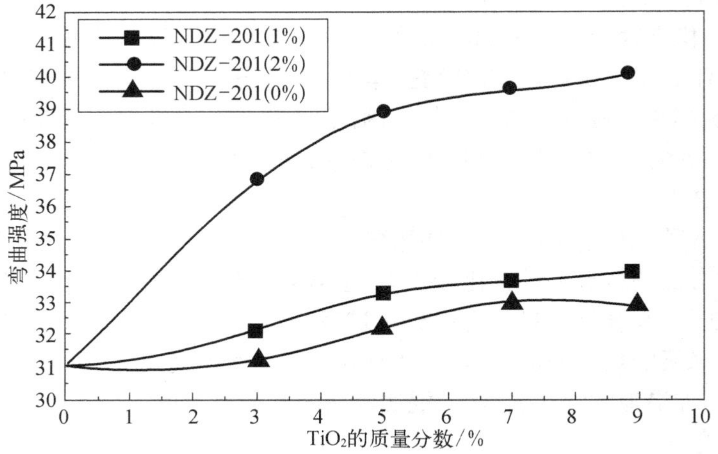

图 7－19　纳米 TiO_2 含量对抗弯强度的影响

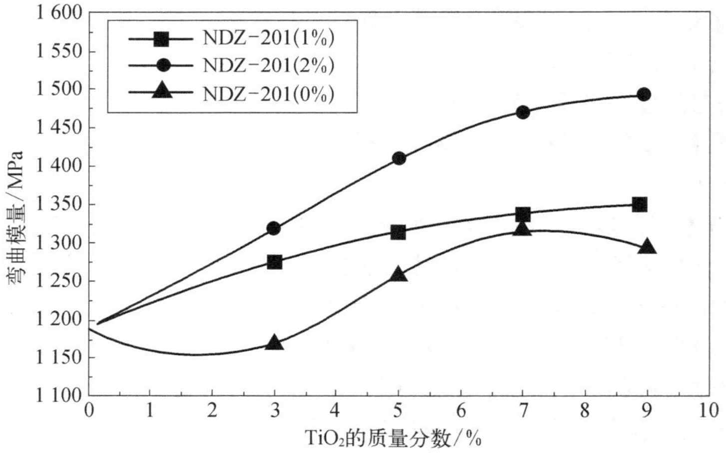

图 7－20　纳米 TiO_2 含量对抗弯模量的影响

(2) 催化性能

高分子纳米复合材料作为光催化剂有许多优点，首先是其中的纳米粒子粒径小、比表面积大、光催化效率高、化学反应活性高；其次，纳米粒子分散在介质中往往具有透明性，容易运用光学手段来观察界面间的电荷转移、质子转移、半导体能级结构与表面态密度的变化；第三，纳米粒子以高聚物作为基体，既能发挥纳米粒子的高催化活性和选择催化性，又能通过高聚物的稳定作用使之具有长效稳定性。常用的作为催化活性中心的纳米粒子主要有金

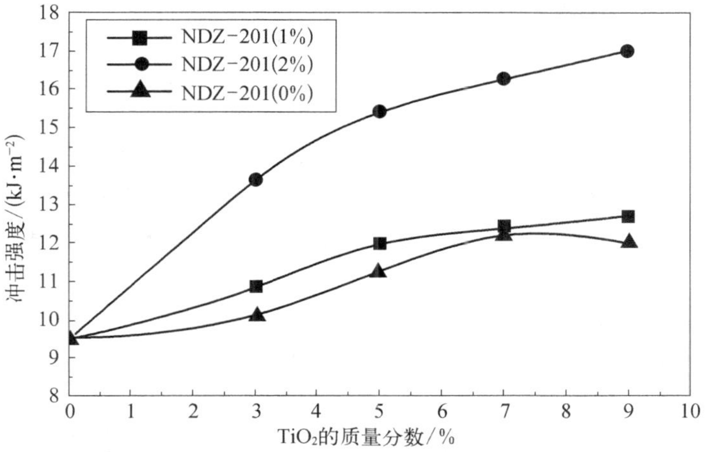

图 7-21　纳米 TiO_2 含量对抗冲击强度的影响

属粒子(如 Pt、Rh、Ag、Pd、Co、Fe 等)以及一些金属氧化物(如 TiO_2、ZnO 等)。纳米 TiO_2 是典型的具有光催化性能的纳米粒子。纳米粒子可以通过填充、吸附、沉积在多孔树脂上或聚合物膜上或包裹在聚合物基体中,从而得到聚合物基纳米复合材料催化剂,用于烯类单体的聚合,有机废物的降解,处理废气、废水、净化环境等。

(3) 电磁特性

纳米材料的电、磁特性也赋予了聚合物基纳米复合材料特殊的磁和电学性质。填充型聚合物基纳米复合材料,采用单磁畴针状微粒,且不小于超顺磁性临界尺寸(10 nm)的纳米粒子与聚合物复合形成,该复合材料具有单磁畴结构和高矫顽力,用它制作磁记录材料可以提高记录密度和信噪比。利用纳米粒子的电学性质,可使聚合物基纳米复合材料具有导电性,在纳米粒子良好分散的状态下,少量纳米粒子就能发挥巨大的性能。以纳米级的 TiO_2 为载体,在 TiO_2 上包覆一层致密的 Sn 和 Sb 膜,可制成性能优异的纳米级导电粉,用此导电粉制成的聚合物基纳米复合材料具有较好的导电性。研究人员在炭黑与橡胶复合材料中加入 SiO_2 粒子,发现随着 SiO_2 含量的增加,复合材料的压阻效应越来越显著,在 0～16%应变范围内,材料的电阻率提高约 3～4 个数量级,并且电阻与应变具有良好的线性关系。

(4) 光学性能

粒子间相互作用引起的协同效应对光学性能影响显著,局域场强烈起伏也造成复合材料非线性光学效应的增强。另外当纳米粒子分散在高聚物基体中时,由于介电局域效应,即高聚物基体(通常折射率较低)和半导体或金属粒子(通常折射率较高)折射率不同,在光照射下,粒子表面附近(包括内、外层)的场强由于折射率变化造成的边界效应而增大,从而引起高分子纳米复合材料特异的光物理性能。此外,对于具有较低的功函数的纳米粒子/聚合物体系,存在较大的粒子/基体界面,易于在基体中产生光致载流。

① 光吸收性能:塑料制品在紫外线照射下很容易老化变脆,如果在塑料表面涂上一层含有纳米微粒的透明涂层,这种涂层对波长为 300～400 nm 的光有较强的吸收能力,这样就可以防止塑料老化。红外吸收材料在日常生活和国防上都有重要的应用前景。利用某些纳米微粒具有很强的吸收红外光波特性,例如纳米 Al_2O_3、纳米 TiO_2 和纳米 SiO_2 复合粉,用这

些复合粉制作的聚合物基纳米复合材料具有较好的红外线吸收功能。太阳光对人体有伤害的紫外线波段主要在300～400 nm，而纳米ZnO粒子在这一波段范围具有强吸收特性，而且该材料无毒无味，对皮肤没有刺激性，不易分解变色，不变质，热稳定性好，因本身为白色而可以简单地着色，再加上其纳米颗粒超细均匀，分散稳定，质感润滑细腻、对肌体有渗透和修复等功能，因此适用于化妆品中，作为美容美发护理剂和防晒霜中的活性因子。

② 发光性能：半导体硫化物诸如CdS、PbS以及与硫相同外层电子构型的硒化物及其复合材料纳米粒子构成的聚合物基纳米复合材料不仅具有光致发光性质，还具有电致发光性质。

(5) 生物特性

自然界生物的某些器管就是天然的高分子纳米复合材料，在生物体上认识天然的纳米复合材料和利用人工合成的纳米复合材料，是非常有意义的。作为仿生材料，聚合物基纳米复合材料主要是用于牙齿替代材料和骨质仿生材料。简单的牙齿替代材料是由有机聚合物体、无机填充材料和界面偶联剂组成的。常用的无机填料是SiO_2粉体，利用溶胶-凝胶技术开发的无定形粉体SiO_2也开始用于牙齿替代材料。

利用纳米技术在塑料中添加少量的纳米无机抗菌剂即可制得高效的抗菌塑料。纳米氧化锌是一种高效抗菌剂，在含量为1%时，以纳米氧化锌制作的聚合物基纳米复合材料显示出极高的抗菌率。高效的纳米抗菌塑料主要用于家用电器如电冰箱的门把手、门衬、内衬；洗衣机的抗菌不锈钢筒；医用电器设备的外用的塑料制作等。纳米级TiO_2和ZnO等光催化无机抗菌剂的热稳定性好、功能持久、安全可靠，能将细菌和残骸一起杀灭清除，同时还能将细菌分泌的毒素也分解掉。产品可应用于超细纤维等特殊场合，是前景广阔的新型抗菌材料。它们可作为添加剂加到涤纶、丙纶、锦纶、腈纶和黏胶等化纤中，赋予各类纤维及其织物抗菌、抑菌和除臭功能，从而起到保健和美学作用，所制成的纤维不仅具有疏水导湿性、快干性、抗污性、密度小和手感柔软等特点，且具持久的抗菌性能。其织物对脚臭、脚癣、皮肤癌、妇科等疾病有较好的防治作用。

3. 应用实例

(1) 聚合物/纳米TiO_2

扬子石化研究院研制一种纳米TiO_2/PP复合材料，保持了聚合物原有刚性，其韧性也大幅度提高，克服了传统材料刚性与韧性难以相容的矛盾，用这种材料制成箱包，既坚硬又不易碎裂，用其制造汽车零部件可替代高品质的塑料及钢材。

紫外线不仅能使肉类食品自动氧化变色，而且还会破坏食品中的维生素和芳香化合物，从而降低食品的营养价值。如用添加0.1%～0.5%纳米TiO_2的透明塑料包装食品，既可以防止紫外线对食品的破坏作用，又可以使食品保持新鲜。

(2) 聚合物/纳米SiO_2

树脂基复合材料具有硬度低、耐磨性差等缺点，如平时使用的玻璃浴缸很快被磨毛，人造大理石的耐磨性和硬度不如天然大理石，然而用纳米SiO_2改性不饱和树脂后，其耐磨性可以提高1～2倍，莫氏硬度可接近天然大理石的硬度，抗拉强度提高1倍以上。

纳米SiO_2还可以作为抗紫外辐射、红外反射、高介电绝缘橡胶的填料。添加纳米SiO_2的橡胶具有良好的抗紫外和红外反射性能，该类橡胶的弹性、耐磨性都会明显优于常规的白炭黑作填料的橡胶，运用纳米材料生产的轮胎不仅色彩鲜艳多样化，性能上也有很大的提高，轮胎侧面胶的抗折性能由 10 万次提高到 50 万次。

（3）聚合物/纳米 $CaCO_3$

作为用量最大的无机填料，纳米 $CaCO_3$ 受到了广泛的关注。由于可以和相应的聚合物基体形成性能显著增强的纳米 $CaCO_3$/聚合物复合材料，因而在许多重要的领域得到应用，其中包括橡胶工业、涂料工业、造纸工业、塑料工业、油墨及其他行业等。以涂料工业为例，纳米 $CaCO_3$ 具有均匀、细腻、白度高、光学性能好等优点，可作为颜料填充剂使用。纳米 $CaCO_3$ 具有空间位阻效应，用于制漆工业中，能起到防止立德粉沉降的作用，且漆膜白度增加，光泽度高，遮盖力好。

第六节 聚合物/聚合物纳米复合材料

聚合物/聚合物型纳米复合材料是由聚合物纤维复合材料衍生和发展起来的，是一种由两种聚合物形成的纳米复合材料。其特点是：一种聚合物以刚性棒状分子形式（直径为 10 nm 左右）分散在另一种柔性的聚合物基体中起拉强增韧作用。聚合物/聚合物纳米复合材料按合成方法的不同，可分为分子复合纳米聚合物材料、原位复合纳米有机材料、聚合物微纤/聚合物纳米复合材料三大类。

一、分子复合纳米聚合物材料

所谓分子复合是指用刚性高分子链式微纤作为增强剂，将其均匀地分散在柔性高分子基体中，分散程度接近分子水平，得到高模量、高强度的聚合物/聚合物复合材料。

分子复合材料具有纳米嵌段结构。它与传统的纤维增强复合材料不同，增强剂（刚性分子链）以分子分散的形式存在于基体中，这样以很少的用量就可以达到大量的纤维才能得到的增强效果，同时保持基体原有的冲击性能和加工性能，得到高强高模、加工性良好的新型复合材料。聚合物/液晶聚合物纳米复合材料是分子复合材料的突出代表。

为了最大限度地发挥复合效果，达到接近分子水平的分散程度，分子复合材料一般采用熔融共混和溶液共混两种原位共混复合方法进行制备。分子复合的研究方向主要在功能材料方面。

分子聚合的微区尺度较一般的纳米材料小，是结构更为精细的纳米复合材料，它解决了传统纤维增强复合材料的纤维和树脂基体界面的粘接、热膨胀系数不匹配问题，能充分发挥增强剂分子内在的优异力学性能、高环境稳定性和高耐热性能，因此近年来分子复合材料的研究异常活跃，并取得了一系列的成果。

二、原位复合纳米聚合物材料

原位复合增强技术也是聚合物共混改性的方法之一，原位复合来源于原位结晶（In-situ Crystallization）和原位聚合（In-situ Polymerition）的概念。

原位复合制备聚合物/聚合物纳米复合材料的一个成功实例是将热致性液晶聚合物与热塑性树脂进行熔融共混，用挤塑或注塑方法进行加工，由于液晶分子有易于自发取向的特点，加工过程中液晶微区沿外力方向取向形成微纤结构，在熔体冷却时微纤结构被固定下来。当形成的这种微纤结构的直径小于 100 nm 时，该原位复合材料才能体现和具有纳米材料的效应与特性，对此，中国科学院黎学东等进行了详细的报道。目前，ICE公司的液晶聚合物，尼龙(LCP/PA)合金，Hoechst Celanese公司的LCP/PA_{12}和40％玻纤增强的液晶聚合物/聚苯硫醚(LCP/PPS)合金等均已商品化。但原位复合材料的发展前景并不如原来估计的那样乐观，主要原因是微纤所起的增强效果有限。

原位聚合是一条可使刚性分子链均匀分散的新复合途径，例如，将吡咯单体溶胀、扩散到柔性链聚合物基体中，以一定的引发剂使吡咯单体在基体中原位聚合，便制备了一种具有良好力学性能的聚吡咯纳米复合导电材料。另外，白宗武等用较低相对分子质量的尼龙6作为基体树脂，以芳香族二醛和芳香族二胺原位缩聚形成刚性分子聚合物作为增强剂获得了分子复合材料，这种纳米复合材料的模量相比基体材料可提高50％，拉伸强度也得到了一定的提高。

三、聚合物微纤/聚合物纳米复合材料

利用模板聚合，将纳米级尺寸微孔的聚合物浸入另一种单体的氧化剂中，使单体溶胀于纳米微孔中，用一定的引发剂或一定的聚合方法使单体在微孔中形成微纤或中空的纳米管，从而形成增强的纳米级聚合物微纤/聚合物复合材料。

第七节　纳米复合材料的应月前景

纳米复合材料由于具有优异的力学性能和其他方面的综合性能，使包括无机/无机、有机/无机、有机/有机在内的一系列纳米复合材料在高性能工程材料、信息材料、能源材料、新型包装材料等领域都有巨大的应用潜力，因此自问世以来便引起了人们普遍的关注。纳米复合材料应用非常广泛，从结构部件领域到电子器件领域，都有很广泛的应用：通过纳米相及纳米金属间化合物弥散增强合金性能；采用纳米介孔复合材料，来保证运载火箭在运行过程中及时散热，保证金属的冷却及骨架的强度；采用纳米焊接技术对金属、陶瓷进行加工。另外纳米材料可以用于汽油微乳化剂、纳米润滑技术以及纳米材料电池等领域。而在电子器件方面可以用作磁记录材料、纳米晶太阳能电池、纳米晶粒膜电极、光伏电池等。

目前对它的研究还不够深入，需进一步加强。如何实现对纳米粒子的尺寸、形态及分布的控制，得到性能符合设计要求的纳米复合材料，是纳米复合材料能够得到全面发展和应用的关键。此外，需要开发新的制备方法，以使纳米复合材料的潜力得到进一步的发挥，应用领域进一步扩大，如借鉴自然界生物材料的合成方法，研制用于高聚物与纳米材料分散的专业设备。将来随着廉价纳米材料不断开发应用，粒子表面处理技术的不断进步，纳米材料增强、增韧聚合物机理的研究不断完善，纳米材料改性的复合材料将逐步向工业化方向发展，其应用前景会更加诱人。

（赵崇军　徐云龙）

复习思考题

1. 何谓纳米复合材料？
2. 纳米复合材料有哪些分类方法？其中何种分类方法是常规复合材料所没有的？
3. 纳米复合材料的设计方法和设计原理有哪些？它们的主要作用是什么？

4. 陶瓷基纳米复合材料的制备原理是什么？
5. 陶瓷基纳米复合材料力学性能改善的机理是什么？
6. 何谓金属基纳米复合材料？粉末冶金法制备金属基纳米复合材料的优点有哪些？
7. 聚合物纳米复合材料的力学性能与微米级以上复合材料有何不同？为什么？
8. 聚合物基纳米复合材料有哪些制备方法？插层法制备聚合物/层状硅酸盐纳米复合材料有何限制？

参考文献

[1] 曹茂盛，关长斌，徐甲强. 纳米材料导论. 哈尔滨：哈尔滨工业大学出版社，2001.
[2] 许并社，等. 纳米材料及应用技术. 北京：化学工业出版社，2003.
[3] 张立德，牟季美. 纳米材料和纳米结构. 北京：科学出版社，2001.
[4] 顾书英，任杰. 聚合物基复合材料. 北京：化学工业出版社，2007.
[5] 徐国财，张立德. 纳米复合材料. 北京：化学工业出版社，2002.
[6] 张玉龙，等. 纳米复合材料手册. 北京：中国石化出版社，2005.
[7] 柯扬船，皮特·斯壮. 聚合物-无机纳米复合材料. 北京：化学工业出版社，2003.
[8] 赵玉涛，戴起勋. 金属基复合材料. 北京：机械工业出版社，2007.
[9] 李云凯，周张健. 陶瓷及其复合材料. 北京：北京理工大学出版社，2007.
[10] 龚荣洲，沈翔，张磊，等. 金属基纳米复合材料的研究现状和展望. 中国有色金属学报，2003，13(5)：1311-1320.
[11] 路学成，周庆年，王鹏. 聚合物纳米复合材料的制备与研究. 合成树脂及塑料，2005，22(6)：62-66.

第八章　纳米组装体系

本章要求

1. 掌握什么是纳米组装，什么是人工组装和自组装；熟悉什么是单原子操纵，什么是分子操纵。

2. 了解纳米器件与微电子器件的区别。

3. 掌握 AFM 与 STM 显微技术的工作原理。

4. 掌握什么是分子识别，什么是分子自组装，了解分子识别的形式和分子自组装的方式。

5. 了解什么是超分子，了解超分子的主要合成技术。

6. 熟悉什么是分子器件，了解分子器件的类型和驱动形式。

7. 理解分子器件的作用机制。

8. 掌握什么是分子机器，熟悉分子机器的主要类型，理解和掌握分子机器的工作原理。

近年来，人们对纳米材料的研究已逐步深入到纳米组装体系(Nanostructured Assembling System)的研究，即以纳米微粒或纳米丝、纳米管等为基本单元在一维、二维和三维空间组装排列成具有纳米结构的体系。纳米结构自组装体系的出现，标志着纳米材料科学研究进入了一个新的阶段。人们可以把纳米结构单元按照事先的设想，依照一定的规律在二维或三维空间构筑成形形色色的纳米结构体系，以及各种特定功能的纳米器件(Nanodevice)。

纳米组装体系根据其构筑过程中的内外因驱动力可分为人工组装体系与自组装体系。人工纳米组装体系是按照人类的意志，利用物理和化学的方法人工地将纳米尺度的物质单元组装、排列构成一维、二维和三维的纳米结构体系，包括纳米有序阵列体系和介孔复合体系等。这里，人的设计和参与制造起到决定性的作用，就好像人们用自己制造的部件装配成非生命的实体。纳米自组装体系是指通过弱的和方向性较小的非共价键，如氢键、范德瓦尔斯力键和弱的离子键协同作用把原子、离子或分子连接在一起构筑成一个纳米结构或纳米结构的图案。纳米自组装技术是以纳米加工、纳米制造为标志的纳米科技向纵深发展的关键技术之一，它可以从分子层次上对基础材料进行加工，合成出结构多样、性能丰富多彩的材料。它代表着一类全新的加工制造技术，从而将人类关于材料制造技术的观念全面更新。因此，重视纳米组装体系，特别是纳米自组装体系的研究具有极为重要的意义。

纳米器件是指器件的特征尺寸在纳米范围(1～100 nm)内的器件，包括纳米电子器件(Nanoelectronics Device)、纳米光电器件、分子器件(Molecular Device)和分子机器(Molecular Machine)。

纳米器件的工作原理和特性与传统意义上的微电子器件(Microelectronic Device)有根本性的不同。描述器件工作原理通常是以电子在器件结构中运动的方程——电子输运方程为基础。微电子器件中的电子输运适合于玻耳兹曼方程，而纳米电子器件中电子的运动遵从量子力学原理；微电子器件中电子更多地表现出粒子性，纳米电子器件中电子更多地表现出波动性，其中量子效应起重要作用。正因为如此，不论是在器件的制备，还是在器件的工作原理和应用方面，纳米电子器件与微电子器件都有显著的区别。

纳米器件的加工有自上而下和自下而上两种途径，如图 8-1 所示。

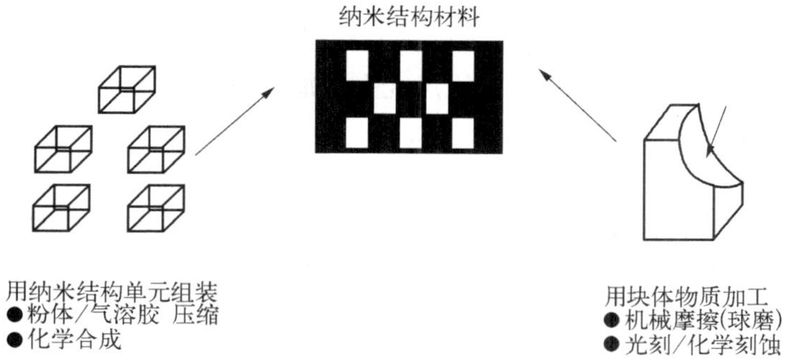

图 8-1　纳米器件的两种加工途径

前一种方法常常是通过改进微电子工业中已有的加工技术以达到纳米尺度的分辨率，属于传统的微细加工技术；而后一种方法则是为了适应器件微型化的需要而另辟蹊径，属于正在兴起的微细加工技术。

现代工业中制造集成电路的关键技术之一是光刻技术。由于光刻技术自身的局限性，目前主要生产器件的特征尺寸在微米、亚微米甚至深亚微米量级，这种技术称为微电子技术(Microelectronic Technology)，而 0.1 μm 被认为是现有电子元器件的极限。另一方面，为了进一步提高器件的集成度和速度，降低器件的功耗，需要不断地缩小器件的特征尺寸。

纳米探针(Nanoprobe)的机械合成与化学合成是一种所谓的“自下而上”的新加工方法。传统的光刻方法是从块材料中去掉不需要的部分后，剩余的部分形成纳米结构和器件，而新技术则是通过排列亚单元以形成一个整体来制备纳米结构和纳米器件。

本章在介绍人工组装和分子自组装技术的基础上，重点介绍分子器件的组装原理和分子机器的工作原理。

第一节　人　工　组　装

早在 1959 年费曼(Feynman)就曾预言过利用单个分子或单个原子进行组装的可能性，不过，由于纳米结构材料尺度上的特殊性，因此对人工组装纳米结构的装配工具也非常苛刻，比较难以实现，但是这种状况在一系列扫描探针显微镜出现后便得到了显著的改善。

1982 年葛・宾尼(Gerd Bining)和海・罗雷尔(Heinrich Rohrer)等发明了扫描隧道显微镜(STM)，它使人类能够实时地观察单个原子在物质表面的排列状态和与表面电子行为有关的物理、化学性质，因此在表面科学、材料科学、生命科学等领域的研究中有着广阔的应用前景，并被国际科学界公认为 20 世纪 80 年代世界十大科技成就之一。在 STM 之后，又相继出现了原子力显微镜(AFM)、扫描电化学显微镜(SECM)、开尔文力显微镜(KFM)等，由于它们都有一个共同的特征：利用探针对样品扫描，同时检测扫描过程中探针与样品相互作用(例如隧道电流或相互作用力等)，得到样品的相关性质，因而这类仪器被统称为扫描探针显微镜。由于这类仪器具有高达原子级的分辨率，因此在纳米级甚至原子级的检测领域发挥了重要的作用。

很快，人们发现了扫描探针显微镜的另一重要用途——原子操作：1987 年美国 Bell 实验室的研究人员首次利用扫描隧道显微镜在 Ge 表面成功实现了原子尺寸级别的加工，从而拉开了人工组装研究的序幕。有了这些高分辨的仪器，犹如赋予了人们一只“神奇的手”，借助于扫描探针显微镜（主要是扫描隧道显微镜和原子力显微镜）等一系列高分辨率“装配工具”的帮助，大大加快了在纳米甚至原子级尺度上的加工和组装工作进程。

一、原子操纵

单原子操纵主要包括三个部分，即单原子的移动（Displacement）、提取（Extraction）和放置（Deposition）。这些技术也是今后单原子操纵在表面上构建原子尺度的结构甚至器件所必需的。目前，已经报道的有关单原子操纵的工作结果，基本都是借助扫描隧道显微镜完成的，扫描隧道显微镜在此方面的重要性由此可见一斑。根据 STM 针尖到样品表面的距离不同（图8-2），其物理机制也有所不同。

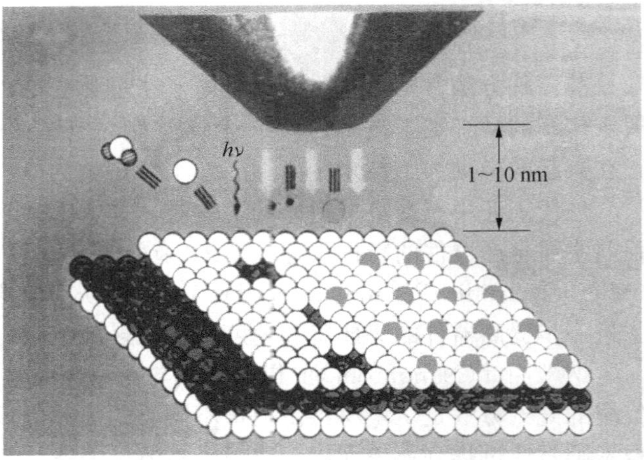

图 8-2　STM 单原子操纵原理图

当 STM 针尖到样品表面的距离较小（<0. 4 nm）时，单原子操纵将受助于 STM 针尖与样品表面之间的化学相互作用，因为随着针尖和表面间的距离的减小，在相同偏置电压的条件下不仅使针尖和样品表面间的隧道电流明显增大（可以增大 1～2 个数量级），同时针尖和样品表面的“电子云”部分重叠，使两者之间的相互作用大大增强。

当 STM 针尖到样品表面的距离较大（>0. 6 nm）时，STM 针尖与样品表面之间的化学相互作用在单原子操纵过程中不起主导作用，这样，原子的操纵则取决于针尖和样品表面之间的纯电场或电流效应。

1. 单原子的移动

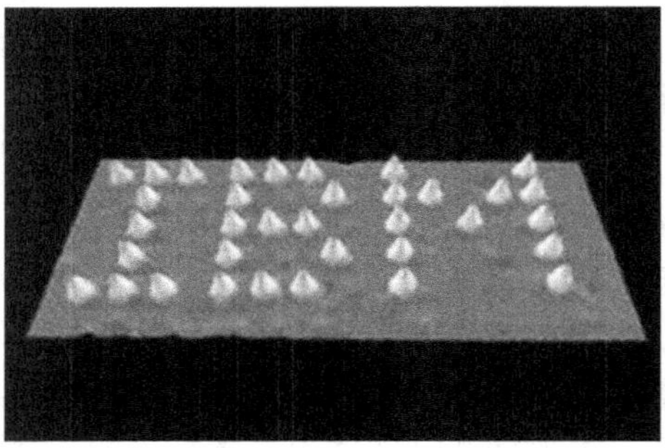

图 8-3　用 STM 移动吸附在 Ni(110)表面上的 Xe 原子而排列成“IBM”

1990 年，美国 IBM 公司 Almaden 研究中心 Eigler 研究小组使工作在超高真空和液氦温度（4. 2K）条件下的 STM 成功地移动了吸附在 Ni(110)表面上的惰性气体 Xe 原子，并用 35 个 Xe 原子排列成“IBM”三个字样，如图 8-3 所示。这一研究立刻引起了全世界科学家们的极大兴趣并开创了用 STM 进行单原子操纵的先例。在 Xe 原子移动操纵过程中，他们只需将 STM 的探针下移并尽量地接近表面上的 Xe 原子，Xe 原子与针尖顶部原子间形成的范德瓦尔斯力和由于“电子云”重叠产生的化学键力会使得 Xe 原子吸附在针尖上，并将随针尖一起移动。

1993 年，Eigler 等进一步将吸附在 Cu(111)表面上 48 个 Fe 原子逐个移动并排列成一圆形量子栅栏(Quantum Corral)，如图 8－4 所示。这个圆形量子栅栏的直径只有 14.26 nm，而且，由于金属表面的自由电子被限域在栅栏内，从而形成了电子云密度分布的驻波形态。这是人类首次用原子组成具有特定功能的人工结构，它的科学意义无疑是十分重大的。与此同时，他们还在 Cu(111)表面上成功地用 101 个 Fe 原子写下"原子"两个迄今为止最小的汉字，如图 8－5 所示。采取这种十分简单的方法就可以移动吸附在 Cu 表面上的 Fe 原子，是因为金属原子 Cu 和 Fe 之间的金属性结合(金属键)比较弱，无需很大的力就可以将其断裂。

图 8－4　Fe 原子的圆形量子栅栏

图 8－5　用 101 个 Fe 原子写下"原子"两个迄今为止最小的汉字

2. 单原子的提取

1991 年，日立中央研究所 Hosoki 等曾经在室温条件下，应用电压脉冲方法成功地提取了 MoS_2表面上的 S 原子并用遗留下的原子空穴构成了"PEACE′91 HCRL"(其中 HCRL 为日立中央研究所的英文缩写)的字样(如图 8－6 所示)，这种方法加工的字母竟小于 1.5 nm，至今仍然保持着最小字母的世界纪录。

图 8－6　世界上最小的字母

同样地，当 STM 针尖置于 Si(111)－7×7 表面上某个预定的 Si 原子上方约 1.0 nm 处，然后对表面施加一个－5.5 V，30 ms 的电压脉冲时，这个 Si 原子能够在电场蒸发的作用下而被提取，图 8－7 (a)和(b)分别给出了施加电压脉冲前后相同原子表面处的 STM 图像，可以看出，图 8－7(a)中箭头所指的 Si 原子在图8－7(b)中已经被提取。目前，这种单原子操纵实验的重复精度已经可以达到 30%～40%。

加工人工原子结构，仅仅能够提取指定位置上的某个原子是不够的，关键问题是原子操纵的精确性和可连续性，也就是说必须能够在指定的位置进行连续的原子操纵加工，包括提取和放置原子。图 8－8 给出两例从表面的预定位置连续地移走单个原子而形成的原子尺

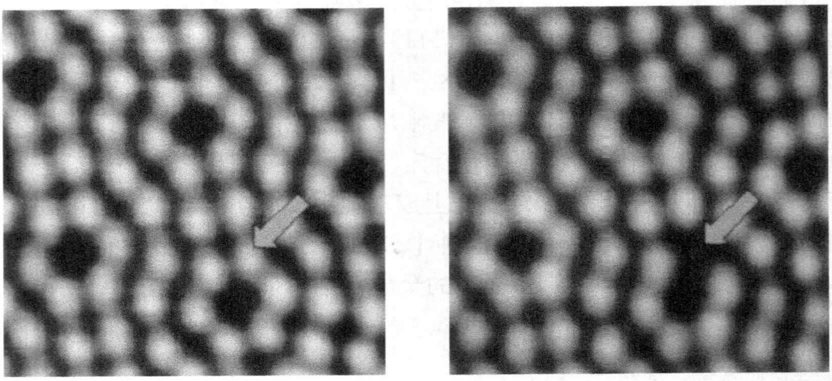

(a) (b)

图 8－7 Si(111)－7×7 表面上单个 Si 原子的提取操纵

度的特殊结构。在图 8－8(a)中,Si(111)－7×7 表面上的 5 个角吸附原子已在 12 个对表面施加的电压脉冲(－5.5 V,30 ms)的电场蒸发作用下被移走;而图 8－8(b)中,5 个中心吸附原子则是在 9 个相同的电压脉冲条件下被移走的。这些表明应用 STM 已经可以在表面上加工出人们所期望的单原子结构,而它们是单原子尺度器件加工的最基本的实验。需要说明的是从表面上不断地提取单个原子并加工出一些特定的单原子结构比单纯地操纵单个原子的难度要大得多,因为除了要求针尖能够精确地定位(其中包括对样品热漂移的补偿),同时还要求针尖顶部的原子结构能够保持相对稳定,不会因在强电场蒸发作用下进行单原子操纵而发生较大的变化。

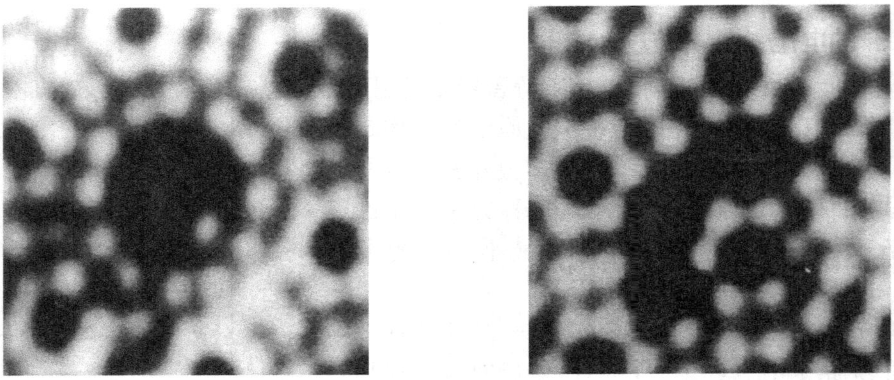

(a) (b)

图 8－8 Si(111)－7×7 表面上单个 Si 原子的连续提取操纵和原子尺度的特殊结构加工

3. 单原子的放置

STM 不仅可以在电场蒸发的作用下移走表面上的单个 Si 原子,它也可以在电场蒸发的作用下将单个 Si 原子放置到表面上任意预定的位置。通俗地讲,根据被放置原子的来源,单原子的放置可分为如下三种方式。① 铅笔法:所放置的原子直接来源于 STM 针尖的材料;② 蘸水笔法:所放置的原子是先用针尖从样品上的某处提取一些原子,然后再将这些吸附在针尖上的原子一个一个地放置到特定的位置上去;③ 钢笔法:这种方式则是寻找一种方法将某种所需的原子源源不断地供给到 STM 针尖上，再源源不断地放置到样品表面上去。由于第一种方式很难控制针尖材料上单个原子的蒸发，通常只能用于较大纳米点(Nanodot)的放置，适用于异质原子人工结构的加工。如把金属 Au 或 Pt 针尖上的原子放置到 Si 原子表面加工纳米尺度的点或线结构；第二种方式适用于加工同类单原子结构，如在 Si 表面加工 Si 原子结构。而第三种方式则可以加工与表面和针尖异质的原子结构，如在 Si 表面加工 H 原子结构。

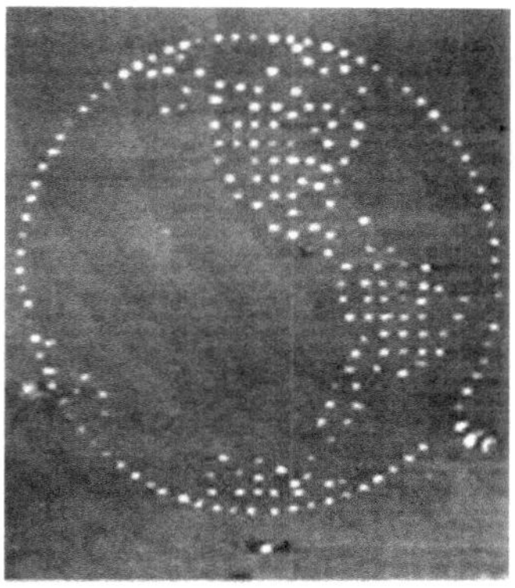

图 8－9　Au 原子团簇在金表面上形成的世界地图

图 8－9 是用铅笔法将 Au 针尖材料放置到样品表面上的一个典型实例。当在 Au 的针尖和样品表面之间施加－3.5～－4.0 V(针尖为负)的电压脉冲时(此值高于 Au 原子的场蒸发阈值)，可以将针尖上的 Au 原子簇源源不断地放置到 Au 表面上的预定位置，形成直径为 10～20 nm，高为1～2 nm 的纳米点结构。用这些纳米点描绘的世界地图十分微小，直径仅为 1 μm，与实际地球相比，其比例约为 1∶10^{13}。

二、分子操纵

1990 年美国加州 IBM 实验室 Eigler 首次成功地实现了单原子操纵。此后单分子操纵成了人们努力的目标，先后实现了多种分子的操纵。本小节简单介绍几种常用的单分子操纵技术及其在单分子移动和 DNA 分子的旋转中的应用。

1. 单分子操纵技术

单分子操纵常用的技术有原子力显微镜(AFM)、玻璃微针、光镊、磁镊等。这些技术包含两个基本要素：一是测力或施力装置；二是生物分子定位装置。为了实现单分子测量，必须有效地操纵单个分子。操纵方式有两种：一是接触式，如使用玻璃微针(或 AFM 针尖)，通过与连在 DNA 上的小球机械接触(或直接与生物分子接触)来操纵分子；二是非接触式，通过光场或磁场控制小球间接地操纵生物分子。非接触式操纵方式测力范围较接触式小，但精度高，应用范围较广泛。各种单分子操纵技术各有优缺点，互补性很强。

(1) 光镊

光镊是利用聚焦激光束产生辐射压力而形成光学陷阱，处在陷阱中的微粒因受到梯度力场的作用而被钳住。这个光学陷阱像是一把小镊子，因此被称为光镊。通过移动激光光束可以使被俘获物体迁移或翻转。图 8－10(a)是利用光镊研究 DNA 分子的一种实验构造。玻璃微针通过流体负压吸住一小球，另一小球被光镊捕获，其位置由光镊控制，小球所受的力根据其相对于光阱中心的偏离来确定。

(2) 磁镊

图 8－10(b)是磁镊的示意图。磁镊是把生物分子(一般是 DNA)的一端连接在载玻片上，另一端连上一个超顺磁性小球，外加一磁场吸引磁性小球，改变外磁场就可以拉伸或转动顺磁小球，从而拉伸或扭转 DNA 分子。小球在其平衡位置附近做布朗运动，其位置由光学显微镜记录。小球所受的力根据 $F=k_BT\langle L\rangle/\delta x^2$ 计算，式中 k_B 是玻耳兹曼常数，T 是温度，$\langle L\rangle$ 是 DNA 的平均末端距，δx 是小球相对于其平衡位置的偏移。

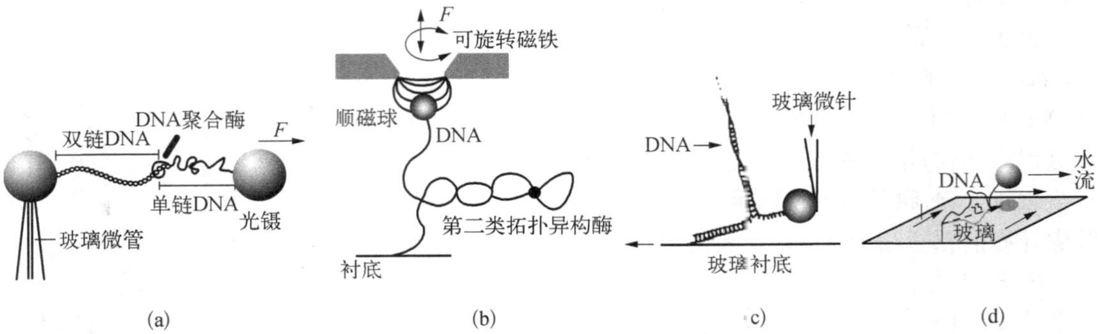

(a) 光镊；(b) 磁镊；(c) 玻璃微针；(d) 斯托克斯拖曳

图 8-10 各种单分子操纵技术示意图

(3) 玻璃微针

利用商业拉针仪器可以拉出比原子力显微镜微悬臂的弹性系数更小的微针尖(如图 8-10(c)所示)。将针尖进行修饰连接上 DNA 的一端,另一端连在一个可移动的精密样品台上。样品台拉伸 DNA 并使针尖偏转,偏转量可以用来计算力。

(4) 斯托克斯拖曳

斯托克斯拖曳是通过水的流动将力施加于连有 DNA 的小球上(图 8-10(d))。用两块玻璃片密封形成样品腔,并在上面的玻璃片上开两个小孔连上细导管,以输入生化样品或更换缓冲液。通常将生物分子的一端固定在被修饰过的玻璃基底上,而另一端固定在小球上,然后用输液管接上微流泵以控制水流流速。力的大小用斯托克斯公式 $F=6\pi\eta rv$ 得到,式中,η 是黏滞系数,r 为小球半径,v 为水流速度。

2. 单分子的移动

1992 年 Eigler 等再次成功地利用 AFM 技术移动了吸附在 Pt 表面上的 CO 分子,并用这些 CO 分子排列成一个"人"的形状。这个 CO 分子"人"的高度仅有 5 nm,如图 8-11 所示。

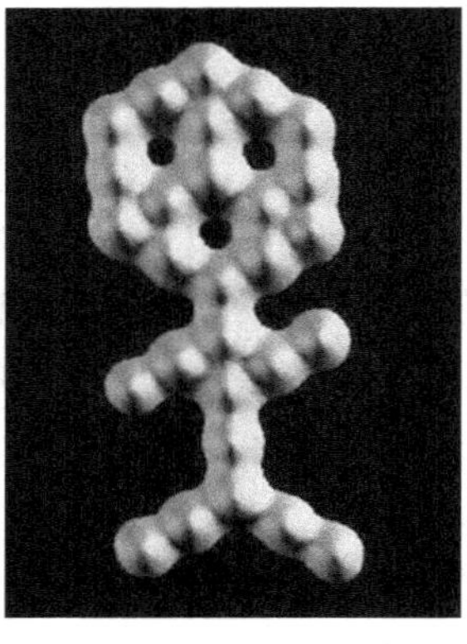

图 8-11 一氧化碳分子人

图 8-12 C_{60} 分子算盘

用 STM 也可以移动吸附在样品表面上尺度较大的分子。图 8-12 是在 Cu(111)表面上移动 C_{60} 分子的一个实例。研究人员用 STM 针尖一个接一个地将 C_{60} 分子有序地移动,其操作过程就像拨打中国的算盘珠子，不过作为算盘珠子的 C_{60} 分子实在是太小了，只有 0.7 nm。

3. DNA 分子的旋转

分子生物学的兴起使生命科学逐渐摆脱了以描述性为主的研究模式，深入到分子水平，揭示生命现象的本质。尽管生命系统十分复杂，人们还是习惯于以单分子之间的相互作用来思考问题和构建模型。与此相对应，人们一直期待着能够在单分子水平直接研究基本的生命过程。

由于 DNA 分子是全部遗传信息的携带者，它的重要性可以说已超越生物学的范畴，DNA 分子操纵很自然成为生命科学、物理学等多学科的共同热点，将结出丰硕的成果。单分子实验已揭示出了 DNA 的一些较为详细的平衡态和动力学性质。在这些实验中，DNA 分子被多种手段所操纵，通过切割、拉伸与扭转来研究 DNA 独特的内禀性质。在此基础上，通过研究蛋白质对 DNA 物理性质的改变，研究人员对包括 RNA 聚合酶、拓扑异构酶、核酸内切酶、DNA 易位酶和解旋酶等一系列分子马达进行了细致研究，取得了前所未有的进展。

DNA 分子的直径只有 2 nm，为了在光学显微镜下有效地操纵 DNA 分子，必须在 DNA 两端装上"手柄"，其中一个"手柄"是可操控的小球或者玻璃微针。例如，在磁镊操纵系统中，用生化手段在 DNA 两端修饰两个不同的功能基，即链亲和素（Streptavidin）和地高辛（Digoxigenin）。在载玻片上修饰生物素，可使之与 DNA 末端的链亲和素结合；与此相似，在微米大小的超顺磁性小球表面修饰反地高辛（Anti-digoxigenin），与 DNA 末端的地高辛结合（如图 8-13 所示）。在实验中，用外磁场移动磁球就达到了通过控制"手柄"来操纵 DNA 的目的。

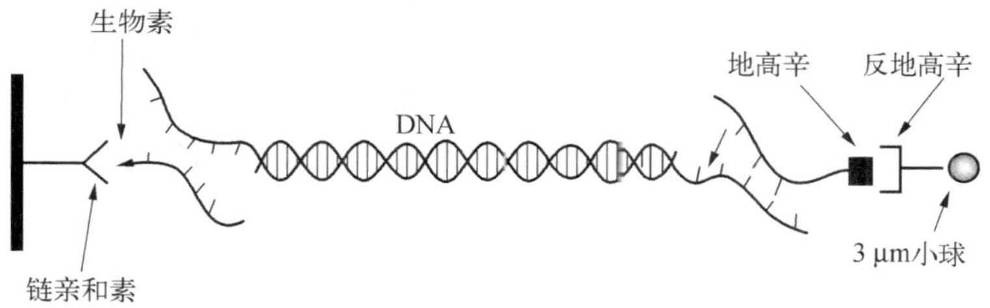

图 8-13　给 DNA 装上"手柄"

Strick 研究组设计了一个精巧的实验，能够在拉伸 DNA 的同时扭转 DNA。他们将 DNA 的两条单链都修饰功能基，并分别与玻璃表面及超顺磁球连接，使 DNA 的两条链都固定。借助外磁场旋转引起超顺磁球的旋转，以此来改变 DNA 的螺旋度（图 8-10(b)）。研究发现，在较小的拉力下，如 0.26 pN，DNA 的长度-转数曲线是对称的（图 8-14），也就是说，由于螺旋度的正负变化，DNA 形成绞旋状螺旋而变短；当磁力增大到 1.9 pN 时，曲线形状不再对称，负螺旋度的增加并不引起 DNA 长度的变化，而正螺旋度的增加则会形成超螺旋，使 DNA 变短（图 8-14）。当磁力增大到 8.8 pN 时，曲线成一条直线，螺旋度的正负变化不再引起 DNA 长度的变化。这时 DNA 超螺旋可使其碱基暴露在外，形成一种新的 DNA 构象——P-DNA（即 Pauling 于 1953 年提出的构象）。

2003 年，Bryant 等做了一个更精妙的实验（如图 8-15 所示）。为了测量 DNA 的扭矩，他们在 DNA 中间连上一个直径约为几百纳米的小球，然后将 DNA 旋转，使其螺旋度变化。

纳米小球的方位开始时用水流冲刷固定，关掉水流后，DNA 释放过多螺旋造成的扭曲能，带动小球旋转，通过测量小球旋转的角速度，他们得到了 DNA 的扭转模量约为 410 pN·nm^2。

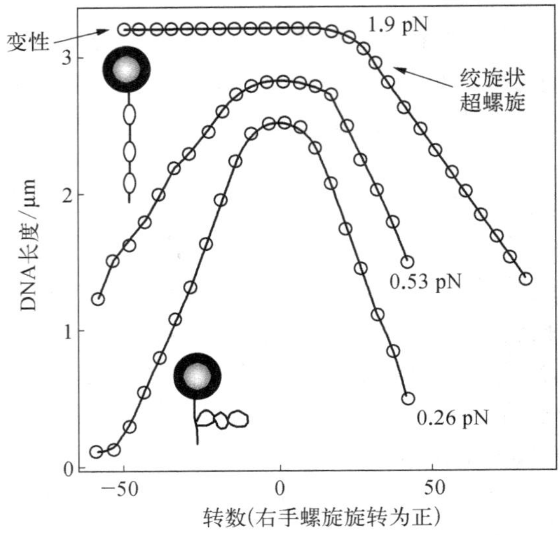

图 8-14　在不同力作用下 DNA 的长度-转数曲线

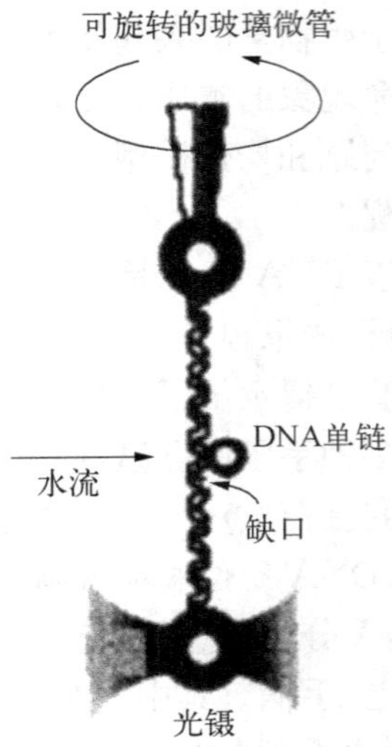

图 8-15　DNA 扭转模量测量示意图

DNA 分子有其独特的优点，一是来源广泛，二是纯度高，因而可考虑作为分子电子学的候选材料。DNA 分子在生物体中大量存在，利用现有的生化技术可以方便地提取，还可以人工合成指定序列的 DNA。更重要的是，根据碱基配对原则，DNA 具有分子识别能力。在单分子水平上操纵 DNA 是十多年来分子生物学领域最激动人心的进展。在此基础上的 DNA 与蛋白质相互作用的研究，为定量研究生命活动中的一些基本过程奠定了基础。单分子科学正以前所未有的速度发展。实验设计理念的简单性和数据的准确性使单分子研究充满了无穷的魅力，显示了广阔的前景。在精湛的单分子实验技术的保证下，可以充分发挥人们的想象去探索复杂的生命过程。

第二节　纳 米 加 工

纳米技术的无穷魅力是源于纳米效应(如量子效应、巨大的表面和界面效应等)能使得物质的许多性能发生质变，而实现纳米效应的关键首先是具有纳米结构，因此，纳米结构的加工技术是整个纳米技术的核心。以下介绍几种新兴的纳米加工技术。

一、利用 STM 和 AFM 的纳米加工技术

电子学(Electronics)未来的发展，将以“更小、更快、更冷”为目标。“更小”是进一步提高芯片的集成度，“更快”是实现更高的信息运算及处理速度，而“更冷”则是进一步降低芯片的功耗。只有在这三方面都得到同步的发展，纳米电子学技术才能取得新的重大突破。要实现上述目标，电子器件的尺寸将必然要进入纳米尺度范围。这表明，在不久的将来，微电子器件必将过渡到纳米电子器件，使其成为 21 世纪信息时代的核心。

目前的光刻技术能够加工的最小线宽为 130 nm，远不能满足纳米电子器件的加工要

求，必将被更先进的扫描隧道显微镜（STM）和原子力显微镜（AFM）等纳米加工技术所取代。STM工作时，探针与样品间将会产生高度空间限域的电子束，与一般聚焦的电子束一样，此电子束可对样品表面进行微细加工。由于针尖与样品距离只有纳米量级，所以其对样品产生作用的区域也是纳米量级。它可以对样品表面进行直接刻写，也可以对涂有抗蚀剂的表面进行光刻，还可以用它产生的电子束在液体和气体的氛围下诱导沉积，也还可以对吸附在样品表面的颗粒和原子进行操纵、搬运等等。

STM的纳米加工（Nanoprocess）技术还是一个刚刚兴起、目前还不够完善的工艺，但它具有极其广泛的、潜在的功能：有望将LSI线宽从微米降至纳米（可以加工出极其均匀的纳米氧化细线）；成为未来器件加工（纳米电子学）和分子切割（纳米生物学）的一个重要手段；可以一边检测表面形貌，一边利用诱导沉积修补表面结构缺陷；可对原子、原子团进行操作，制作单分子、单原子和单电子器件，以大幅度提高信息存储量；还可用于生命科学中的物种再造以及材料科学中的新原子结构材料的创建，从而达到材料设计的目的。

AFM无法通过改变电压来操纵原子，但却提供了一种推动原子的方法。目前，已经发展了一种基于AFM的纳米刻蚀技术，且制备了特征尺寸为60 nm的金属氧化物场效应晶体管。

二、聚焦离子束技术

聚焦离子束（Focused Ion Beam，FIB）技术是在电场和磁场的作用下，将离子束聚焦到亚微米甚至纳米量级，通过偏转系统及加速系统控制离子束，实现微细图形的检测分析和纳米结构的无掩模加工。FIB技术的主要特点在于离子束可在几个平方微米到近1 mm^2的区域内进行数字光栅扫描，可以实现通过微通道板或通道电子倍增器收集二次带电粒子来采集图样；通过高能或化学增强溅射去除多余的材料；沉积金属、碳或类电介质薄膜的亚微米图形。近年来，FIB技术取得了长足的进步，下面介绍几种FIB技术的应用实例。

1. 掩模修补

FIB技术不仅可以修补普通的光学工艺掩模，而且还可以修补X射线掩模及先进的光学移相掩模。FIB修补工艺具有很高的空间分辨率（分辨尺寸可小于25 nm），可以修补包括相位缺陷在内的各类缺陷。

2. 电路修改

利用FIB技术的刻蚀及沉积功能可以对失效或需要改进的集成电路进行修改，达到显著缩短设计和生产周期的目的，如利用FIB技术可以断开电路之间一些不应有的连接或者形成电路之间的纳米级连接，连接的线宽仅为几十纳米，而线长可达几十微米。

3. 在三维微结构及微系统中的应用

FIB沉积可以实现复杂的三维微结构的制备。由于沉积是一层接着一层进行的，并且上面一层都比下面一层伸出一点，这就使得这种技术可以沉积成具有悬挂支出特征的微结构。此外，通过局部表面的FIB离子掺杂及离子铣，结合KOH湿法腐蚀，还能实现纳米机械结构的制备；FIB离子铣还可用于MEMS和传感器中。

总之，FIB技术的主要优点是以很高的精度实现复杂的微结构，不足之处是加工速度较慢。因此，FIB技术主要用于那些尺寸相对较小、耗时相对较少的微结构，并且最适合小尺度结构的后加工及原型制备。

三、准分子激光直写

准分子激光(Excimer Laser)的高分辨率、大光子能量、冷加工、可“直写”以及无环境污染和对加工材料广泛的适应性,使其成为一种重要的 MEMS 和纳米加工技术。其加工系统原理如图 8-16 所示,准分子激光器发射连续激光,声光调制器控制激光的通断;衰减器调节激光束能量,光束匀化器使激光光强分布均匀,显微物镜用于光束的聚焦。利用准分子激光可以制作 MEMS(如微流体器件)和 MOEMS 等。为了满足不同的加工批量与结构形状需求,按在加工过程中掩模与工件(工作台)之间的相对关系可以将准分子激光纳米加工系统分为三类:静态掩模与工件、动态掩模与工件(非同步)和动态掩模与工件(同步)。

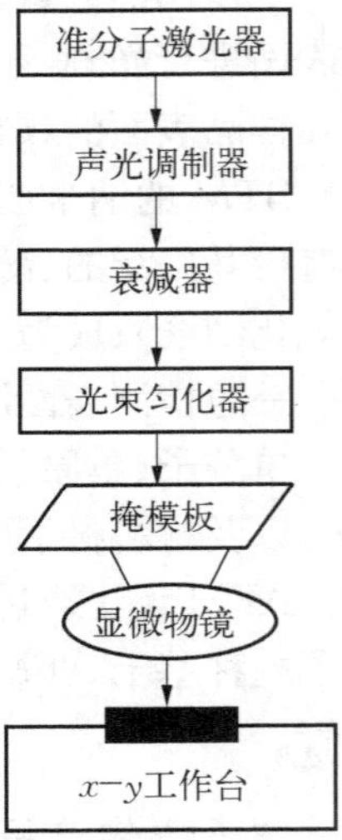

图 8-16 准分子激光加工系统原理图

四、纳米压印

纳米压印(Nanoimprint Lithography,NIL)技术是 20 世纪 90 年代中期诞生的,最近被国外称为“将改变世界的十大新兴技术”之一。NIL 技术的概念可说是源自我们日常生活中的盖印章,此动作可将原来在印章上的图形压印到另外一件物体表面上。

纳米压印技术和其他光刻技术(Lithography)相比优势明显:具有高分辨率(可达几个纳米)、高效率(可以简单地在大面积基片上重复、大批量制备各种纳米结构,通过并行处理制备多个零件)、低成本(不需要极为复杂昂贵的光学镜头、光学系统和电子聚焦系统)等优点。NIL 可望尽快突破几十纳米线宽 IC 制作的世界技术难题。纳米压印技术历经十多载的发展,逐渐形成了三大主流技术,一类是软刻印技术(Soft Imprint Lithography,SIL),一类是热压印技术(Hot Embossing Lithography,HEL),还有一类是步进-闪光压印技术(Step and Flash Imprint Lithography,S-FIL)。

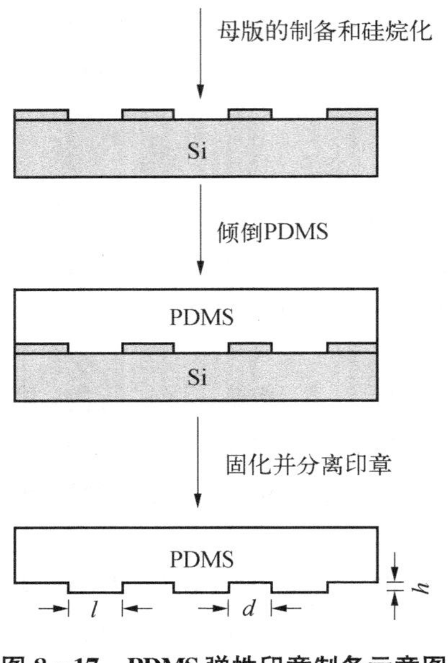

图 8-17 PDMS 弹性印章制备示意图

1. 软刻印技术(SIL)

SIL 与中国传统的盖章概念最为相近,它结合自上而下的图形定义及自下而上的自组装成型,是两种趋于纳米尺寸技术的最佳结合。目前已经成功实现刻印的图案达到 50 nm 水平。SIL 技术的关键是弹性印章或弹性压模如何将图形转移到基底上,因前均使用柔性的有机分子材料,而不是目前微电子工业中普遍使用的无机刚性材料。

图 8-17 给出了软刻印技术中弹性印章制备过程的示意图。首先采用电子束光刻技术,在硅片上制作带有浮雕图样的母版,浮雕部分的材料可以是 SiO_2、Si_3N_4、金属、抗蚀剂或者蜡,然后将其暴露于 $CF_3(CF_2)_6(CH_2)_2SiCl_3$ 蒸气中约半小时使其硅烷化。将弹性的液态预聚物倒在母版上,等其固化后和母版分离,得到弹性印章。弹性

印章的 h，d 和 l 的典型值分别为 0.2～20 μm、0.5～200 μm、0.5～200 μm。由于 PDMS(聚二甲基硅氧烷)具有许多优点，故一般弹性印章的材料多采用 PDMS。

SIL 技术一般分为 5 类，即微接触印刷法(Micro-contact Printing，μCP)、毛细管微浇铸法(Micromolding in Capillaries，MIMIC)、复制浇铸法(Replica Molding，RM)、微转移浇铸法(Microtransfer Molding，μIM)和辅助溶剂微浇铸法(Solvent-assisted Micromolding，SAMIM)。其中 μCP 法及 MIMIC 法发展比较成熟。

2. 步进-闪光压印技术(S－FIL)

S－FIL 技术于 1999 年首先由美国德州大学奥斯汀分校 C. G. Willson 教授等提出，是一种很有发展前途的压印方法，其工艺过程如图 8－18 所示。首先，将一层有机转移层涂在硅基底上，再将一个带有电路图形浮雕结构的透明模板从上方接近并对准硅基底。然后，在硅基底和模板之间的空隙中滴入一种低黏性、可先聚合的有机硅溶液，并通过毛细管作用使之充满空隙。之后将模板接触硅基底上的转移层使空隙闭合，再利用紫外光从模板背面照射结构。光固化完成后，将模板从基底上分离，在基底表面留下浮雕的图像，作为刻蚀阻挡层。最后，采用卤素等离子体刻蚀转移层上面残留的基层，再用 RIE 刻穿转移层，消除刻蚀阻挡层，在基底上形成高深宽比的纳米图像结构。由于这套工艺中模板的面积远小于硅片，故采用了步进重复的方法，每步都要进行一次紫外光照射，因此得名“步进-闪光压印法”。S－FIL 的最大优点是在室温下不需很大的压力就可进行光刻；由于模板透明，可以毫无困难地采用以前的掩模对准装置。这使其成为各种纳米压印技术中最有可能进入集成电路(IC)批量生产的一种压印技术。此外，S－FIL 还具有生命周期长、能够批量生产等优点。这种压印工艺特别适合于多层压印，也常用来制作数据存储器等纳米电子器件。

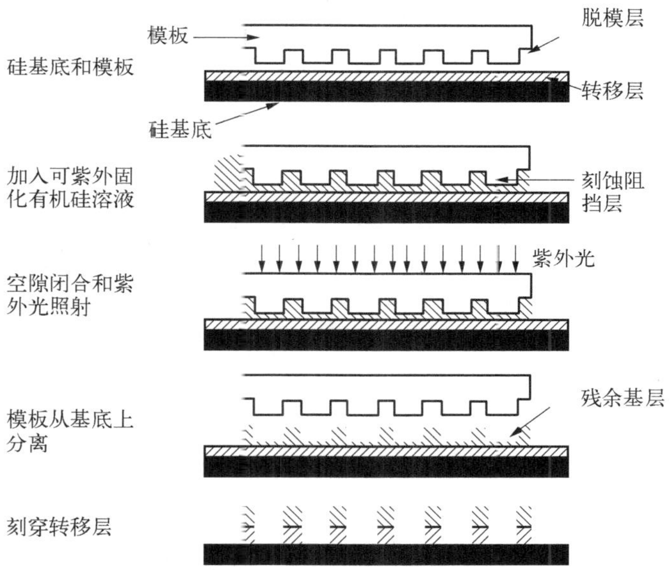

图 8－18　S－FIL 工艺过程

上述几种新兴的纳米加工技术具有各自的优势和其独特的应用领域，在实际应用中可以根据不同的应用场合进行选择。其中，纳米压印技术和其他纳米加工技术相比优势明显，是下一代实用光刻技术，具有强大的竞争力，从根本上展示了纳米器件生产的广阔前景。

第三节　分子自组装

分子自组装是指在平衡条件下，分子间通过非共价相互作用力(包括静电作用、范德瓦尔斯力、疏水作用力、氢键等)自发组合形成的一类结构明确、稳定、具有某种特定功能或性能的分子聚集体或超分子结构的过程。目前通过自组装方法已构筑了许多复杂却高度有序的功能分子和超分子实体，下面简要介绍其组装基本原理及组装工艺。

一、组装基本原理

1. 氢键驱动

氢键是超分子自组装的基本驱动力之一，若一组分上只带有质子供体，另一组分上只带有质子受体，则两者形成的自组装体系结构最稳定。

氢键的基本构成是 X—H—Y，可以组成氢键的原子 X、Y，包括与 H 原子有电负性差异的 C、N、O、F、P、S、Cl、Se、I 等，X—H 称为质子供体（Proton Donor，简称 D），含孤对电子的 Y 原子称为质子受体（Proton Acceptor，简称 A）。单个氢键的强度与 X—H 偶极矩以及 Y 原子上孤对电子有关，同时溶剂的影响也很重要；而对于多重氢键，影响氢键强度的因素除了组成氢键原子的种类以及氢键重数以外，还和相邻供体与受体之间的附加作用密切相关。氢键自组装形成多种超分子聚集体，依据氢键的多重性可分为单重、二重和多重氢键体系。

(1) 单重氢键聚集体

Kawakami 用聚丙烯酸和带双咪唑基的联苯组装成具有特殊动态性的网络超分子液晶（图 8-19）。

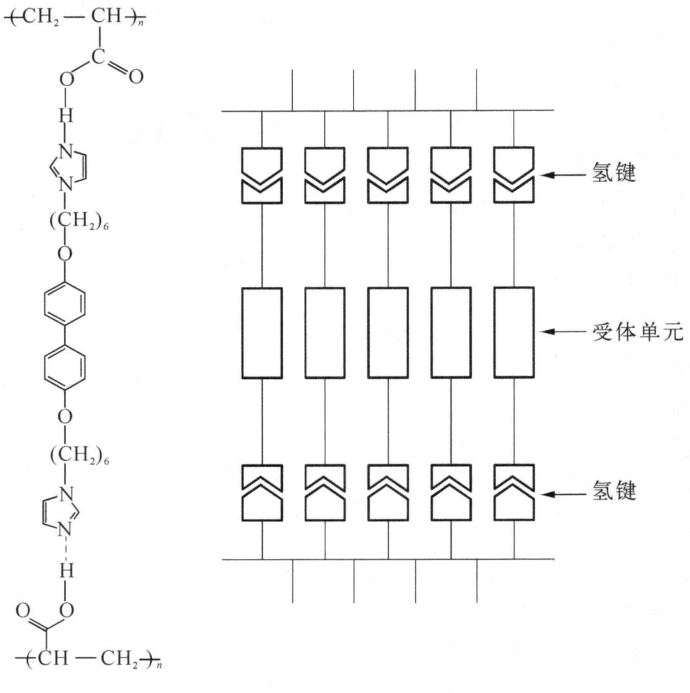

图 8-19　氢键网络液晶高分子

(2) 二重氢键聚集体

AD-DA 二重氢键复合物按结合方式分两种：同体组装和异体组装，后者如 DNA 分子中的腺嘌呤-胸腺嘧啶（A-T）碱基对（图 8-20）。除 AD-DA 形式外，还有多种形式，如二重氢键的相互识别（图 8-21）。

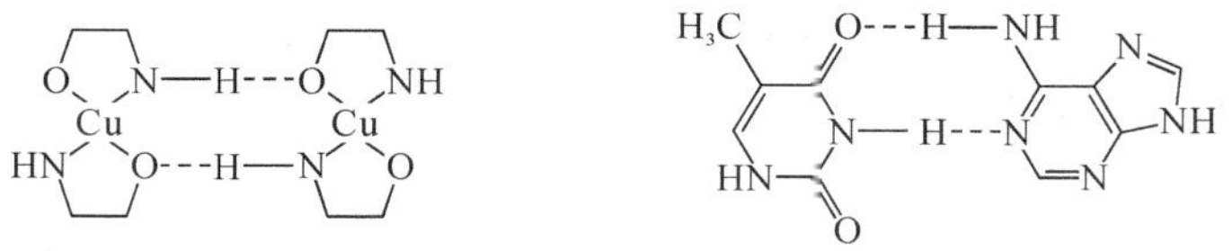

图 8-20　同体(左)和异体(右)组装

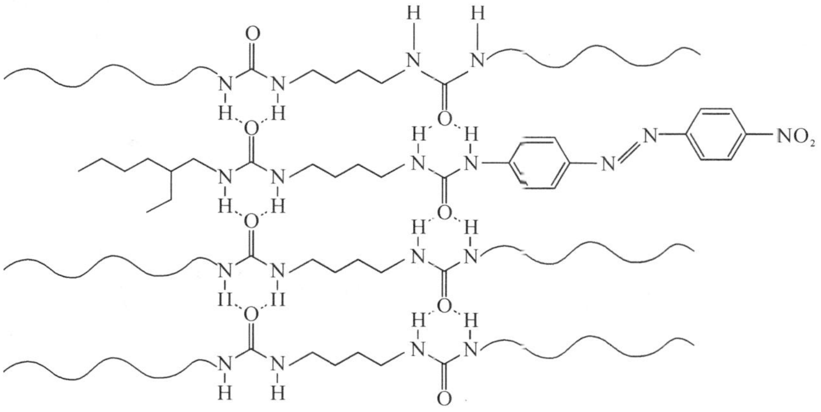

图 8-21　二重氢键的相互识别

(3) 多重氢键聚集体

图 8-22 中,两种化合物单独在稀氯仿溶液中保持卷曲结构,而两者混在一起则易形成

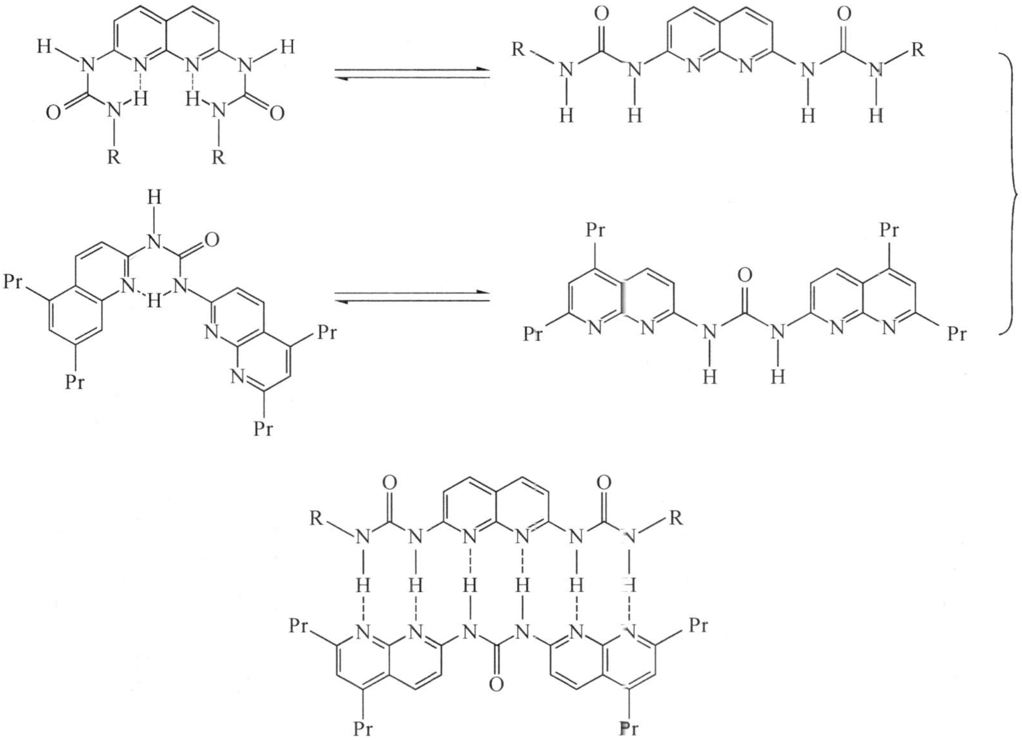

图 8-22　六重氢键复合物

六重氢键二聚物。多重氢键聚集体普遍存在于生命体系中，对于维持生命体系的许多生化反应和生物功能具有重要意义。

2. 配位键驱动

配位键驱动自组装在超分子化学领域中占有相当重要的位置，由于金属离子和配体的多样性，利用配位键构筑超分子时，人们可以根据金属离子的特性和配体的结构较好地进行超分子的工程设计。谢永荣等利用配体 4-磺酸-L-苯丙氨酸与 Zn 金属离子配位自组装形成一维链状聚合物（如图 8-23 所示），该聚合物显示出很强的非线性光学性质。

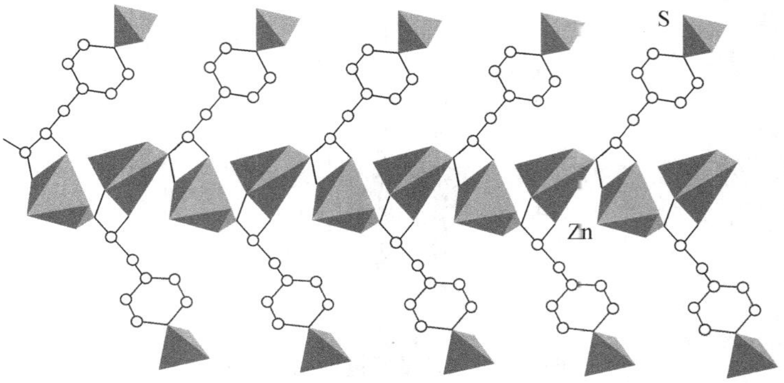

图 8-23 配体 4-磺酸-L-苯丙氨酸与 Zn 金属离子配位自组装成一维链状超分子

3. 堆积效应驱动

堆积效应主要包括两种相互作用：M-π 相互作用和 π-π 相互作用，谢永荣等利用 4-烯苄基辛可尼啶与铜离子自组装形成 Cu^{+}-π 相互作用的配位聚合物。图 8-24 则显示了吡啶□环中 π-π 作用控制富 π-电子的客体与缺 π-电子的主体之间的配合。

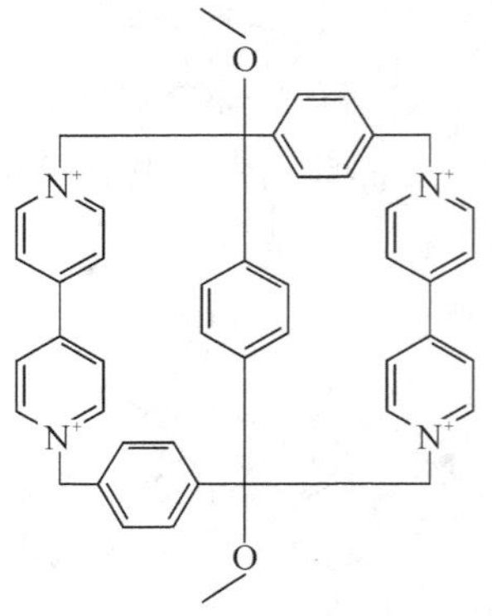

图 8-24 吡啶□环中 π-π 堆积作用

4. 静电作用驱动

1991 年 Decher 利用静电吸引力将具有阴、阳离子的分子直接组装成有序多层薄膜。这种膜称为分子沉积膜（MD 膜）。图 8-25 显示了静电作用驱动自组装 MD 膜的过程。

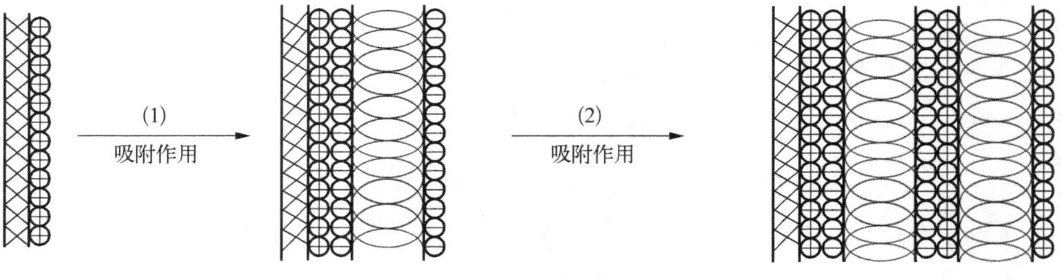

图 8-25 静电作用驱动自组装 MD 膜过程

5. 疏水作用驱动

在水溶液或极性溶剂中，非极性分子趋向于聚集在一起，这是由疏水作用导致的，疏水作用是一种方向性较差的弱相互作用，但在超分子自组装过程中却是一种不可忽视的作用。

6. 模板驱动

应用分子、离子等作为模板进行的自组装就叫模板驱动自组装。其特点是可以使组装的超分子具有独特的结构或功能，主体分子与模板之间的作用力是非共价键力。图 8－26 给出了冠醚模板作用使有机金属客体穿入冠醚环而自组装成超分子。

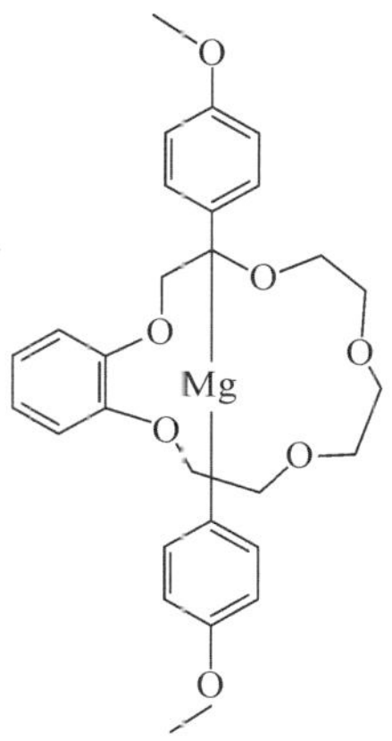

图 8－26　冠醚模板驱动自组装有机金属超分子

二、组装工艺

1. 分子识别

分子识别是主体(或受体)对客体(或底物)选择性结合并产生某种特定功能的过程，它是实现自组装的前提和关键。在这里，分子识别并不是单纯地指分子之间的相互识别，也指组装体各个部件之间的相互识别，分子识别包括两方面的内容：一是分子(或模块)之间的尺寸、几何形状的相互识别；二是分子对氢键、正负电荷、$\pi-\pi$ 相互作用等非共价键相互作用的识别，它有两种类型：一是对离子客体的识别；二是对分子客体的识别。

2. 组分

自组装领域中常用的分子构造块主要有三种类型：(1) 类固醇骨架，线性和支化的碳氧键，高分子，芳香族类，金刚烷；(2) 金属酞菁，双(亚水杨基)乙二胺配合物；(3) 过渡金属配合物。组分的结构对自组装超分子聚集体的结构有很大的影响，其微小变化可能导致形成的自组装体结构上的重大变化，例如：N,N'-双(4－X－苯基)三聚氰胺(A)和 5,5－二乙基巴比士酸(B)形成的超分子，当 X＝—$C(CH_3)_3$ 时，形成环形六聚体，当 X<—$C(CH_3)_3$，如X＝—CH_3 或 F 时，形成线形或卷曲带状长链结构(如图 8－27 所示)。

3. 溶剂

溶剂对自组装体系的形成起着关键作用，溶剂的性质及结构上的微小变化也会导致自组装体系结构重大变化。Wuest 等发现，若自组装以氢键为主要驱动力，则任何破坏氢键作用的溶剂都会破坏组分的自组装能力。例如：反对称-二吡啶酮乙炔(A)和对称-二吡啶酮乙炔(B)在 CH_3OH 中均以单分子的形式存在，在 $CHCl_3$ 中(A)以二聚体形式存在，(B)以线形高分子形式存在(如图 8－28 所示)。

4. 热力学平衡

自组装体系由于非共价相互作用比共价相互作用小得多，因而在多数情况下很不稳定。促进较小的自组装超分子体系稳定化的方法有：(1) 提高非共价相互作用的强度；(2) 从溶剂中分离出来；(3) 使某一组分过量。

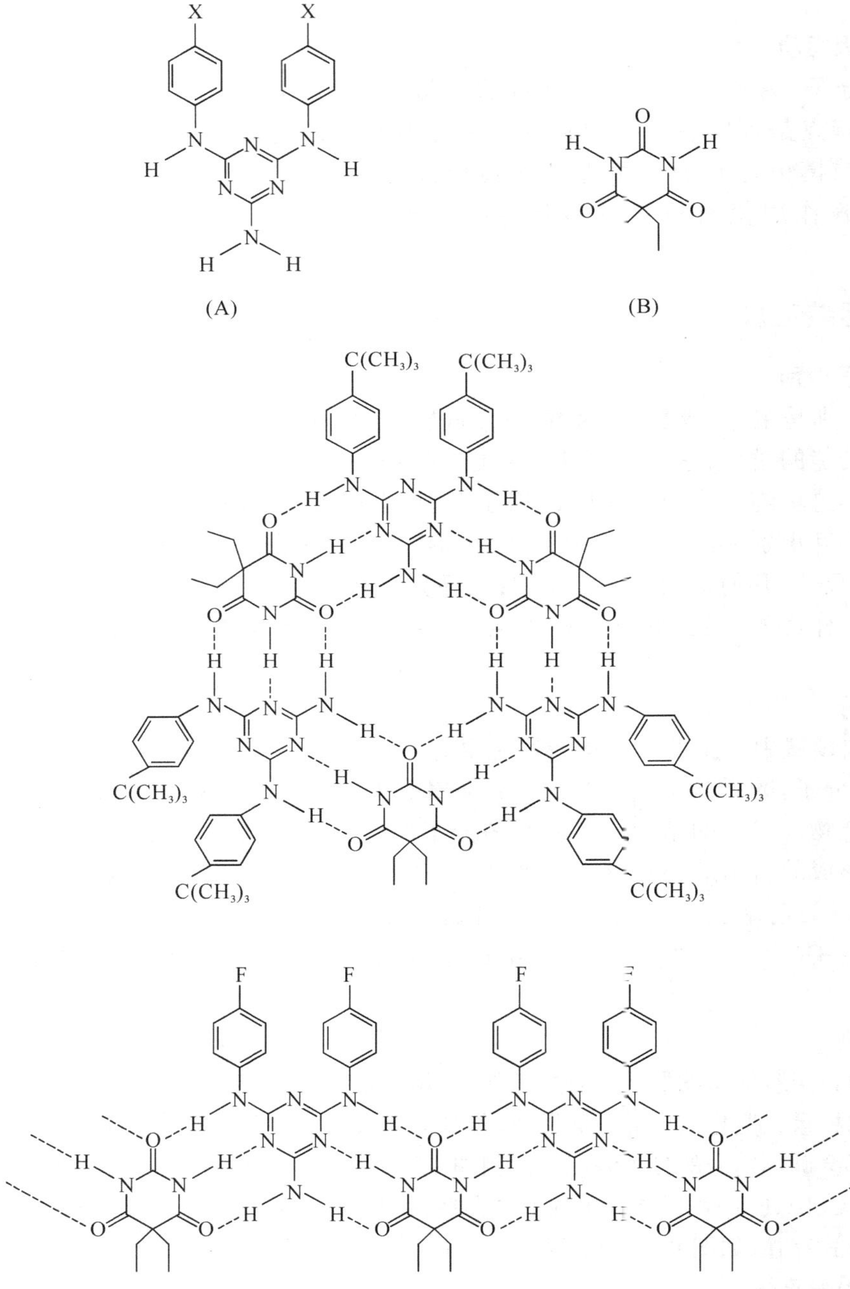

图 8-27 ***N*,*N′***-双(4-X-苯基)三聚氰胺(A)和 5,5-二乙基巴比士酸(B)形成的超分子

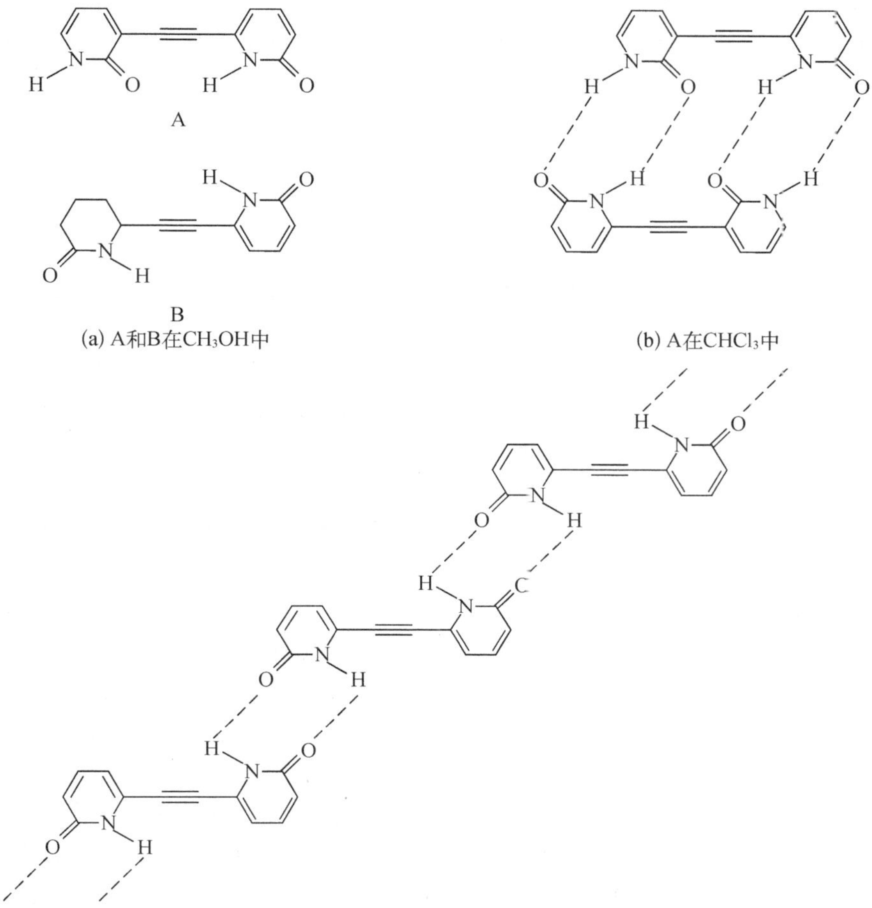

(c) B在CH_3Cl_3中

图 8－28　在 CH_3OH 和 $CHCl_3$ 中的反对称-二吡啶酮乙炔(A)和对称-二吡啶酮乙炔(B)

第四节　分 子 器 件

一、分子导线

电子通信技术和计算机技术等领域的飞速发展，导致了对电子器件趋于更复杂、更小巧、更便宜的需求。而利用传统光刻技术在单晶硅片上生产大规模集成电路器件的技术已近极限，因而专家们把眼光转移到分子水平上研制分子电子计算机，其中分子导线是必不可少的器件，它是分子元件与外部联系的桥梁，是实现分子电子器件的关键元件。

在讨论分子导线之前，必须解决小的单个分子是否能够传导可观电流这个问题。人们曾经对此提出怀疑，因为像线一样狭窄的结构，即使是由大量的导电材料制成的，也常常显示出高的阻抗。然而，过去几年中的一系列实验及理论研究结果已打消了人们的疑虑。例如由法国科学家雅克姆(Joachim)及其合作者在巴基球(Buckyball)方面的大量实验工作确定了单个电子导电的结论；在最近报道的结果中，雅克姆(Joachim)和吉姆勒斯克

(Gimzewski)指出，虽然需要用 STM 以电动机械方式破坏量子阱进行切换，但是单个巴基球穿过量子阱时显示谐振隧穿；美国宾州大学特勒(Tour)发明了分子导线结构，如图 8-29 所示，最近利用它验证了单个分子的导电性。在实验中，导电分子的一端吸附在金表面，而 STM 的触点被用作电路的另一个电极。如图 8-29 所示的分子导线结构两端的硫醇功能性基团与金表面吸附完好，并且起着“弹簧夹”的作用，使分子电子单元与金属衬底接触。这样的分子导线也具有人们所希望的性能，因为它们利用化学合成方法可以有顺序地延长。分子导线的特点在于其展开的重复结构，它们的一端通过键与另一端连接，这些键包含许多位于结构平面之上和之下的 π 电子，π 电子的轨道或轨道云彼此共轭，相互作用，在分子导线的整个长度上形成一个独立的允许电子流动的大 π 键。

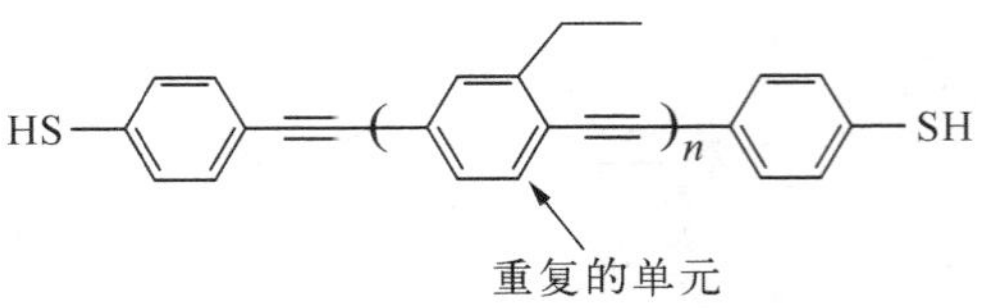

图 8-29　特勒发明的分子导线结构

作为分子导线的材料必须满足下列条件：(1) 能导电；(2) 具有确定长度；(3) 含有能够与系统功能单元连接的端点；(4) 允许在其连接端点进行氧化还原反应；(5) 导线必须与周围绝缘。目前研究较多的分子导线有如下几种。

1. 盘状液晶型分子导线

盘状液晶 (Discotic Liquidcrystals)可以形成它所独有的柱状相结构。在柱状相中，体系的分子排列具有一维有序性，同时由于盘状液晶基元本身的 π 电子共轭性，沿分子柱轴方向形成准一维的共轭性电子云分布，使盘状液晶材料在分子导线方面应用前景远大。

1991 年，英国学者鲍顿(Neville Boden)等提出利用盘状液晶材料作为分子导线，例如三亚苯基环类盘状液晶，在六取代三亚苯基环类分子结构中，三个亚苯基外侧均由具有良好绝缘性能的脂肪链环绕。由于盘状液晶分子在外电场作用下有着特殊的分子排列，鲍顿等根据无机半导体导电原理，设想将少量具有缺电子空轨道的分子掺入盘状液晶分子中，使具有共轭体系的三亚苯基环中心出现正电性空穴。再沿三亚苯基环中心轴线方向施加一定的电压，环内电子就可做定向移动，成为分子导线，如图 8-30 所示。

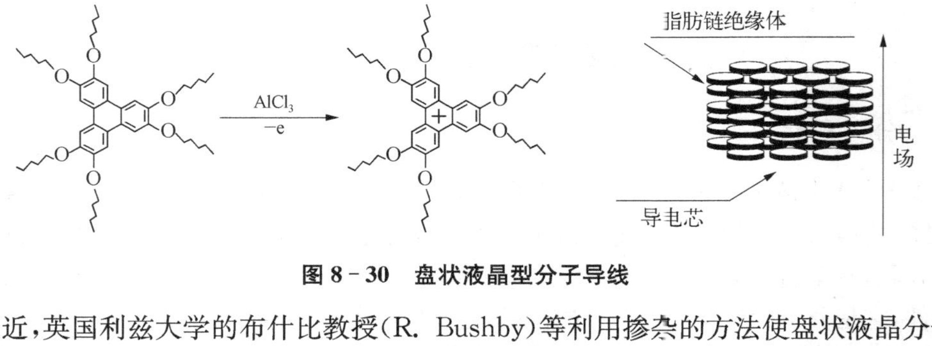

图 8-30　盘状液晶型分子导线

最近，英国利兹大学的布什比教授(R. Bushby)等利用掺杂的方法使盘状液晶分子的环具有 p 型和 n 型半导体性质，并通过自组装的方法使这种盘状液晶材料的环可以作为金属片之间的分子导线。使用盘状液晶材料作为分子导线连接电路，使硅芯片第一次变薄并可在其表面加金属片，在 5 mm×5 mm 的面积上共有 25 片金属片，一旦芯片形成阵列，使其在盘状液晶导体中流动并退火，在芯片的金属片之间盘状液晶导体形成网状的分子导线并能自我修复，使芯片相互连接。目前他们正在与法国、荷兰等国的同行合作，研究一种能使导电分子自行生长为细导线的新技术：在各层芯片之间放入独特的导电性分子层，这些分子层可像自然界的藤类植物一样生长，最后形成连接不同芯片层的细导线。这种导电分子层的中心为导电的碳物质，其周围被绝缘的烃类所环绕。由此制成的分子导线，可垂直地连接各层芯片，将传统的硅芯片进行叠加，使电脑的计算能力成千倍地增加，因此利用该技术有可能制造出真正的三维电脑芯片。

2. π 共轭导电高分子型分子导线

聚合物通常被认为是绝缘体，但是自从 1977 年日本筑波大学的白川英树（Hideki Shirakawa）和美国宾夕法尼亚大学的艾伦·马克迪尔米德（Alan G. MacDiarmid）等首次发现用 AsF_5 或 I_2 进行 p 型掺杂获得 10^3 S/cm 以上的高电导率聚乙炔（Polyacetylene，PA）以来（他们和美国科学家艾伦·黑格一起，由于在导电聚合物研究领域的卓越贡献而获得了 2000 年的诺贝尔化学奖），打破了人们对高分子不导电的传统观念。导电高分子（Conducting Polymers）是由具有共轭 π 键的高分子经化学或电化学“掺杂”，使其由绝缘体转变为导体的一类高分子材料，是完全不同于由金属或碳粉末与高分子共混而制成的导电塑料。

π 共轭导电高分子是由交替的单双键组成的重复单元构成的高分子主链。这种排列使沿分子主链的成键及反键分子轨道非定域化。如果其中 π 或 π^* 键轨道半充满或空着，则具有很好的导电性。根据能带理论，高分子要具有导电性必须满足下列两个条件，才能冲破分子中原子最外层电子的定域，形成具有整个大分子性的能带体系：(1) 大分子的分子轨道能强烈地离域；(2) 大分子链上的分子轨道间能相互重叠。满足上述两个条件的聚合物有：(1) 共轭聚合物，共轭键 π 上电子可以在整个分子链上离域，从而产生载流子（电子或空穴）和输送载流子；(2) 非共轭聚合物中分子间 π 电子轨道互相重叠；(3) 具有电子给体和受体的体系。π 共轭导电高分子的室温电导率可在绝缘体-半导体-金属态范围内（10^{-9} ～ 10^5 S/cm）变化，这是迄今为止任何材料都无法比拟的。正因为 π 共轭导电高分子的电学性能可覆盖如此宽的范围，因此它在技术上的应用呈现出多种诱人的前景，例如，具有高电导率的 π 共轭导电高分子本身可作为分子导线，但是如何从实验中制造分子导线还是一个难题。解决这个难题不仅涉及深层次的基础理论研究，而且也涉及高难度的纳米、超薄和自组装技术，如果这一难题得以解决，将会引起电子技术的新革命。

最近，Bein 及其同事把具有纳米尺度微孔的衬底作为模板制备了直径 3 nm 的碳基导电聚合物线。Martin 等利用类似方法也在小孔道内制作了聚合物线。与本体聚合物相比，这些纳米线显示出良好的导电性，他们认为这些纳米线不是非晶态的，而是具有规则结构。

3. 纳米管分子导线

自从 1991 年被发现以来，碳纳米管（Carbon Nano-tubes）作为世界上最细的“分子导线”（直径仅为 1.5 nm）引起了科学家的广泛重视。就其导电性而言，碳纳米管可以是金属性的，也可以是半导体性的，甚至在同一根碳纳米管上不同部位，由于结构变化，可以呈现出不同的导电性。此外，电子在碳纳米管的径向运动受到限制，表现出典型的量子限域效应；而电子在轴向的运动不受任何限制，因此，可以认为碳纳米管是一维量子导线。碳纳米管的导电性的测量表明，一根直径 10 nm 的管可以输运大约 10 μA 的电流。这些中空的管可以用作分子电路元件的底座，例如，如果碳纳米管被导电金属原子填满，有可能用化学方法制作结构最坚固的纳米线。最近研究表明，从理论上讲甚至可以制作具有电子开关性质的碳纳米管，现在已开始大批量制作单层纳米管，为高重复性制造和应用于分子电子器件提供了希望。

在发现碳纳米管后，氮化硼(BN)纳米管、BC_2N、C_2F 纳米螺旋管和银纳米导线相继出现。π共轭导电高分子本身就是分子导线，但是用常规的方法得到的π共轭导电高分子均为颗粒状。而将纳米管作为模板用于聚合反应的场所，可合成“分子导线”或“分子线圈”。例如，德国帕德博恩大学的哥特哈德等制备出 C_2F 纳米螺旋管，如图 8－31 和图 8－32 所示，并研究了不同结构的 C_2F 纳米螺旋管的电学性质，发现其覆盖了绝缘体、半导体到导体的范围。

此后，美国德克萨斯的 Martin 等采用“模板聚合(Template Polymerization)”方法成功地制备了聚乙炔、聚噻吩、聚吡咯和聚苯胺纳米管；日本科学家孔得等采用分子束沉积方法在 GaAs(100)上制备出聚二乙炔导线；中国科学院化学研究所万梅香等采用现场掺杂聚合(In-situdoping Polymerization)成功制备了导电聚吡咯和聚苯胺微管。与“模板聚合”和分子束沉积方法相比，现场掺杂聚合的方法更为简便，但是用该方法所得到的微管的重现性和规整性仍需进一步改善。

(黑色——sp^2杂化碳原子；
灰黑色——氟化绝缘链；
浅灰色——sp^3杂化碳原子)

图 8－31　C_2F 纳米螺旋管

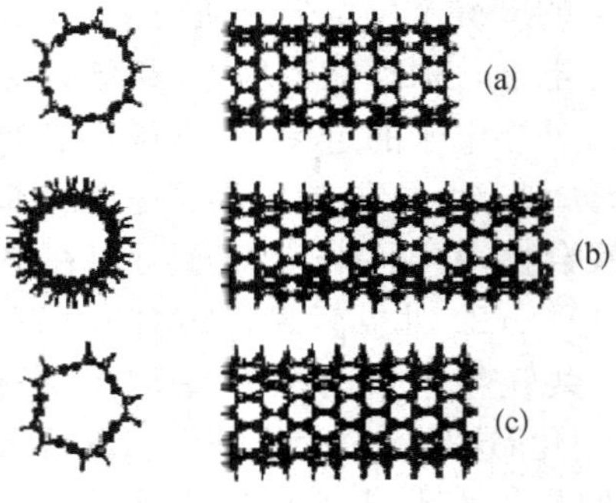

(a) 规则排列的乙烯单体；
(b) 聚乙炔螺旋链；
(c) 平行聚乙炔链

图 8－32　C_2F 纳米螺旋管的结构

4. 硫醇分子导线

英国利物浦大学的科学家成功地将纳米级的金粒子通过有机分子形成的细微分子导线与金电极相连，组装了能承载电流的纳米电路。他们采用两端都有硫醇基的分子，硫醇基位于这些呈链状的分子的末端，每个硫醇基都能与一个金原子发生反应，与其稳固地结合。研究人员将硫醇基的分子一头与大小仅 6 nm 的金粒子相连，在每一个纳米金粒子与电极之间，都有数十根硫醇类分子形成的细微导线相连，最终制成了纳米电路。将扫描隧道显微镜(STM)的探针接近纳米电路，可以使电路中产生电流。调整探针上的电压来影响硫醇分子导线的导电性，就能控制电路的通断。理论上，这种电路可用于制造纳米计算机中的超大容量存储元件，但目前它离实用还有相当远的距离。

二、分子开关

开关是电子线路中的基本控制单元，分子开关是一种具有双稳态的量子化体系。当外界条件(光、电、热、磁等)发生变化时,分子可以在两种状态之间进行转换,这两种状态由于电阻的大小不同而对应于电路的通或断,从而构成开关。分子开关的种类较多,但目前能够使用研究术语进行区分的主要有电场控制分子开关(包括分子量子效应开关)、机电分子开关、光控分子开关和电化学分子开关四种类型。

1. 电场控制分子开关

Stoddart 和 Heath 等将一种以磷脂为抗阴离子的双稳态索烃组装为单层膜,夹在一个多晶硅底电极和一个金属针尖电极之间,在±2 V 电压作用下,索烃分子膜可以进行可逆地开关(过程见图 8-33)。开关打开时,电路可以在 0.1 V 电压下导通;而在开关关闭时,电路不能在 0.1 V 电压下导通。通常条件下,此开关在两个月内经历数百次开关后性质无明显改变。

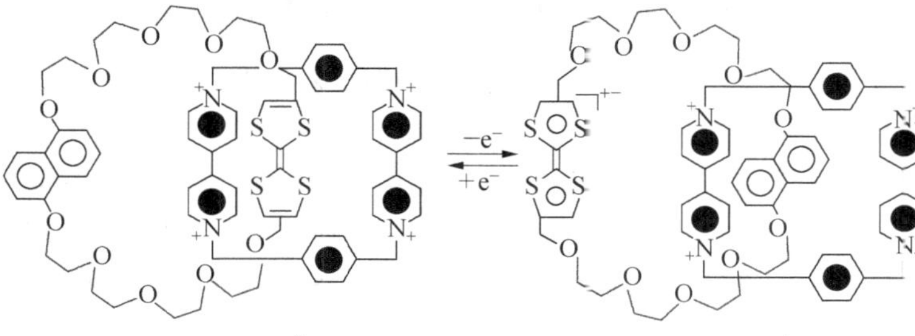

(a)

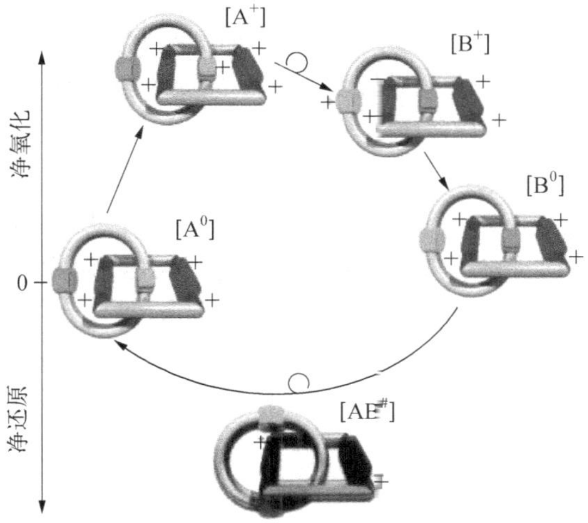

(b)

图 8-33　双稳态索烃的两种构象异构体(a),以及其在电压驱动下的循环示意图(b)

把分子结构用于量子器件,使大规模制造比当前的固态半导体更均匀、更廉价的快速量子效应开关器件成为可能。在初期,分子电子学的研究者提出把移动电子的量子限定引入分子和超分子结构的势阱中,现在有几个小组正在努力将这种方法应用于分子开关中。其目的是实现用电场控制谐振隧穿和单电子开关效应,例如,美国宾州大学的特勒提出通过引入大量的破坏共轭 π 轨道序列的势垒群,量子阱可以嵌入如图 8-34 所示一样的分子线中。该结构将形成一个两端分子共振隧穿二极管,此外他们也提出了三端像共振隧穿晶体管分

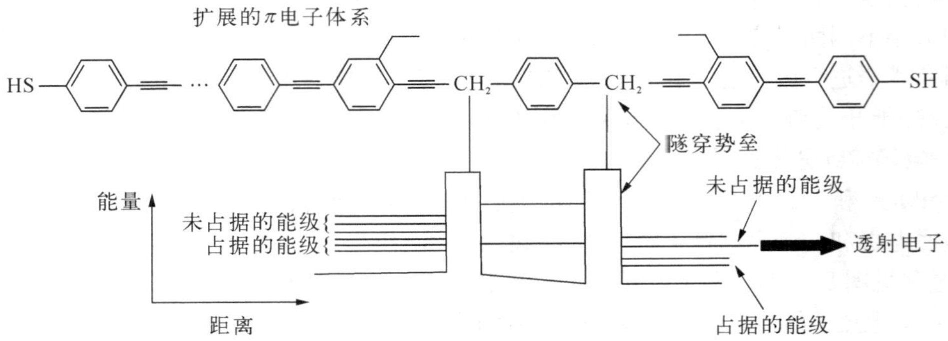

图 8-34　特勒提出的势垒嵌入分子线结构

子一样的结构。实现这些分子共振隧穿二极管和共振隧穿晶体管的困难是，在如此小的势阱中的充电能量也许比势阱中能级之间的能量间隔 $\Delta\varepsilon$ 还大，这使得该器件更像量子点而不是固态共振隧穿二极管。更有别于固态共振隧穿晶体管的是，在分子的漏侧不存在允许势阱中的电子隧穿出去的近似连续的空能级，所以难以在源和漏两侧同时获得谐振。这些有机结构的柔性和多样性使设计者拥有许多参数来优化器件性能，有效控制的分子量子效应开关器件可能在不久的将来会设计成功。

2. 机电分子开关

机电分子开关器件不像上面讨论的分子量子效应开关器件那样，它们仅仅是微电子晶体管的类似体，由一个畸变的或重新定向的分子而不是到处移动的电子控制，是利用电或机械施加外力以改变开关结构或者移动开关的分子或大量原子来实现电路的开启和关断的。

(1) 原子中继

日立公司的一批研究者模拟了一个原子尺度的两态电子开关，它被命名为“原子中继”，该器件的含义与分子梭式开关有些类似。在原子中继中，没有牢固地与衬底接触的一个移动原子可在两端之间来回运动。原子中继由在衬底上精细构图的原子线制成。日立公司建立的模型表明，原子线能传导小电流。如图 8-35 所示，被一根移动开关电子连接的两个原子线组成了中继。如果开关原子处于适当位置，则整个器件能够导电。然而，如果开关原子由两根线取代，则产生的间隙明显减少了能够流过原子线的电流量。该公司提出，和原子中

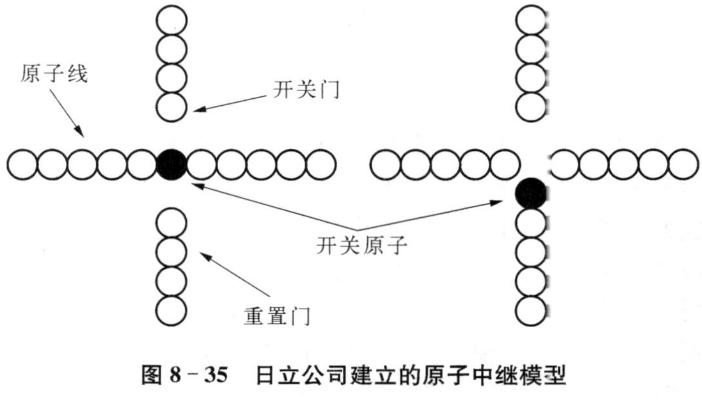

图 8-35　日立公司建立的原子中继模型

继在开关原子附近通过的第三根原子线，与场效应晶体管的栅类似，被称为原子中继的“栅”。在栅线上放置少量负电荷，使开关原子离开它位于线上的位置。每次用完开关之后，开关原子被第二个“复位”栅拉回原来的位置。公司的研究小组没有论证两个分离的原子线怎样交叉。没有交叉线，原子中继仅能完成所有可能的逻辑功能的子集。可以肯定的是每个中继都特别的小，为 100 nm 数量级。中继的速度仅由原子的本征振荡频率（大约每秒 10^{14} Hz）所限制，这比当今半导体晶体管快几个数量级。能量消耗相当低，大部分是由单个原子与衬底之间的摩擦力产生的。另一方面，由于并不需要太多的能量就能从衬底发射一个开关电子，并脱离原子线的平面，由此使开关产生畸变，所以，原子中继似乎仅能在非常低的温度下工作。基于原子运动的开关的优势是高速度和低功率损耗，所以把该机理引入可靠性更高的器件，必将增加其实用化。

（2）分子中继

基于原子运动的高可靠两态器件，可利用一个分子基团的旋转影响电流。可以认为利用开关原子与一个旋转的基团或“旋转异构体”连接，可精制原子中继，并提高可靠性。该旋转异构体可以是一个较大分子的一部分，与原子线附着在同一表面，图 8－36 所示的是这种情况下概念性的示意图。Takeda 等利用它讨论旋转异构体。栅附近的电场强迫开关原子旋转进或旋转出原子线。当开关原子旋转进原子线时，原子线的电导率高，即开关处于“开”态；当开关原子旋转出原子线时，第二基团替代了它们的位置，该替代基团阻止电流流过原子线，使开关处于“关”态。在旋转异构体上的第三基团能阻止它由于热量而自由旋转，换句话说，氢键可以提供一个旋转阻力足以在导电状态下使旋转异构体停止旋转，但反向的栅压又不足以转动旋转异构体。利用该旋转异构体影响原子开关，将会阻止移动开关原子的发射，可减轻上节讨论的原子中继的一个原理上的弱点。

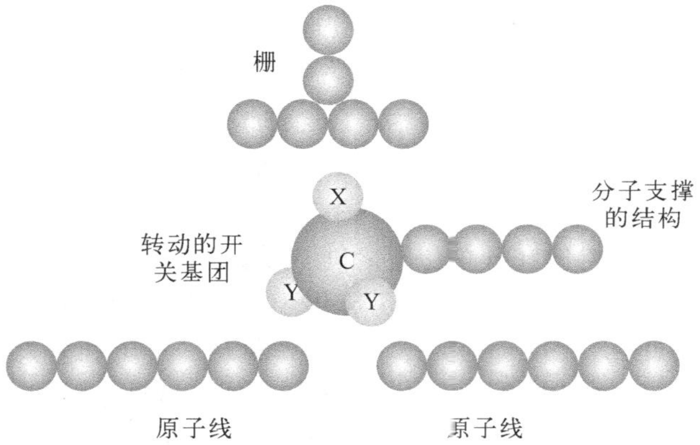

图 8－36　精制的分子中继模型示意图

3. 光控分子开关

光控分子开关是利用光线来改变单个分子的形状、取向或者电子结构来实现电路的开启和关断的。在这种开关中，分子的活性基团吸收光子，产生电性能不同于基态的激发态，从而可能产生开关效应。由于激发态的寿命非常短，相对于基于氧化-还原过程的开关，光致开关的响应速度要快得多。Wasielewski 研究组在光控分子开关方面贡献卓越：1998 年，他们报道了一个基于分子体系光响应的高速开关，这个分子由两部分连接组成，其中每一部分都包括一个电子给体(D)和一个电子受体(A),分子受光照射时会发生电子从一个给体的激发态(*D)向临近受体的电子转移,从而产生瞬间离子对($D^{-}-A^{-}$)。这个离子对产生的电场可完全阻止另一个D-A部分的光致电子转移。由于过程中产生的离子对的寿命小于1 ns,因此,此开关过程将非常快;此后他们又报道了另一个类似体系的光开关效应。这种超快分子开关在分子电路中有望发挥重要的作用。

4. 电化学分子开关

电化学分子开关是利用电化学反应改变分子的形状、取向或者电子结构,从而开启和关断电路的。迈阿密克罗巴格(Miami-Coral Gables)大学的一个研究小组报道了梭式开关的合成,该开关由英国化学家斯多达特(Stoddart)的早期工作中发展和提炼出来的两种连锁分子组成,如图8-37所示。该"梭式开关"是一个环形分子,绕一个像轴一样的链式分子旋转并沿其滑动,位于轴末端的两个大的终端基团将阻止梭式环从轴上滑落。该轴还包括另外两个功能基团,即二苯酚基团和联苯胺基团,它们作为往复运动之间固有的"站"。梭式分子包括四个带正电的功能基团,这使得它被吸引到带有多余负电荷的轴分子的位置上。因此,该梭式分子在联苯胺站消耗掉84%的时间,它是比二苯酚站更好的电子施主。

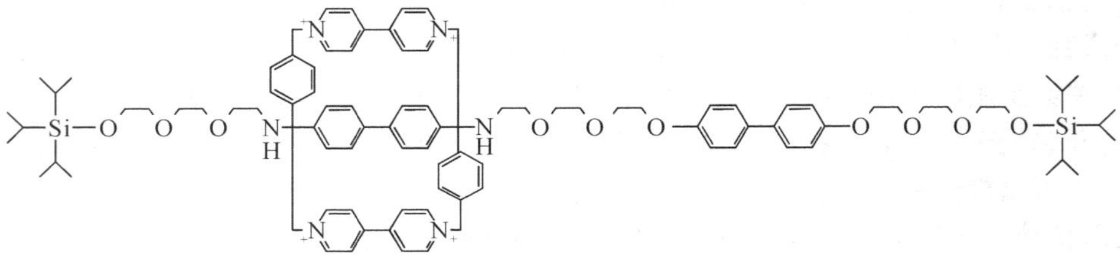

图8-37 梭式分子开关的结构

该梭式分子在二苯酚站消耗掉剩余的16%的时间。通过从联苯胺站移走一个电子,可迫使旋转异构体旋转到二苯酚站,该过程被称为电化学氧化。因为已变化的联苯胺站和位于环上的功能基团都带正电,它们彼此排斥。在这种状态下,旋转异构体在二苯酚站消耗掉大部分时间。当丢失的电子重新返回联苯胺站时,该开关将返回到它的原始状态。当分子器件设计成电化学触发时,该结构可以称为电化学开关。那么带电栅可放置在分子的一端或者两端,从而迫使旋转异构体在开关位置之间移动。如果许多这样的分子被固定在一个衬底上,并且独立开启和关断,则该结构就可应用于纳米电子计算机。所以,这种一个两段分子结构将为纳米尺度的机电开关提供另一个工作机理。英国利兹大学的彼塞(Bissel)等合成的梭式分子开关器件表现出许多吸引人的特征。这种器件不但能以相当低的成本进行大量化学合成,而且,该器件的小型尺寸具有非常高的封装密度。但这种开关不是特别快(比只有一个电子或者电场运动的固态开关的速度要慢),仅能适合小型器件。尽管这项工作仍存在许多与该开关的工作原理和应用有关的未解决的问题,但该高可靠分子开关的成功制作,表明科学家已向分子尺度计算机迈出了重要的一步。

在上述四类分子开关器件中,分子量子效应开关基本是由固态微电子和纳米电子器件演变过来的,预计它的速度最快、集成密度也最高;所有的机电分子开关都能在固态衬底上建立密集电路网,因此很有发展前途。但由于光不能轻易地限定长度远远小于其波长(大约是500~1 000 nm)的器件或开关,因此光控分子开关在密集电路网中的光敏器件单独开启/

关断困难；而电化学分子开关器件可能需要浸在溶液中才能工作，因此限制了它们在纳米计算机领域的应用。

此外，分子梭也可以采用酸碱控制实现其开关，如图 8－38 所示。在溶剂中，大环部分位于对二氨基联苯或联二酚识别位点的周围。这种结构被两个组分间的 $\pi-\pi$ 相互作用所稳定。将三氟乙酸加入该体系的乙腈溶液中，使对二氨基联苯单元质子化后，阳离子大环远离对二氨基联苯部分，只与联二酚部分结合。再次向体系中加入了吡啶后，对二氨基联苯位点去质子化，轮烷恢复到原始状态，从而形成了酸碱控制的分子开关。

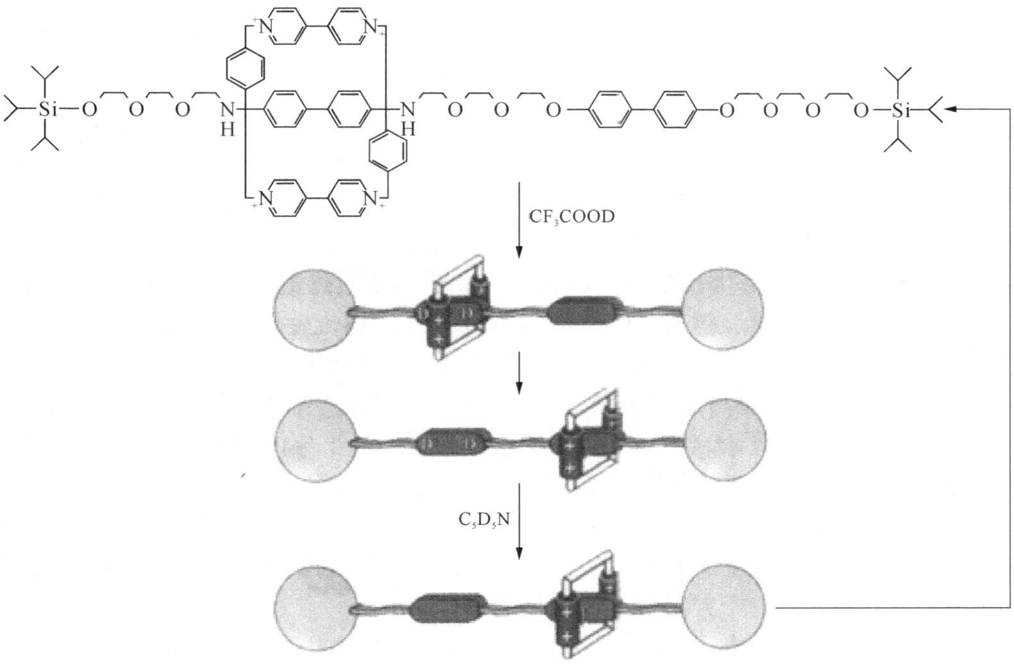

图 8－38　酸碱控制的分子开关

三、分子整流器

众所周知，整流器是电路中不可缺少的单元，由于其在理论和实践中的重要性而成为研究最多的器件之一。1974 年，Aviram 和 Ratner 关于分子整流设想的提出打开了分子整流器研究的大门。当时，他们描述了一种在有机电子给体（D）和受体（A）之间有饱和键（σ 桥）连接的非对称分子（简写为 D－σ－A），分子中 D 单元是四硫富瓦烯（TTF），A 单元是四氰基对二甲基苯醌（TCNQ）。他们认为，如果把这种分子夹在两个电极之间，就可以构成一个分子整流器。在合适的电压下，电子从 A 到 D 传输顺利，而从 D 到 A 的传输需要大得多的电压，从而可能具有整流效应。此后，研究者将 Aviram 和 Ratner 关于分子整流的这个设想称为 AR 模型。

在 AR 模型提出后，人们合成了很多 D－σ－A 型分子，但至今还没有合成出 AR 模型所提出的分子（同一分子中近距离存在强的 D 和强的 A 单元，合成困难），从实验上确认这些分子的整流性能遇到了挑战。尽管在有的 D－σ－A 型分子中观察到了整流性能，但这种整流可能只是一种界面效应，并非来自分子本身。

AR 模型受到挫折后，人们从另外的角度进行了探索。近年来不少研究者的目光集中于 D－π－A 型分子 $C_{16}H_{33}Q-3CNQ$ 的 LB 单层膜或多层膜上（分子结构见图 8－39）。Metzger 等对分子 $C_{16}H_{33}Q-3CNQ$ 的整流效应进行了模拟计算和深入的理论分析。他们认为，分子整流器件的整流不但与 AR 模型中所说的加电压前分子的 LUMO(最低空轨道)和 HOMO(最高占据轨道)相对于金属电极的费密能级的位置不对称有关，而且还与加偏压后它们的偏移有关，即整个整流分子在加偏压后的静电势分布有关。他们通过理论计算指出，对整流分子 $C_{16}H_{33}Q-3CNQ$ 的器件施加偏压时，大部分电压都加在了分子中的绝缘烷基链上，引起电势分布的不对称，从而导致整流。他们把这种整流称为 A 型(Asymmetric)整流，即由于长烷基链的存在，使整流功能基团处于器件中的不对称位置而引起整流。

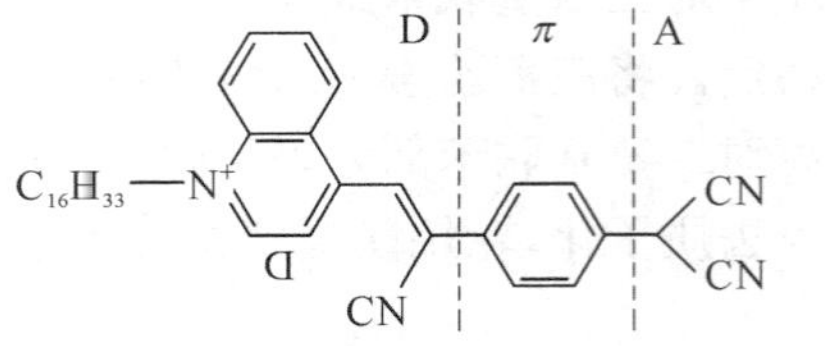

图 8－39　D－π－A 型分子 $C_{16}H_{33}Q-3CNQ$ 的结构

基于对分子 $C_{16}H_{33}Q-3CNQ$ 研究的结果，人们进行了更深入的探索。Whitesides 等分别在银电极和滴汞电极上生长单分子膜(分子为 TCNQ 通过饱和脂肪链共价连接在巯基上)，再使两层单分子层接触得到器件，实验得到了可观的整流效果(整流比＞10)。这证明，只用一个受体基团加一个绝缘的链桥也可实现整流。这开辟了一个不同于 AR 模型的实现整流的新方向。最近，中国科学院化学研究所有机固体重点实验室刘云圻研究员及其合作者利用超临界流体技术大量制备串珠状多壁碳纳米管——半导体纳米球异质结构，他们利用这种异质结构的单根碳纳米管制作了 Schottky 二极管，得到了高达 70(±2.5 V)的整流比。中国科学技术大学的侯建国等利用单个 $C_{59}N$ 分子制作了新型的分子整流器，这种整流器利用双势垒隧穿结中单电子的隧穿效应工作，实验中观察到了明显的整流效应，这些结果代表了分子整流器的另一个方向。

分子器件作为下一代电子器件，代表了现代微电子学的发展方向。从真空电子器件到微电子器件的变革是一次影响重大的科学和技术飞跃。20 世纪 60 年代，日本正是抓住了从电子管转型到晶体管这个机遇，及时提出了“半导体立国”的发展战略，一跃成为微电子工业大国。而从微电子器件到分子器件将是另一次变革，这次变革其意义将更为重大，影响也将更为深远。

第五节　分 子 机 器

分子机器是一类将能量转变为可控运动的分子器件。它是一种多组分体系，其中某些部分不动，而另一些部分得到“燃料”后可以连续运动。由于化学分子的运动通常是绕着单键的转动，因此，通过化学、光、电信号可以控制这类运动的方向，设计与开发分子功能和天然体系相媲美甚至优于天然体系的人工分子机器，引起了人们极大的兴趣。

分子机器的一个重要条件是由许多独立分子组成的聚集体，当受到适当的外部刺激时，便能产生如机械运动等的反应。尽管许多小分子化合物的结构或形状也能够对外部刺激产生响应(例如含 C＝C、C＝N 或 N＝N 的化合物能够进行光诱导的顺-反异构)，但人们通常提及的“分子水平机器”都是指那些组成部分相对运动较大的体系，而那些由不易识别和不具有很好特征的外部刺激所驱动的分子体系通常不认为是分子水平机器。

分子机器的另一个重要条件是它的组成部分有相对大的运动。这种运动往往对应着化学反应的发生，由于机器是在重复循环运行的，因此必须要求发生在体系里的任何化学变化或反应都是可逆的。这一类化学反应通常包括顺-反异构、酸碱反应、氧化还原过程、配合-解配以及氢键的产生与破坏等。大多数的化学反应是通过混合反应物产生的热量来提供活化能而发生的。但对于分子机器来说，以热能驱动显然是不容易操作的，使分子机器运转的能源最好是光和电。因此，选择适当的光化学或电化学驱动的反应就成了设计分子机器的一个关键步骤。为了监控分子机器的运转，它的部件运动应该能引起体系一些性质的变化。通过光谱或电化学等手段检测这些变化就可以跟踪分子机器的运转情况。本节将从化学组成，驱动因素和运动方式等方面阐述一些关于分子机器的内容。

一、DNA 镊子

如果有一种超微型镊子，能够钳起分子或原子并对它们进行组合，制造纳米机械就容易多了。最近“Nature”杂志报道了美国 Bell 实验室和英国牛津大学的科学家利用 DNA 构筑的“纳米”镊子，如图 8 - 40 所示。它由三条 DNA 链组成，在连接处有一活动的“枢纽”。利用 DNA 基本元件碱基的配对机制，可通过充当“燃料”的辅助 DNA 链的添加而控制该镊子的开启和闭合。

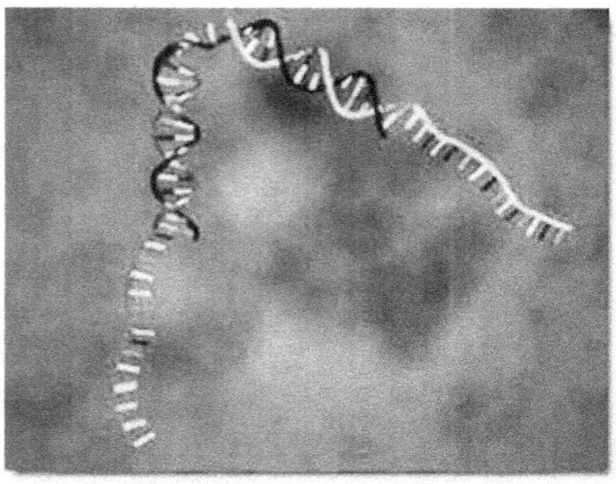

图 8 - 40　DNA 镊子

研究人员在研究过程中设计了三条 DNA 链 A、B 和 C，利用碱基配对机制，使 A 的一半与 B 的一半结合，A 的另一半与 C 的一半结合。在 A 连接 B 与 C 的地方有一个活动“枢纽”，这样就构成了一个可以开合的镊子，而其每条臂只有 7 nm 长。一般情况下，镊子保持“开”的状态；利用另一条设计好的 DNA 链 D，使它分别与 B 和 C 上碱基未配对的部分结合，就把 B 和 C 两臂拉到一起，使镊子合上；同时，D 仍留出一部分未配对的碱基。再添加一条 DNA 链 E，使它与链 D 上碱基未配对的部分结合，把 D 拉离镊子，就能使镊子重新张开。重复添加链 D 和链 E，就能使镊子反复开合。由于这个镊子的开合需要在 DNA 链 D 和链 E 的作用下才能进行，所以科学家将 DNA 称为这种镊子的“燃料”。目前这种镊子尚不能真正用于制造纳米机械，因为还有许多问题需要研究，例如怎样用它钳住所需的分子或原子。如果能用它钳起分子或原子，并对它们进行随意组合，制造纳米机器就有望实现。

二、分子剪刀

东京大学的研究人员使用二茂铁分子作为基本架构，合成出分子剪刀，并可以利用紫外光和可见光的辐照来控制分子剪刀的开合。

二茂铁是两个环戊二烯利用 π 电子和铁原子配位，形成一个像三明治的结构；由于是利用 π 电子来配位，上下两个环戊二烯可以自由地在平面上旋转，因此被用于分子剪刀的枢纽部分。研究人员在上下两个环戊二烯上各接上一个苯胺结构，再利用氯化亚铜将两个氨基耦合在一起，形成交联的偶氮苯结构，以此作为分子剪刀的把手部分。另外在环戊二烯上的另一侧，接上两个苯环作为刀锋部分。

偶氮苯结构由于含有 N═N 双键，会有顺式和反式两种构型。当顺式结构偶氮苯被波长大于 400 nm 的可见光照射 15 s 后，就会进行异构化而变成反式结构，整个偶氮苯部分和二茂铁部分所形成的环状架构，会由于分子的伸张而被拉长成扁扁的环，同时环戊二烯会被扯动而旋转，带动刀锋合起来。当反式结构偶氮苯被波长为 350 nm 的紫外光照射 180 s 后，会进行相反的异构化过程，使得刀锋打开。

三、分子刹车

美国波士顿学院的 Kelly 等用金属离子配位在分子的可动位置引起的构型变化，使分子齿轮围绕 C—C 键可逆地旋转，成为第一例分子刹车（如图 8-41 所示）。Sauvage 等利用不同价态的过渡金属离子配位数的不同，从而可选择性配位的原理成功地组装了 Cu(Ⅰ)的轮烷或索烃，通过电化学氧化还原或光信号可诱导该轮烷或索烃中分子的运动。

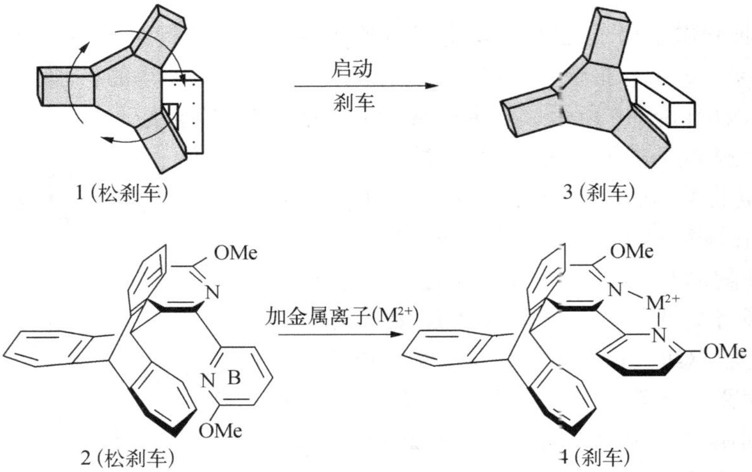

图 8-41　通过金属离子配位控制的分子刹车

四、分子马达

1. 蛋白马达

蛋白马达按运动形式又可分为线动和转动两大类。线动马达常常与特定轨道结合在一起，利用 ATP 水解释放出的化学能产生与轨道的相对运动，其作用机制与人造发动机类似。这类马达主要有肌球蛋白(Myosin)、驱动蛋白(Kinesin)和动力蛋白(Dynein)等；转动马达则类似于人造电机，也由“转子”和“定子”两部分组成。这类马达包括鞭毛马达(Flagellar)和 ATP 合成酶等，它们往往是可逆的。其中 ATP 合成酶既是“电动机”又是“发电机”。

线动马达又可分为持续马达和非持续马达。所谓“持续马达”是指那些能沿轨道作长距离连续推进而不脱轨的马达，其“占空比”(Duty Ration)接近 100%，在细胞内独立担当各种任务。而“非持续马达”的“占空比”低于 2%，它们往往聚团，以集体形式参与细胞的运动，肌肉收缩即为该现象的体现形式之一。

2. DNA 马达

DNA 作为生命遗传物质，其生化性质和生物学意义已为人们所熟知。然而作为一种纳米尺度的材料，DNA 以其自身的可编程性、结构的多样性和变化的可控性等诸多优点成为纳米科学、生物科学和材料科学交汇点的一颗明星。

DNA 分子马达运转的基础是 DNA 不同构象间的可控转化，这种转化的控制条件可以是多种多样的。目前已经设计的 DNA 马达按控制条件可分为两大类：一类是环境刺激响应的马达，这类分子的构象取决于溶液的环境条件，如温度、pH 或某种离子的浓度等，因此，通过变温或加入酸、碱、盐等方法改变溶液的环境条件，即可驱动马达的运转；第二类是基于链交换反应的马达，即利用 DNA 双链互补配对的性质，将特异性的 DNA 链作为燃料来驱动 DNA 分子的构象变化。

3. 光敏马达

英国"Nature"杂志最近发表了美国和荷兰的两个研究小组在分子发动机领域各自取得的成果，他们设计的分子发动机能将光能转换为机械能，驱动分子作单向旋转。

荷兰格罗宁根大学的一个研究小组所设计的分子发动机采用光能驱动。研究人员使用紫外线激发和改变温度等手段，通过四个具体的化学步骤，使一个通过碳碳双键连接的含两个手性螺烯的有机分子单向进行了一个完整的 360°的圆周运动(图 8－41)，该分子发动机的工作涉及 4 个不同异构体，其中两步基于光诱导顺反异构化，使分子绕碳碳双键转动了各 180°，另外两步是受热控制的螺旋性的倒反。他们预计类似原理的光敏发动机，将来可能用作更加复杂的纳米机械的动力装置核心组件。

（徐云龙　赵崇军）

复习思考题

1. AFM 与 STM 的显微技术有何联系与区别？
2. 何谓原子操纵？它有几种操纵类型？
3. 何为分子识别？它有哪两种识别形式？分子识别过程的关键是什么？
4. 何谓分子自组装？分子自组装有哪些方式？
5. 何为超分子？超分子与有机大分子有何不同？
6. 何为超分子合成技术？
7. 何谓纳米器件？纳米器件与微电子器件有何不同？
8. 何谓分子器件？它有哪些类型？
9. 分子器件有哪些驱动形式？其作用机制有何异同？
10. 分子机器有哪些类型？其各自的工作原理是什么？

参考文献

[1] 朱静，等．纳米材料和纳米器件．北京：清华大学出版社，2003.
[2] 张金中，王中林，刘俊，等．自组装纳米结构．曹茂盛，等译．北京：化学工业出版社，2004.
[3] 刘育，张衡益．纳米超分子化学——从合成受体到功能自组装体．北京：化学工业出版社，2004.
[4] 川合知二．图解纳米技术．朱平，范启富，孟雁，译．上海：文汇出版社，2004.
[5] Balzani V, Credi A, Venturi M. 分子器件与分子机器．田禾，王利民，译．北京：

化学工业出版社，2005.
[6] 纳米技术手册编辑委员会. 纳米技术手册. 王鸣阳，译. 北京：科学出版社，2005.
[7] 邢丽，张复实，向军辉，等. 自组装技术及其进展. 世界科技研究与发展，2007，29(3)：39-44.
[8] 陈慧兰. 具有分子机器、分子器件功能的自组装超分子体系. 无机化学学报，2001，17(1)：1-8.
[9] 苏晓渝，谢如刚. 超分子自组装中的非共价键协同作用. 化学研究与应用，2007，19(12)：1304-1310.
[10] 谢永荣，杨瑞卿，付大伟，等. 分子自组装与分子机器. 赣南师范学院学报，2005，6：44-48.

第九章　纳米测量与表征

本章要求

1. 了解什么是纳米测量，纳米测量技术的分类和研究内容。
2. 熟悉常见的电子显微测量技术，了解 TEM、SEM 和 SPM 的纳米表征对象。
3. 了解和掌握 STM、AFM 和 NSOM 的基本工作原理，了解它们的联系与区别。
4. 了解三种常见的衍射测量技术，了解它们的测量内容和对象。
5. 了解常见的谱学测量技术，了解 UV－Vis、FTIR、拉曼光谱和 EXAFS 谱在纳米表征中的应用。
6. 了解纳米材料表征的意义，掌握纳米材料结构和性能的主要表征特征。
7. 了解纳米材料粒度分析的主要方法，知道不同粒度分析方法的优缺点。
8. 了解纳米材料形貌分析的内容和纳米材料形貌分析的主要技术方法。
9. 了解纳米材料物相结构分析的目的、物相分析的常见方法。
10. 了解常用的表面和界面分析方法及其测量对象。
11. 了解今后纳米测量和纳米材料表征的研究重点和发展方向。

科学技术上的重大成就往往是以测量仪器和方法的突破为先导的，例如，由于毛细管阵列式基因测序仪的发明，才克服了世界"人类基因测序工程"进展缓慢的困难，创造了该项伟大工程大大提前完成的奇迹；1982 年扫描隧道显微镜的出现，人类第一次能够实时地观察单个原子物质表面的排列状态和与表面电子行为有关的物理、化学性质，而扫描隧道显微镜等扫描探针显微镜的相继出现显著加快了人类对微观世界的认识进程。

纳米科学和技术是在纳米尺度上研究物质（包括原子、分子）的特性及其相互作用，并且对这些特性加以利用的新科技。为了对这些微观尺度上物质的性质进行研究，需要对这些物质进行有效的观察，而诸如扫描探针显微镜和电子显微镜等仪器，犹如人类的"眼睛"，因此，这类用于纳米尺寸上分析和表征、获取特征信息的仪器以及所采用的方法，即纳米测量，是纳米科技发展不可或缺的重要方面。

为了便于理解和学习，本章一方面从仪器的角度出发，按照电子显微技术、衍射技术、谱学技术及热分析测试技术将现有用于纳米测量的仪器进行分类介绍；另一方面，从材料性能的角度出发，例如纳米材料的尺度测量、表面及微结构分析、成分分析及宏观性质分析等，对纳米测量的仪器和方法作阐述。在此基础上，对纳米测试的最新研究进展等内容进行简要介绍。

第一节　纳米测量技术

分析科学是人类知识宝库中最重要、最活跃的领域之一，它是观察和探索世界，特别是微观世界的重要手段。随着其他科学的发展，分析科学也在不断进步，这是由于前者的发展对后者形成一定的促进作用，而更重要的则是前者的发展对后者提出了新的和更高的要求，这就需要后者不断升级更新甚至研制新的仪器和寻找新的分析方法才能适应该要求。纳米测量技术则是为了适应纳米尺寸上的测量要求而发展起来的一门分析科学技术，它涉及纳米尺度上有关成分、结构和物性等特性的测量要求，是在纳米尺度上研究材料和器件的新规律，以求发现新现象，发展新方法，创造新技术。

目前纳米测量的仪器和技术一方面是基于新原理和新方法，并于最近二三十年内发明出来的，例如扫描探针显微镜；而另一个途径则是为了适应纳米测量的需要，对常规技术或原有测量方法和技术进行升级改造或对应的理论发展形成的，例如紫外-可见吸收光谱和红外光谱等。虽然新仪器和新方法的发展很快，但是常规技术在纳米测量中，至少在目前仍然具有不可忽视的作用。

纳米测量技术方法可以粗分为两大类：一类是光学方法，如激光干涉仪、X 射线干涉仪、光学光栅和光频率跟踪等；另一类是非光学方法，如扫描探针显微技术、电子显微技术、电容电感测微法等。另外，也可以将可用于纳米测量的技术细分为电子显微技术、衍射技术、谱学技术及热分析技术等。

一、电子显微技术

电子显微镜和扫描隧道显微镜的发明，使科学家有了一双能直接看见微观世界的“眼睛”，为人类探索微观世界做出了巨大贡献，正因为如此，它们的发明者共同获得了 1986 年的诺贝尔物理奖。

电子显微镜主要包括扫描电子显微镜(SEM)和透镜电子显微镜(TEM)；而在扫描隧道显微镜的基础上，已经发展出了一系列的扫描探针技术，例如原子力显微镜(AFM)、近场扫描光学显微镜 (Near-field Scanning Optical Microscopy，NSOM)等。需要指出的是，电子显微技术与扫描探针显微技术的原理有所不同，前者与光学显微镜的原理类似，它是根据电子光学原理，用电子束和电子透镜代替光束和光学透镜，使物质成像，能分辨的最小极限可达 0.2 nm；而后者采用极细的探针(尖端仅一个原子大小)对物质表面进行逐行扫描(利用隧道电流或高度的变化)来获得表面的形貌，其放大倍数可达上亿倍。下面将对几种具有代表性的仪器进行详细的介绍。

1. 透射电子显微镜

1931 年德国工程师 Knoll 和 Ruska 制造了世界上第一台透射电子显微镜，1938 年第一台商业电子显微镜在西门子公司研制成功。目前，TEM 的分辨率可以达到 0.2 nm 左右，因此无论是对于纳米粒子的粒径、形貌以及团聚情况都可以进行很好的观察。此外，高分辨 TEM 也可以得到原子的样品图像，不过由于其分辨率勉强达到原子级，因此在这方面的测试并不理想。例如，STM 的研究者们在采用 TEM 观察 STM 的金属针尖的顶端形貌时，在分辨率上就碰到了无法克服的困难。

TEM 技术已经成为纳米材料研究中一种广泛应用的手段，并扮演着重要的角色，例如，日本科学家 Iijima 通过高分辨率的透射电子显微镜技术，第一次展示了单壁碳纳米管的结构，并使这一领域引起了世人的广泛关注，从而引发了一场碳纳米管研究和应用的热潮。

尽管在分辨率上不如扫描探针显微技术，然而 TEM 技术由于可以配合能谱仪、电子能量损失谱使用，因此可以同时进行样品表面微区的成分分析；而 X 射线结合电子衍射或中子衍射可以给出这些微区的晶体结构，这一点对于表面成分分布不均匀的样品尤其重要。

透射电子显微镜对于固体或薄膜的厚度要求较高，需要进行一定的减薄处理，常用的减薄处理方法包括：离子减薄法、超薄切片法和聚焦离子束刻蚀法。而对于粉末样品或可以粉末形式检测的样品，制样则要简单得多，只需将对应的粉末分散到乙醇等溶剂中，然后将其滴于铜网上干燥即可。

2. 扫描电子显微镜

1935 年，克诺尔试制出简单型的 SEM，分辨率仅有 100 μm。1938 年，Ardenne 等制造出“真正”的 SEM。1942 年，Zworykin、Hillier 和 Snyder 对此进行改进，使其分辨率达到 50 nm。1953 年以后，剑桥大学的 Oatly 等对扫描电镜的发展做出了很大的贡献。1965 年，世界上第一台商品扫描电镜由英国剑桥仪器公司完成了设计和组装，当时的分辨率达到了 25 nm。

扫描电子显微镜是继透射电子显微镜之后发展起来的一种电子显微镜技术，与其他分析附属装置（如能谱仪、波谱仪）相结合，能够满足表面微区形貌、组织结构和化学成分三位一体同位分析的需要，在冶金、地质、矿物、半导体、医学、生物学、材料学等领域得到了广泛的应用。

扫描电子显微镜的成像原理与一般的光学显微镜明显不同，而与电视成像的原理有一定的相似之处，都是在显像管的荧光屏上成像。简单地说，当电子束从阴极电子枪（灯丝）发出后，经过聚焦成为很细的电子束，并在扫描线圈的控制下，在样品表面逐点扫描。在扫描过程中，由于这些高能电子束对样品表面的轰击作用，导致后者产生各种物理信号，如二次电子、背散射电子、X 射线等，其中二次电子或背散射电子的信号经相应的检测器接收并经放大器作用后，同步调制到显像管的荧光屏上，就可以得到样品的放大像；而 X 射线由于具有显著的元素特征，有时亦称作元素的特征 X 射线，因此可以用于样品的成分分析。

扫描电子显微镜的分辨率低于 60 nm，但它具有视场大、成像景深大、试样制备简单、对样品损伤小等特点，而且可以同时进行样品形貌、尺寸观察以及微区成分分析和晶体结构的分析等。与透射电子显微镜相比的优点在于，在满足分辨率的情况下，可以进行较厚样品的检测。例如，对于在硅基底上形成的嵌段高分子（Block Copolymer）薄膜，无需进行减薄处理或将膜取下即可进行观察，从而保证了薄膜的完整性。

扫描电子显微镜不能分析挥发性样品，特别是液体样品。此外，对于样品的制备具有一些要求，例如样品必须是化学上和物理上稳定的固体（块体、粉末等）、具有良好的导电性（对于不导电的，需要进行喷金或碳膜处理）等。

3. 扫描探针显微镜

扫描探针显微镜技术是 20 世纪 80 年代发展起来的新型显微技术，现已经发展出包括扫描隧道电子显微镜、原子力显微镜、扫描力显微镜、弹道电子发射显微镜、近场扫描光学显微镜等在内的二十多种显微镜技术，这些显微技术的共同之处在于都是利用探针与样品之间的不同种类的局部相互作用，来测量物质表面的原子结构和电子结构。扫描探针显微镜的分辨率可以达到 0.01 nm，可以说，这一系列具有极高分辨率的扫描探针显微镜技术的出现，大大促进了纳米技术的快速发展。除了测量方面的应用，扫描探针显微镜技术对于纳米技术的推动作用还在于纳米结构的构建，这部分内容已在第八章中作了比较详细的介绍。下面对于几种探针技术的原理作简单的介绍。

（1）扫描隧道电子显微镜

STM 的基本原理是利用量子理论中的隧道效应，当金属探针（电极 1）与样品（电极 2）表面间距小到 1 nm 左右时，就会出现隧道效应，电子从一个电极穿过空间势垒到达另一电极形成电流——隧道电流。由于隧道电流强度对针尖与样品表面之间的距离成负指数关系，对于间距的变化非常敏感，因此控制针尖的高度不变，当针尖在样品表面做平面扫描时，即使只有原子尺度的起伏，也会导致隧道电流非常明显的变化，记录电流的变化并送入计算机进行相应的数据处理，就可以给出表面的起伏变化情况，而这种测量的运行模式称为恒高模式。很显然，对于表面起伏较大的样品，该模式容易导致探针与样品表面的碰撞而损坏。而另外一种工作模式则可以避免这种情况的发生，恒流模式，即通过电子反馈线路控制隧道电流的恒定（对应针尖与样品表面的间距不变），记录针尖的运动轨迹就可以给出样品表面的形貌图。

STM 具有原子级的高分辨率，其在平行和垂直于样品表面方向的分辨率分别可达 0.1 nm 和 0.01 nm；可以观察单个原子层的局部表面结构，因此可以直接观察到材料表面的缺陷、表面重构、表面吸附体的形态和位置，以及由吸附引起的表面重构。另外，STM 在成像时对样品呈非破坏性，实验可在真空或大气及溶液中进行。

由于 STM 利用两电极间（探针、样品）的隧道电流，因此要求样品具有一定的导电性，所以该技术适用的样品范围为导体或半导体。

（2）原子力显微镜

AFM 是由 STM 技术派生出来的，是为了弥补 STM 技术无法用于绝缘体样品表面检测的不足而发展出来的。AFM 是利用针尖与样品表面原子间的微弱作用力来作为反馈信号。利用一个对力非常敏感的微悬臂，将其一端固定，另一端装有一个微小的探针，当探针轻微地接触、接近或轻敲（取决于工作模式）样品表面时，由于探针尖端的原子与样品表面的原子之间产生极其微弱的相互作用力而使微悬臂弯曲，将微悬臂弯曲的形变信号转换成光电信号并进行放大，经计算机进行处理即可以得到物体的表面形貌。原子力显微镜的工作模式包括接触式、非接触式、轻敲式三种，其中接触式适合于高弹性模量样品的测定，轻敲式具有与接触式接近的分辨率，同时克服了后者针尖被污染的缺点，因此适用于柔软、针尖和脆性的样品，值得一提的是，很适合生物分子的成像，而非接触式由于操作困难使用较少。同扫描隧道电子显微镜技术一样，AFM 的分辨率横向可达 0.1 nm，纵向为0.01 nm，加上不受样品表面导电性的限制，原子力显微技术成为表面分析领域最通用的高分辨的显微分析方法。AFM 对工作环境和样品制备的要求比电镜要求低得多，不仅可以用于真空、大气，甚至可应用于溶液中。

（3）近场扫描光学显微镜

近场光学显微镜，或者称为近场扫描光学显微镜，是将 STM 探针（或 AFM）技术与近场光学技术相结合的产物。

所谓近场光学，是相对远场光学而言，它是研究距离光源或物体一个波长范围（一般几十纳米）内的光场现象。在近场传播的光又可以叫隐失波，它可以突破光衍射的极限，因此可以大大提高分辨率。同时由于隐失波携带有样品表面的信息，因此可以用来研究样品表面的有关光学特性。

STM 的出现为近场光学的研究提供了新思路，即利用光学探针代替近场光学显微镜中的镜头，并将其靠近样品表面几十纳米范围内，即近场区域时，就可以利用光学探针发射的细小光束对样品表面微区进行激发，同时测量得到的信号，那么就可以得到样品表面局部区域的信息，通过扫描则可以得到整个样品表面的信息。

NSOM 的点光源和样品表面的距离通常通过正常的力反馈机制（与 AFM 相同）控制，因此可以进行接触、敲击和非接触模式的 NSOM 实验。针对不同的材料和实验，通常有四种 NSOM 操作模式，即透射模式、反射模式、收集模式和照明模式。

NSOM 与 STM 的不同之处是，后者是基于电子的隧道效应，而前者则是基于光子的隧道效应。NSOM 在纳米尺度的光学观察上具有其他扫描探针显微镜，如 STM、AFM 等所不能取代的地位。

二、衍射技术

在伦琴发现 X 射线之后，1912 年德国物理学家劳厄理论预测了 X 射线与晶体作用时的衍射现象；布拉格父子则在实验上用 X 射线衍射测定了晶体的结构。X 射线衍射技术能够精确测定原子在晶体中的空间位置，目前该技术已经广泛地应用于材料晶体结构的检测方面。对于纳米材料，该技术同样具有重要的应用价值。此外，电子衍射和中子衍射技术已经发展成为 X 射线衍射技术的有效补充。

1. X 射线衍射

纳米材料的晶体结构测定以 X 射线衍射为主，该方法不但可以确定材料的物相，而且还可以得到粒径的数值，其中样品的物相根据特征峰的位置来鉴定，根据峰面积确定相的相对含量；而晶体的颗粒度则利用 X 射线衍射线半高宽法（谢乐公式）来测算。不过，需要说明的是，只有当颗粒为单晶时，该法测得的才是颗粒度；当颗粒为多晶时，测得的则是平均晶粒度。而且，这种方法只适用于晶态的纳米粉晶粒度的评估，因为当晶粒度≤50 nm 时，测量值与实际值基本一致；否则，两者不相符，测量值往往小于实际值。尽管如此，该方法仍然是一种确定材料，特别是无机材料物相的简单可行的方法。

2. 电子衍射

由于电子与物质相互作用比 X 射线强 4 个数量级，而且电子束又可以会聚得很小，所以电子衍射特别适用于测定微细晶体或材料亚微米尺度以下的结构。该技术往往作为附属装置配置在透射电子显微镜和扫描电子显微镜等装置上，以配合表面形貌的观察，用于样品微区物相的鉴定。

3. 中子衍射

中子衍射也是研究物质微观结构的重要手段之一，该方法同样适用于布拉格公式，不过该技术用于晶体结构的分析比 X 射线衍射和电子衍射要晚一些。中子与物质原子的相互作用具有一定的特点：(1) 中子主要与原子核相互作用，其散射因素与角度基本无关，这与 X 射线的散射因素角分布大不相同，而且散射本领和物质的原子系数无一定的关系；(2) 中子的磁矩和原子磁矩有相互作用，其散射振幅随原子磁矩的大小和取向而变化。上述两个特点使得中子衍射与 X 射线衍射和电子衍射能够互补。例如，在测定同时含有重元素（如铅、金等）和轻元素（如氢、锂和碳等）的化合物时，由于重元素电子的衍射明显高于轻元素的，因此，X 射线衍射和电子衍射难以确定轻元素在晶胞中的位置，而中子衍射可以成功解决这一问题。此外，对于原子序数相近的原子相对位置的确定，例如 Fe－Co 合金，利用中子衍射可以得到清晰的超点阵线条。还有，根据磁散射的强度可以判定原子磁矩的数值，从而测定磁的超结构。中子衍射的缺点在于实验所需样品量过大（10 g 左右），因此限制了其在纳米材料研究中的应用。

三、谱学技术

谱学技术在纳米材料中的应用，往往是利用原有的传统仪器，在对相关理论和公式进行一定修正或更新后实现的，因此，测量所采用的仪器甚至测试过程和方法并无明显的不同。这些可应用于纳米测量中的谱学技术，主要包括紫外-可见光谱、红外光谱、X 射线荧光光谱、拉曼光谱、俄歇电子能谱、X 射线光电子能谱等。此外，还有一类基于材料受激产生发射谱的谱学仪器，如核磁共振仪、电子自旋共振谱仪、穆斯堡尔谱仪、正电子湮灭等。由于纳米材料的特殊性，往往会显示出不同于常规材料的性质，依据这些变化和变化量，结合相应的理论计算，可以检测出纳米材料对应的性质，此处也主要针对纳米材料引起的性质变化进行讨论。

1. 紫外-可见光谱

紫外-可见光谱（UV－Vis）是纳米材料谱学分析的基本手段，它分为吸收光谱、发射光谱和荧光光谱。

通过 UV－Vis 中吸收峰位置的变化可以了解纳米材料的相关能级结构变化。与常规尺寸材料相比，纳米材料的吸收阈值或吸收峰往往发生蓝移，如纳米 ZnS 半导体粒子的吸收谱显示它的吸收阈值与体相 ZnS 相比发生蓝移，颗粒尺寸越小，吸收波长则越短；此外，材料的纳米化会引起一些新的吸收谱带的出现。引起这种吸收特性产生的原因一方面归因于小尺寸效应，另一方面则是由界面效应引起的。此外，对于一些一维纳米粒子的分布情况，以及由于长径比和颗粒尺寸变化对于光吸收性质的影响，都可以通过 UV－Vis 吸收光谱来表征和研究。还有，通过 UV－Vis 吸收光谱，并结合相关的理论计算，可以获得关于粒子颗粒度、结构等方面的许多重要信息。

与常规尺寸材料相比，由于量子尺寸效应等的影响，纳米材料的发射光谱可能会发生显著的变化，例如，对于常规尺寸发光很弱的 Si 来说，当其尺寸小到一定数值（5 nm 或更小）时，则可以发射很强的可见光；此外，纳米化同样可以导致材料的新发光带的产生；而纳米化还会引起材料发射峰的蓝移，如 CdS 纳米粒子的发射光波长随粒径减小而蓝移。

纳米材料的荧光光谱与常规尺寸材料相比，也会在荧光强度或寿命方面发生一些变化，例如 4 nm 的硫化锌锰晶体的荧光寿命与常规尺寸材料相比有很大的变化。

2. 红外光谱

在纳米材料研究中，红外光谱可提供纳米材料中的空位、间隙原子、位错、晶界和相界等方面的信息。目前，最常用的是傅里叶变换红外光谱（FTIR），主要用于研究纳米氧化物、氮化物和纳米半导体等材料。FTIR 还常用来研究纳米材料与一般材料表面性质的差别。利用有机小分子本身能给出较强的红外信号，又对所处的环境十分敏感的特点，通过它们在纳米材料和一般固体材料上吸附时，研究红外吸收频率和强度的变化来探测它们表面性质的差异。傅里叶变换远红外光谱还可用于检验金属离子与非金属离子成键、金属离子的配位等化学环境及变化。

3. 拉曼光谱

纳米材料中的晶界结构比较复杂，与材料的成分、键合类型、制备方法、成型条件以及热处理过程等因素均有密切的关系。拉曼频移与物质分子的转动和振动能级有关，不同的物质有不同的振动和转动能级，产生不同的拉曼频移。利用拉曼光谱可以对纳米材料进行分子结构、键态特征分析和定性鉴定等。拉曼光谱具有灵敏度高、不破坏样品、方便快速等优点，是研究纳米材料，特别是低维纳米材料的首选方法。

4. X射线光电子能谱

利用X射线光电子能谱法可分析纳米材料的表面化学组成、原子价态、表面形貌、表面微细结构状态及表面能态分布等。对高分辨XPS谱的谱峰进一步的谱线分解拟合还可以确认新的基团或元素。

5. X射线吸收精细结构测定谱(EXAFS谱)

EXAFS谱提供的是一维的局域的结构信息，主要包括某一特定中心原子周围的一至若干个配位壳层的配位数和配位距离等。实验室获得的EXAFS数据，经过数学处理变换和扣除本底，用标样比较法或曲线拟合法可求得配位半径和配位数。该法已成为缺少长程有序体系的有效表征手段，能获取有关配位原子种类、配位数、键长、原子间距等吸收X射线的关于原子化学环境方面的信息。其优点是对样品有广泛适用性：晶态、非晶态、气-液-固态物质，玻璃态、表面分散态的配位结构及表面吸附态等均可应用，因此它可以与XRD互补，成为结构表征的重要手段，但目前国内尚缺乏此类表征仪器。

6. 俄歇电子能谱(AES)

由于俄歇电子的能量与入射电子无关，仅取决于原子内有关壳层的结合能，这个信息仅来自样品表面几个原子层，具有“指纹”特征，因此俄歇电子谱成为表征材料表面化学成分，特别是元素偏聚的有力工具。在纳米材料研究中，AES主要用来鉴定材料表面的元素种类及组成比例的化学分析，还可测量化学键能及化学键间的细微能量差。

7. 穆斯堡尔(Mossbauer)谱

在固体中处于激发态的核回到基态时无反冲地放出光子，这种光子被处于基态的同种核(又称吸收体)无反冲地共振吸收给出的谱，称为穆斯堡尔谱。穆斯堡尔谱对应于原子核的跃迁，由于原子核与其核外环境(核外电子、近邻原子及晶体结构等)之间存在细微的相互作用，即超精细相互作用，因此穆斯堡尔谱是研究物质微观结构的有效手段，尤其适用于对铁磁材料超精细相互作用的测定。在纳米材料研究中主要用于研究纳米尺寸的微晶、薄膜和块体材料表面及界面磁性。此外，还可对纳米粉体相的组成进行分析。

8. 正电子湮没谱

所谓正电子湮没是指正电子射入凝聚态物质中，在周围达到热平衡后，与电子湮没，同时发射出γ射线。由于正电子湮没技术对原子尺度的缺陷十分敏感，因此如果纳米材料中含有空位、位错或空洞等缺陷时，将会导致正电子湮没并产生一定时间的延迟(即正电子寿命)。通过对正电子湮没图谱的分析可以了解正电子寿命，从而得到纳米材料的电子结构或者缺陷结构的一些相关信息，该方法主要用于研究纳米金属和纳米陶瓷界面结构。

四、热分析技术

差热分析(DTA)、示差扫描量热法(DSC)以及热重分析(TG)三种方法常常相互结合，并与XRD、IR等方法结合用于研究纳米材料或纳米粒子，以了解材料纳米化引起材料热学性质的变化特征。

第二节　纳米材料表征

为了更好地了解纳米材料的表征，我们从材料的角度进一步讨论一下各种不同测试仪器和方法对于材料同一种性能的测试，或同一测试手段对于不同性质的测试。

我们知道，纳米材料的化学组成及其结构是决定其性能和应用的关键因素，而要探讨纳米材料的结构与性能之间的关系，就需要对包括晶粒尺寸、尺寸分布、形貌和结构等一系列性质进行准确表征，下面将从材料的主要性质出发，探讨相关的纳米测量方法。

一、纳米材料的粒度分析

对于纳米材料，除材料的类别和形貌外，其颗粒大小对材料的性能起着决定性的作用，因此，纳米材料的颗粒大小、形状的表征的意义不言而喻。

1. 粒度分析的概念

粒度的准确分析有赖于粒度概念的建立，纳米粒子的粒度是粒子的一维几何尺寸。球形粒子的直径就是粒径，非球形粒子的粒径或者用某种规定的线形尺度表示，或者以某种意义的相当于圆的直径表示，或以在同一物理学现象中的等效球体的直径——当量直径表示。粒度分布可分为频率分布（相对分布）和累积分布。频率分布表示与各个粒径相对应的粒子占全部颗粒的（质量、体积或个数）百分含量；累积分布表示小于或大于某一粒径的粒子占全部颗粒的百分含量。

2. 粒度分析的方法

纳米粒子粒度的分析方法大致可归纳为：筛分法、显微镜法、沉降法、激光衍射法、激光散射法、光子相干光谱法、电子显微镜图像分析法、粒度测量法和质谱法等。其中激光散射法和光子相干光谱法由于具有速度快、测量范围广、数据可靠、重现性好、自动化程度高、便于在线测量等优点而被广泛应用。实际上，目前国际上已经使用和正在研究的粒度、颗粒形状与比表面检测的方法，细分起来已有超过 400 种方法，表 9.1 列出了具有代表性的纳米粒子的粒度及粒度分布检测方法。

表 9.1　纳米粒子的粒度及粒度分布检测方法

技术方法	粒度范围	检测依据的性质或效应	单一颗粒的粒度及当量直径	颗粒群的粒度分布及平均粒径
光子相关光谱(PCS)	2 nm～3 μm	Rayleighgans-Mie 激光散射		光强平均粒径 $d_{PCS}=\dfrac{\sum nd_i^6}{\sum nd_i^5}$
透射电镜（TEM、STEM、AEM、HREM）	1 nm～5 μm	颗粒投影像的某种尺寸或某种相当尺寸	投影圆当量直径（Heywood 径）$d_e=\sqrt{\dfrac{4a}{\pi}}$；定方向径（Fetet 径）$d_F$；等方向等分径（Martin 径）$d_m$	个数平均粒径 $d_{nl}=\dfrac{\sum nd_i}{\sum n}$

续　表

技术方法	粒度范围	检测依据的性质或效应	单一颗粒的粒度及当量直径	颗粒群的粒度分布及平均粒径
扫描探针显微技术（SPM）（STM、FIM、MFM 等）	1 nm～100 μm	探针针尖与样品之间产生局域场的电子隧道效应		
扫描电镜（SEM）	5 nm～10 μm	颗粒投影像的某种尺寸或某种相当尺寸	投影圆当量直径（Heywood 径）$d_e=\sqrt{\frac{4a}{\pi}}$；定方向径（Feret 径）$d_F$；等方向等分径（Martin 径）$d_m$	个数平均粒径 $d_{nl}=\frac{\sum nd_i}{\sum n}$
X 射线小角散射	5～100 nm	颗粒对 X 射线的散射	同效应的球直径	平均体积（质量）粒径 $d_{nv}=\sqrt[3]{\frac{\sum nd_i^3}{\sum n}}$；个数平均粒径 $d_{nl}=\frac{\sum nd_i}{\sum n}$
气体吸附（BET）	1 nm～10 μm（≥0.01 m^2/g）	气体分子在颗粒表面的吸附		比表面积当量粒径 $d_{BET}=\frac{\phi}{\rho S_w}$

① d_i——某一微分区间的粒径；n——相对该粒径的粒子数。对单分散样品，$d_{nl}\leqslant d_{PCS}$，对分布较宽的样品，此关系式不成立。

② ϕ——粒子的形状系数；ρ——颗粒真密度；S_w——颗粒的比表面积。

（1）显微镜法

显微镜法是一种测定颗粒粒度的常用方法，它可以分为光学显微镜法和电子显微镜法。光学显微镜测定范围为 0.2～150 μm，因此，严格来讲，光学显微镜适合于亚微米和微米级的测定，并不适合于纳米尺寸范围颗粒的测定。而电子显微镜中无论是透射电子显微镜还是扫描电子显微镜，都可以用于纳米材料的粒度大小测量和形貌分析。电子显微镜技术可直接观察颗粒形状、尺寸和团聚状况。

扫描电镜的纳米粉体样品可以进行溶液分散制样，也可以直接进行干粉制样，对样品制备的要求比较低，但由于电镜要求样品有一定的导电性能，因此，对于非导电性样品需要进行表面蒸镀导电层如表面镀金、蒸碳等处理。一般在 10 nm 以下的样品不能镀金，因为蒸镀的金颗粒大小在 8 nm 左右，会产生干扰，应采取蒸碳方式。扫描电镜有很大的扫描范围，原则上从 1 nm 到毫米量级均可以用扫描电镜进行粒度分析。而对于透射电镜，由于需要电子束透过样品，因此，适用的粒度分析范围在 1～300 nm 之间。对于电镜法粒度分析还可以与电镜的其他技术联用，实现对颗粒成分和晶体结构的测定。

（2）激光粒度分析法

激光粒度分析法，按照分析粒度的范围，又分为激光衍射法和动态光散射法。衍射法主要针对微米、亚微米级颗粒的粒度分析；散射法则主要针对纳米、亚微米级颗粒的粒度分析。

激光衍射法又称小角度激光光散射法，应用了全程的米氏散射（Mie Scattering）理论，颗粒在激光束的照射下，其散射光的角度与颗粒的直径成反比关系，而散射光强度随角度的增加呈对数规律衰减。仪器的工作原理如图 9－1 所示。由 He－Ne 激光器发射出的激光，经显微物镜聚焦、针孔滤波和准直镜准直后，成为单一的平行光束，照射到颗粒样品后发生散射现象。散射光经傅里叶或反傅里叶透镜后，成像在排列有多个检测器的焦平面上，其角度与颗粒的直径成反比关系，而其能量分布与颗粒直径的分布直接相关，通过接受和测量散射光的能量分布就可以得出颗粒的粒度分布特征。衍射光强度 $I(\theta)$ 与颗粒粒径有如下关系：

$$I(\theta)=\frac{1}{\theta}\int_0^{\infty}R^2n(R)J_1^2(\theta RK)\mathrm{d}R \qquad (9-1)$$

式中，θ 是散射角度；R 是颗粒半径；$I(\theta)$ 是以 θ 角散射的光强度；$n(R)$ 是颗粒的粒径分布函数；$K=2\pi/\lambda$，λ 为激光的波长；J_1 为第一型的贝叶斯函数。根据所测得的 $I(\theta)$ 可反求颗粒粒径分布 $n(R)$。激光粒度分析是在假定所测颗粒为球体的前提下进行的。

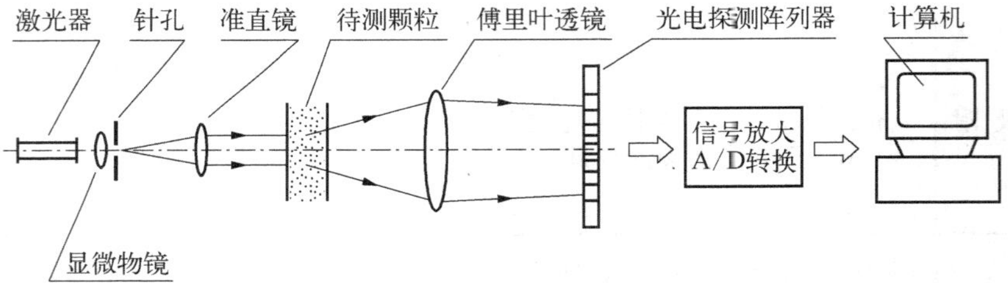

图 9－1　激光衍射粒度仪的工作原理

使用激光粒度分析仪测量粒径应注意以下几个问题：首先测量前最重要的问题是充分地准备样品，包括典型抽样，分散剂、表面活化剂和混合剂的选用，超声波的使用等；其次是要确保测量区的主要组成部件即检测器和样品池窗口一直是清洁的，并利用背景测量装置纯化测量；最后被测样品的折射率和吸收率的正确输入也是一个关键因素，做好这些才能获得具有良好重现性的测量结果。

二、纳米材料的形貌分析

材料的形貌尤其是纳米材料的形貌是材料分析的重要组成部分，材料的很多物理化学性能是由其形貌特征所决定的，例如棒状纳米金的光学吸收光谱中，出现了三个吸收峰，明显不同于普通的球形纳米金颗粒的单吸收峰的特征。材料的形貌和材料的种类以及尺寸大小构成了纳米材料性能的决定性因素，因此，纳米材料的形貌分析是纳米材料的重要研究方面。纳米材料常用的形貌分析方法主要有扫描电子显微镜（SEM）法、透射电子显微镜（TEM）法、扫描隧道显微镜（STM）法和原子力显微镜（AFM）法。

SEM 和 TEM 形貌分析不仅可以分析纳米粉体材料，还可分析薄膜和块体材料的形貌。

其提供的信息主要有材料的几何形貌，粉体的分散状态，纳米颗粒的大小、分布，特定形貌区域的元素组成和物相结构等。SEM 分析可以分析小至 0.2 nm 的样品，TEM 则具有更高的空间分辨能力。需要指出的是，TEM 比较适合于纳米粉体样品的形貌分析，但对于较大颗粒，如 300 nm 并不适用；对于块体样品的分析，需要对样品进行减薄处理。

STM 的形貌分析主要是针对一些特殊导电固体样品。它可以达到原子量级的分辨率，仅适合具有导电性的薄膜材料的形貌分析和表面原子结构分布分析，对纳米粉体材料不能分析。AFM 也可以对纳米薄膜进行形貌分析，而且分辨率与 STM 相当；AFM 适合分析导体、半导体和绝缘体样品表面。

STM 和 AFM 更适合于表面比较平整的需要原子级分辨率的平面或表面的分析，而且具有进行原位形貌分析的特点，不过，需要注意 AFM 的针尖放大效应引起的测量误差；电子显微镜技术的分辨率较低，不过可以结合能谱分析技术同时完成对样品表面的形貌观察和微区成分分析。

三、成分分析

纳米材料的元素组成以及材料中杂质的种类和浓度，对纳米材料的性能至关重要，因此它的测量不可或缺。纳米材料的成分分析方法按照分析目的不同，又分为体相元素成分分析、表面成分分析和微区成分分析等方法。

纳米材料的体相元素组成及其杂质成分的分析方法包括原子吸收、原子发射、ICP 质谱以及 X 射线荧光与衍射分析方法。其中前三种分析方法需要将样品溶解后再进行测定，因此，属于破坏性元素分析方法；而 X 射线荧光与衍射分析方法为非破坏性元素分析方法。其中 X 射线荧光分析方法是基于 X 射线荧光的能量或波长与元素的对应关系建立的定性分析，而定量分析则是基于荧光的强度与元素含量之间的对应函数关系。

纳米材料的表面分析方法目前最常用的有 X 射线光电子能谱(XPS)分析方法、俄歇电子能谱(AES)分析方法、电子衍射分析方法和二次离子质谱(SIMS)分析方法等。这些方法能够对纳米材料表面化学成分、分布状态与价态、表面或界面的吸附和扩散反应的状况等进行测定。X 射线光电子能谱和俄歇电子能谱分析方法的共同特点是基于材料表面被激发出来的电子所具有的特征能量分布(能谱)而对材料表面元素进行分析的方法。两者的主要区别是所采用的激发源不同，X 射线光电子能谱用 X 射线作为激发源，而俄歇电子能谱则采用电子束作为激发源。X 射线光电子能谱法(XPS)能够提供样品表面的信息深度约为 3～5 nm。俄歇电子能谱的信息深度为 1～3 nm，绝对灵敏度可达到 10 个单原子层，是一种很有用的分析方法。

正如上文所提到的，配置能谱装置后，电子显微镜(包括扫描电子显微镜和透射电子显微镜)可对某一微区的元素成分进行分析(对于同一表面不同区域成分不同的分析更有利)。当纳米粒子表面成分中含有机化合物时，其成分鉴别常用红外光谱、紫外光谱、质谱等波谱分析方法。

四、纳米材料的结构分析

1. 物相结构的亚微观特征

人们已经了解到，不仅纳米材料的成分和形貌对其性能有重要影响，纳米材料的物相结构和晶体结构对材料的性能也有重要的影响。因此，对纳米材料的物相结构分析也是材料分析的重要内容之一。通过对纳米材料的结构特性的测定，为解释材料结构与性能关系提供更好的依据。目前，常用的物相分析方法有X射线衍射分析、激光拉曼分析以及微区电子衍射分析等。

2. 纳米材料结构分析新技术

材料结构表征的方法相当多，适用于纳米材料结构分析的仪器也不止上面介绍的几种，而且新的表征仪器也会不断出现，或者原有仪器的新功能开发或功能升级，如最近 Lothar Schermelleh 等开发了一种叫作三维结构照明(3D - SIM)的新成像技术，并应用于显微镜上，从而制备出一种新型的显微镜，该显微镜能够展示高清晰度、多色彩的三维画面，从而比传统的显微镜提供了更高的分辨率(100 nmVs. 200 nm)和更多的细节(探索哺乳动物的细胞核，给细胞的不同的成分标记不同的颜色)。Ozgur Sahin 等研发出新型高速扭转 AFM 探针的原子力显微镜，使其在材料机械性能的测量上，速度比传统的 AFM 快上千倍。随着分析仪器和技术的不断升级发展，纳米材料结构研究所能够采用的仪器越来越多，包括高分辨透射电镜(HRTEM)、扫描探针显微镜(SPM)、扫描隧道显微镜(STM)、原子力显微镜(AFM)、场离子显微镜(FIM)、X射线衍射仪(XRD)、扩展X射线吸收精细结构测定仪(EXAFS)、穆斯堡尔谱仪(MS)、拉曼散射仪(RS)等。可以认为，纳米结构的研究方法几乎已经涉及全部物质结构分析测试的仪器。

3. 纳米粒子的结构分析

纳米粒子的相结构检测与常规粒子的一样，X射线衍射(XRD)图谱代表了其结构指纹。但纳米粒子的 XRD 图谱有其明显特征：(1) 由于晶粒小于 100 nm，或存在晶格畸变如位错、层错等错排，而产生衍射峰变化；(2) 堆垛层错产生衍射峰位移；(3) 孪晶产生衍射峰非对称性，所以分析谱图时应特别注意对这些特征的解析。纳米粒子的微结构及缺陷包括晶界、位错、层错、孪晶、原子簇等。由于高分辨透射电镜和扫描隧道显微镜等可以直接用于实空间中的观察，并具有极高的分辨率，因此是观测纳米粒子微结构及缺陷的首选工具。

五、纳米材料表面与界面分析

固体材料的表面与界面分析已发展为纳米薄膜材料研究的重要内容，特别是对于固体材料的元素化学态分析、元素三维分布分析以及微区分析。目前，常用的表面和界面分析方法有：X射线光电子能谱(XPS)、俄歇电子能谱(AES)、静态二次离子质谱(SIMS)和离子散射谱(ISS)。其中 XPS 占了整个表面成分分析的 50%，AES 占了 40%，SIMS 占了 8%。在这些表面与界面分析方法中，XPS 的应用范围最广，可以适合各种材料的分析，尤其适合材料化学状态的分析，更适合于涉及化学信息领域的研究。

俄歇电子能谱法是一种广泛使用的分析方法，其优点是：在靠近表面 0.5～2 nm 内化学分析的灵敏度高，数据分析速度快；可以分析除氢、氦以外的所有元素。俄歇电子能谱现已发展成为表面元素定性、半定量分析、元素深度分布分析和微区分析的重要手段。新型的俄歇电子能谱仪具有很强的微区分析能力和三维分析能力，其微区分析直径可以小到6 nm，大大提高了在微电子技术和纳米技术方面的分析能力。此外，俄歇电子能谱仪还具有很强的化学价态分析能力，不仅可以进行元素化学成分分析，还可以进行元素化学价态分析。俄歇电子能谱分析是目前最重要和最常用的表面分析和界面分析方法之一。由于具有很高的空间分辨能力(6 nm)以及表面分析能力(0.5～2 nm)，因此，俄歇电子能谱尤其适合于纳米材料的表面和界面分析。俄歇电子能谱仪在纳米材料尤其是纳米器件的研究上具有广阔的应用前景。

第三节　纳米测量技术的展望

目前，各种纳米测量方法和仪器的不断涌现，为纳米科技和纳米材料的研究提供了重要的技术手段。但同时纳米科技和纳米材料研究的快速发展，也对纳米测量技术不断提出新的要求。

纳米科学技术已成为21世纪世界各国竞相发展的重点科学，纳米测量技术是从事纳米科学技术研究的基础与关键。"没有测量就没有科学，至少是没有真正意义上的科学"，苏联科学家门捷列夫高度概括了测量在科学技术中至关重要的地位。纳米科学技术的发展，不仅给纳米测量技术提出了挑战，而且也给纳米测量技术的发展提供了机遇。同时，纳米测量技术的不断发展和创新，将给纳米科学技术的发展提供全新的发展机遇，纳米测量技术上的突破，无疑将导致纳米科学技术研究水平的不断提高。

（赵崇军）

复习思考题

1. 何谓纳米测量？它与常规测量有何不同？纳米测量技术的主要内容有哪些？
2. 常见的电子显微测量技术、衍射测量技术和谱学技术各有哪些？其测量原理的主要区别是什么？
3. 用TEM、SEM和STM分别表征某一纳米粒子的尺寸和形貌，其结果会有何不同？
4. NSOM与STM的基本原理有何不同？NSOM有哪四种操作模式？
5. 为什么说中子衍射和电子衍射技术是X射线衍射技术的补充和发展？
6. 为什么说紫外-可见光谱是表征液相中金属纳米粒子的最常用技术？
7. 热分析技术与XRD、IR等方法结合可以研究纳米材料或纳米粒子的哪些特征？
8. 纳米材料结构和性能表征的基本特征有哪些？
9. 常见的纳米材料粒度分析方法有哪些？使用激光粒度分析仪测量粒径应注意哪些问题？
10. 纳米材料物相结构分析的目的具体有哪些？俄歇电子能谱最适合于纳米材料哪些特征的分析？
11. 为什么说"测量和表征单一纳米结构仍属难题"？
12. 如何理解"没有测量就没有科学，至少是没有真正意义上的科学"？

参考文献

[1] 黄惠忠. 纳米材料分析. 北京：化学工业出版社，2003.
[2] 张立德. 纳米测量学的发展与展望. 现代科学仪器，1998，1(2)：30－33.
[3] 阎峻. 纳米材料的表征. 材料导报，2001，15(4)：53－55.
[4] 李颖，王光祖. 纳米材料的表征与测试技术. 超硬材料工程，2007，19(2)：

38－42.
[5] 陈卫，孙世刚. 纳米材料科学中的谱学研究. 光谱学与光谱分析，2002，22(3)：504－510.
[6] 方克明，邹兴，黄浪，等. 纳米材料微观结构的透射电镜和高分辨电镜表征技术. 纳米器件与技术，2005，2(3)：26－29.
[7] 陈本永，李达成. 纳米测量技术的挑战与机遇. 仪器仪表学报，2005，26(5)：547－550.
[8] 陈玉萍，徐甲强，方少明. 现代测试技术在纳米材料研究中的应用. 化学研究与应用，2004，16(5)：594－596.

第十章　纳米材料的应用与展望

目前，利用纳米材料特殊的磁学、光学、电学、力学、热学以及生物学等特性，已设计和构筑了各种性能优异和功能奇特的新型材料和元器件，许多纳米产品也已在电子信息、生物医药、国防和航天等领域得到实际应用，并已衍生出新兴的高科技产业群。与此同时，纳米材料日益广泛的应用也将对传统产业，如能源、环境、化工、建材、纺织等工业产生重大影响，带动这些传统产业跳跃式发展，加速完成传统产业的改造和升级换代。放眼未来，纳米科技必将成为人类美好生活不可分割的组成部分。

第一节　电子信息领域

纳米技术发展的一个主要推动力来自电子信息产业。以微电子器件为基础的计算机和自动化电器进入社会的各个领域，成为发达国家的主要经济支柱之一。微电子器件薄、轻、小的客观要求与发展趋势，迫使人们研究和使用纳米科技。

传统的电子器件，只利用了电子波粒二象性中的粒子性，而且都是通过电子数量来实现信号处理的。纳米器件或量子器件是利用量子效应原理制成的，它的尺寸在纳米级，具有更高的响应速度、更低的功耗、更大的集成度，同时器件还具有结构简单、可靠性好、成本低等优点。

现代电子学正经历一个从微电子学到纳米电子学的发展时期，并引起新的电子技术革命，把电子工业技术推向一个更高的阶段。纳米电子学的目标是将集成电路的几何尺度进一步减小，超越目前发展中遇到的极限，从而使得其功能密度和数据通过量达到新的水平。

就像30年前，微电子器件取代真空电子管器件给信息技术带来革命一样，纳米技术将再次给信息技术带来革命。

一、纳米发电机

美国佐治亚理工学院的王中林研究小组利用竖直结构的氧化锌纳米线的独特性质，在原子力显微镜的帮助下，研制出了将机械能转化为电能的世界上最小的发电装置——纳米发电机。他们利用氧化锌纳米线容易被弯曲的特性而在纳米线内部和外部分别造成压缩和拉伸。同时，竖直生长的氧化锌是纤锌矿结构，具有半导体性能和压电效应。压电效应是由材料中的力学形变而导致的电荷极化的效应，它是实现力电耦合和传感的重要物理过程。氧化锌纳米线的这种独特结构导致了弯曲纳米线的内外表面产生极化电荷。他们用导电原子力显微镜的探针针尖去弯曲单个的氧化锌纳米线，输入机械能。同时由于氧化锌的半导体特性，他们巧妙地把这一特性和氧化锌纳米线的压电特性耦合起来，用半导体和金属的肖特基势垒将电能暂时储存在纳米线内，然后用导电的原子力显微镜探针接通这一电源，并向外界输电，从而完美地实现了纳米尺度的发电功能。更重要的是，这一纳米发电机能达到17%～30%的发电效率，为自发电的纳米器件奠定了理论基础。

具体的试验过程是先用高温热蒸发气相沉积的方法在氧化铝衬底上合成非常均匀规则的单晶纳米线，由于晶格匹配，这些纳米线都是垂直生长，具有规则的形貌（见图10-1(a)），而且和衬底结合得十分紧密。然后他们用金属银连通衬底的底部导电部分。同时，运用导电的原子力显微镜作为机械能输入和电能的收集部分(见图 10－1(b))。弯曲并测量氧化锌纳米线的原子力显微镜探针针尖由镀了白金的硅材料制成，既保证了弯曲纳米线所需要的刚度也具备了良好的导电性。更重要的是这一设置使得纳米线底部是金属银和半导体氧化锌的连接，形成了欧姆接触，而针尖上白金和半导体氧化锌的接触形成了肖特基势垒。正是由于这一巧妙的设置加上单晶氧化锌纳米线独特的压电性能，使得被弯曲拉长的氧化锌纳米线一面所产生的正偏压电能不能释放，实现了电荷的分离和积累。当原子力显微镜的探针继续扫过纳米线顶部到纳米线被压缩部分时，由于压缩部分的氧化锌纳米线一面是负电压，积累的压电电荷得到释放，向外电路输出电流(见图 10－1(c))。从而在世界上首次实现了纳米尺度机械能转化为电能的装置——纳米发电机。

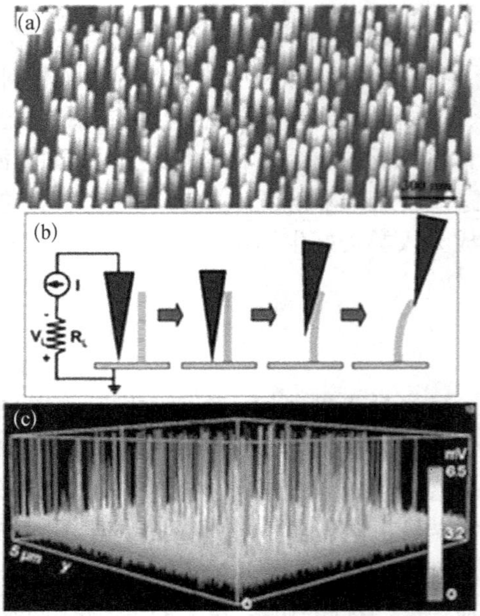

(a) 在氧化铝衬底上生长的氧化锌纳米线的扫描电子显微镜图像；
(b) 在导电的原子力显微镜探针针尖作用下，纳米线利用压电效应发电的示意图；
(c) 当原子力显微镜探针扫过纳米线阵列时，压电电荷释放的三维电压/电流信号图

图 10－1　基于规则的氧化锌纳米线的纳米发电机

纳米发电机的发明可能是纳米科技发展中的一个重要里程碑，有几个理由：第一，它首次实现了半导体和压电体双重性能的耦合，为探索该过程中的物理机制奠定了基础。第二，它的出现为从纳米器件飞跃到纳米系统提出了具体的技术路线。纳米器件具有尺寸微小(纳米量级)、功耗少、灵敏度高等宏观器件所不完全具备的独特优势。然而目前为这些先进的纳米器件供电的依然是常规的宏观电源。纳米发电机的发明提出了解决纳米技术中这一极其要害问题的方案，它使得纳米器件的能量供给系统与工作系统同时都能达到纳米量级，从而保持了自备电源的完整、纳米器件系统的微小、可体内植入等特性。第三，它不仅为实现整个纳米器件工作系统的真正小型化奠定了原理基础，同时还能有效地收集生物体内甚至自然界中一直被忽略的微量运动机械能来满足纳米器件正常运转所需的能量。第四，它的出现为氧化锌的应用开辟了新天地。目前发表在氧化锌纳米线、纳米棒和纳米带方面的文章急剧增加，然而开辟它们的新应用仍然是严峻的挑战。最后，氧化锌具有独特的生物可降解性和生物相容性，因此它可以被用于人体内的传感和微系统，这是氧化锌所具有的非常独特的性能。

纳米发电机的问世为实现集成纳米器件、实现真正意义上的纳米系统打下了技术基础。这项科研成果未来将广泛用于生物医学、国防技术、能源技术及日常生活领域。

二、纳米马达

纳米马达是一种纳米尺度的动力机器，它是纳米世界机器化的先导，其重要性可类比于蒸汽机在工业革命中的地位。一个纳米马达构成一个完备的纳米机器系统，要远比实现单

一操作的一般性纳米器件复杂。作为动力装置，纳米马达接受能量注入，进行能量转换和机械功输出，并实现特定的力学功能，如定向的运输、转动等。这一系列过程必须在单个纳米体系内以可控制的方式循环发生，马达才能连续运行。

目前纳米马达的研究按物理体系可分为两大类。一类基于固体材料，多侧重于电驱动，如纳米压电马达；另一类基于分子体系，侧重于化学或激光驱动，如生物马达、以合成分子为基础构造的人工纳米马达。

纳米压电马达是一种利用压电陶瓷基片或薄膜、电致伸缩材料的声振动和微小变形将电能转换成旋转或移动的机械输出等运动形式的新型驱动器。图 10－2 为所设计纳米压电马达的结构图，压电晶体环和电极串联，由变幅杆驱动头和螺杆将其固定，后面连接导向螺杆，并通过轴承套筒固定到导轨上，螺杆上套有弹簧，作为驱动的跟进部分。没有电场作用时，系统在负载滑块与导轨摩擦力、弹簧压缩的弹力合力作用下保持平衡。当一个脉冲到来时，在压电晶体内产生电场，使压电陶瓷发生形变，再通过变幅杆推动负载前进一个步距，并相应压缩弹簧。脉冲电场作用结束后，压电陶瓷形变消失，弹簧在前一过程中压缩的能量释放，推动负载移动一个较小步距。如此，在弹簧形变范围内多个脉冲作用，负载即能够沿着导轨产生位移。由于压电陶瓷的形变量小，而弹簧可以跟进，实现了连续的纳米精度位移，为纳米精度定位提供了一种新的压电驱动结构。

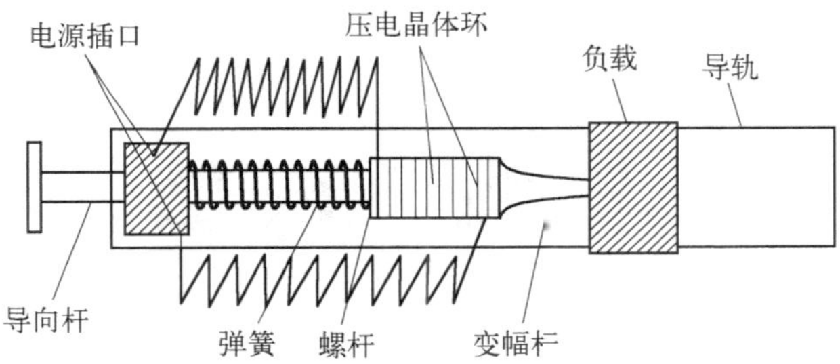

图 10－2　纳米压电马达结构图

复旦大学王志松等在纳米马达研究中获重要进展，发现了同头尾的纳米马达自主定向、自主运动的分子机制，为发展性能先进的新型纳米马达打开了通路。这个最新发现把纳米马达的运行要求降到了目前最低水平，即只需随机给它提供单一种类的燃料分子。而马达自己决定是否接受能量供应，自己选定方向，自己协调头尾使其彼此交替跨越，从而实现沿轨道的定向运输。制备这些性能优越的新型纳米马达，只需合成单个头部件，再由全同的头部件两两连接即可，难度大大降低。该研究组的后续研究发现，这种先进的纳米马达机制在生物马达中也存在，而且是充分优化的。因此，他们所发现的马达机制可能是经过长期生物进化所选择的一个最佳途径，对人工纳米马达的研制将具有普遍的指导意义。

三、纳米计算机

现代计算机所用的芯片是以半导体硅为基本材质而构成的大规模集成电路。商品化大规模集成电路上元器件的尺寸约为 0.35 μm，而纳米计算机指的是它的基本元器件尺寸在几个到几十纳米范围内。

随着晶体管元器件尺寸的缩小，芯片上集成的元器件越来越多，计算机处理器的功能也越来越强。但科学家发现，当晶体管的尺寸缩小到 0.1 μm（即 100 nm）以下时，半导体晶体管赖以工作的基本原理将受到很大限制，因此需另辟蹊径，才能突破 0.1 μm 界限，实现纳米级器件。

目前，在以不同原理实现纳米级计算方面，科学家提出了四种工作机制：电子式纳米计算技术、基于生物化学物质与 DNA 的纳米计算机、机械式纳米计算机和量子波相干计算技术。它们有可能发展成为未来纳米计算机技术的基础。

像硅微电子计算技术一样，电子式纳米计算技术仍然利用电子运动对信息进行处理。不同的是，前者利用固体材料的整体特性，根据大量电子参与工作时所呈现的统计平均规律；后者利用的是在一个很小的空间（纳米尺度）内，有限电子运动所表现出来的量子效应，如隧道效应。

美国威斯康星大学麦迪逊分校 Robert H Blick 研究小组将机械技术与纳米技术结合起来，设计了一种基于纳米尺寸机械零件的新型计算机。这种纳米机械计算机（Nanomechanical Computer，NMC）的基本单元"纳米机械单电子晶体管"（NEMSET）是将典型硅晶体管与纳米机械开关相结合的电路。如图 10－3 所示的是典型的 NEMSET，场发射电流可以放大一个数量级，左边的直流偏置允许交流信号和直流偏置电压通过，记录电流取决于中间的纳米机械柱。

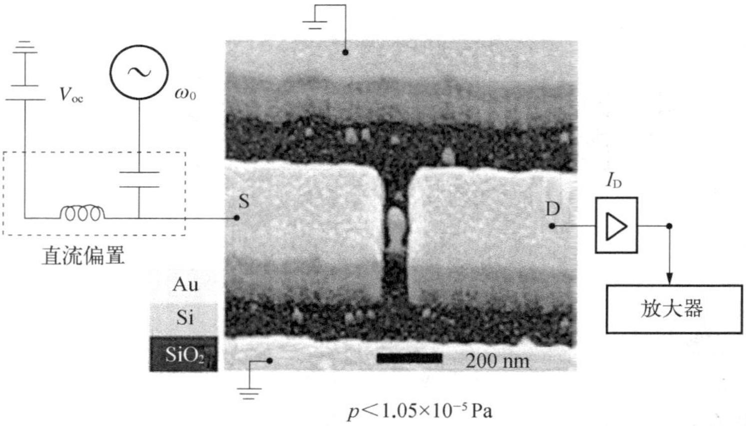

图 10－3　纳米机械单电子晶体管

纳米机械计算机与常规计算机相比具有三个优点：耐电击、可在更高温度下运行（几百摄氏度）、能耗更低，因此该计算机可能具有广泛的商业前景。

由于战争中敌军可能会用电磁脉冲弹来摧毁电脑系统，而纳米机械计算机不像电子计算机那样对电磁脉冲敏感，因此这个新型设计已经引起美国军方的兴趣。

第二节　生物医学领域

纳米技术将在生物医学、药学、人类健康等生命科学领域有重大的应用。随着纳米材料的发展及不断深入生物医学领域，其对疾病的诊断和治疗产生了深远的影响，特别是在重大疾病的早期诊断和治疗领域，包括可植入性和弥补性生物兼容材料、诊断器件、治疗学等，今后，纳米材料将有更多的机会用于药物输运系统、诊断系统和治疗系统，因此纳米生物技术具有重要的社会与经济前景。根据产业咨询公司纳米市场（NanoMarkets）发布的报告，到2009年，全球药物传输产品和服务市场的收入有望超过67亿美元，其中纳米技术药物传输系统将创造超过17亿美元的经济效益，2012年将超过48亿美元。

一、生物导弹

所谓生物导弹是指具有识别肿瘤细胞和杀死肿瘤组胞双重功能的药物。纳米生物导弹直接用于治疗各种细胞水平的疾病，对病变组织和细胞有特异性杀伤作用。纳米药物载体作为抗肿瘤药物的输送系统，将药物或基因输送到肿瘤细胞和器官以达到直接的治疗效果，是纳米颗粒最有前途的应用之一。下面将分别介绍纳米磁靶向药物载体、纳米脂质体以及脂质纳米粒等在肿瘤治疗中的应用。

把药物放入磁性纳米颗粒的内部，利用药物载体的磁性特点，在外加磁场的作用下，磁性纳米载体将富集在病变部位，进行靶向给药，那么药物治疗的效果会大大地提高，如图10－4所示。

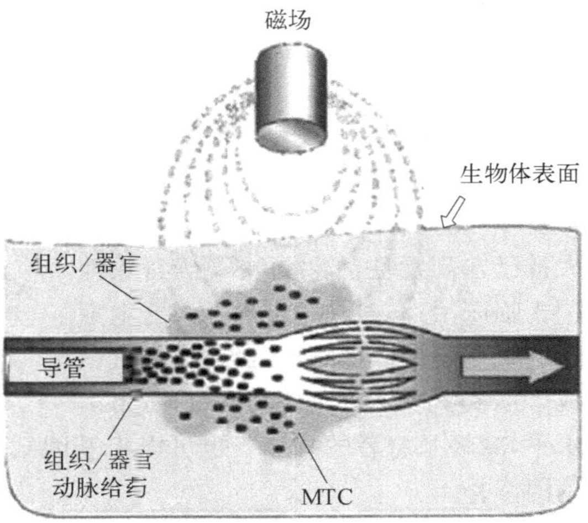

图10－4　体内磁肿瘤靶向给药示意图

20世纪90年代初，Jordan等发现纳米级氧化铁粒子具有很高的热效应，在临床使用的磁场强度和频率范围内，其热效应比微米级的磁粒子高得多。随后，Chan和Jordan进行了系统的体外研究试验，结果显示，磁性纳米粒子在交变磁场的作用下，热疗造成的癌组胞的失活效果可与最好的均匀加热方法——水浴加热法媲美。此外，磁热疗还具有以下独特的优点：① 随着磁性材料及其表面处理技术的发展，可很好地解决材料的生物相容性问题；② 通过磁性粒子的靶向和载体作用，磁热疗产生的温度能协同提高肿瘤化疗或放疗的效能。目前，德国、美国、俄罗斯、澳大利亚、日本等十几个国家的许多科学家都已经投入到这方面的研究中。

我国国家超细粉末工程研究中心制备了磁靶向药物载体铁炭复合材料，片状活性炭为20～200 nm，铁颗粒为50～100 nm。这种包炭纳米的铁炭复合磁性载体颗粒细小均匀、磁靶向性能强、载药量大并具有缓释功能，更适合作为磁性药物载体用于肿瘤的靶向治疗。

美国FeRx公司已将铁炭复合物应用于临床试验，成功完成了Ⅰ期/Ⅱ期临床试验。用携带阿霉素的铁炭复合物治疗患者（肝动脉注射），显示出铁炭复合物磁性颗粒具有良好的靶向性，无明显毒性。FeRx公司已在全球范围内启动了治疗肝细胞癌的Ⅲ期临床试验。纳米磁靶向药物载体为肝癌化疗提供了新途径，肝动脉化疗栓塞治疗（TACE）对肝癌有很好的疗效，可明显提高患者3年的生存率，已成为肝癌非手术疗法的首选方法，纳米微粒——药物复合物在肝脏中聚集，可减少对其他脏器的副作用。

脂质体技术被喻为“生物导弹”的第四代靶向给药技术。脂质体技术是利用脂质体的独有特性，将毒副作用大、在血液中稳定性差、降解快的药物包裹在脂质体内，根据人体病灶部位血管内皮细胞间隙较大，脂质体药物可透过此间隙到达病灶部位，在病灶部堆积释放，从而达到定向给药，如图10－5所示。脂质体的主要辅料为磷脂，而磷脂在血液中消除极为缓慢，因此脂质体药物在血循环系统中保留时间长，使病灶部位能得到充分治疗。粒径在100 nm左右并用亲水材料（如聚乙二醇）进行表面修饰的纳米脂质体，在静脉注射后兼有“长循环”（Long-circulation）和“隐形”（Stealth）或“立体稳定”（Stereo-stable）的特点，在减少肝脏巨噬细胞对药物的吞噬，提高药物靶向性，延长体内循环时间等方面具有重要作用。利用纳米脂质体技术可将一大批已知高毒性活性药物安全有效地应用于临床治疗，其中有抗癌药、抗生素类药、抗真菌类药、抗寄生虫类药、蛋白质或多肽类药物，极大地提高了临床治疗水平，减轻了患者的病痛。也可以将基因载入脂质体中，利用脂质体特殊的运载功能，实现基因修补。

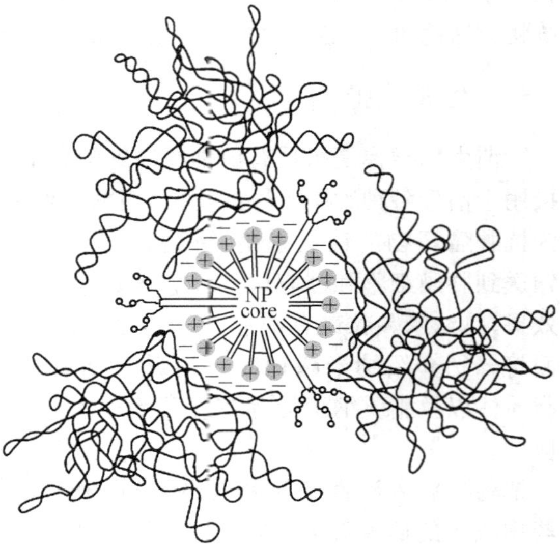

图 10－5　$\alpha_v\beta_3$ 靶向纳米粒-质粒 DNA 的复合体

肿瘤组织在局部缺血时，肿瘤间质液会出现异常酸化现象，利用肿瘤组织 pH（5.0～6.5）比正常组织低的特性，设计和研究在生理范围（pH6.5～7.4）内稳定的 pH 敏感型脂质体，不但可以进一步提高脂质体的靶向性，而且可以实现药物的智能控制释放。华东理工大学徐云龙等利用羧甲基壳聚糖（Carboxymethylchitosan，CMCT）两性聚电解质高分子材料的亲水性和 pH 敏感性，将羧甲基壳聚糖既作为脂质体的 pH 敏感剂，又作为脂质体的立体稳定剂，制备了具有 pH 敏感的阿霉素纳米脂质体。药物体内外释放试验结果表明，通过羧甲基壳聚糖的分子参数（取代度、相对分子质量和质量分数）的调控可实现羧甲基壳聚糖修饰阿霉素纳米脂质体的 pH 敏感智能控释。

用脂质体微囊作为药物载体的研究早已在药物制剂上应用。20 世纪 90 年代初期，国外几家制药企业成功地研制出经济、高效的抗菌和抗肿瘤药物脂质体产品，并先后投入市场，极大地推动了脂质体的研究和发展。如美国 NeXstar 制药公司研制的柔红霉素脂质体，商品名为 DaunoXome，经 FDA 批准后上市，其粒径约为 50～60 nm。由于其粒度小，进入血液循环后不易被网状内皮系统的吞噬细胞所识别，从而能在血液循环中滞留比较长的时间，同时由于分布性能的改变，该药物制剂没有明显的心脏毒性。美国 SEQUUS 公司研制的阿霉素脂质体，商品名为 Doxil，经 FDA 批准后上市，其粒径控制在 200 nm 以下，平均粒径约为100 nm，主要用于 HIV 引起的卡巴氏瘤治疗。

脂质微粒作为基因药物载体，用于全身药物递送，目前已进行了大量深入的研究。其中，脂质纳米微粒（Lipid-based Nanoparticles，NP）药物载体，在进行基因药物递送时，为克服体内的各种生理屏障，粒径需控制在 100 nm 以下。NP 所递送的核酸主要包括质粒 DNA、 siRNA、反义寡核苷酸。

Hood 等制备了直径为40 nm的阳离子脂质纳米微粒，并在其表面结合配体，如图10－5所示。纳米粒子表面正电荷与核苷酸发生静电作用，形成纳米载体与质粒 DNA 的复合物。通过其表面阳离子与细胞膜上的糖蛋白及磷脂相互作用进入细胞质，实现基因治疗。图 10－6 为以 $\alpha_v\beta_3$ 整合蛋白为靶向的基因纳米微粒在荷瘤小鼠体内治疗效果，注射药物 24 小时后，小鼠肿瘤内皮细胞快速凋亡，72 小时后导致肿瘤细胞饥饿死亡。

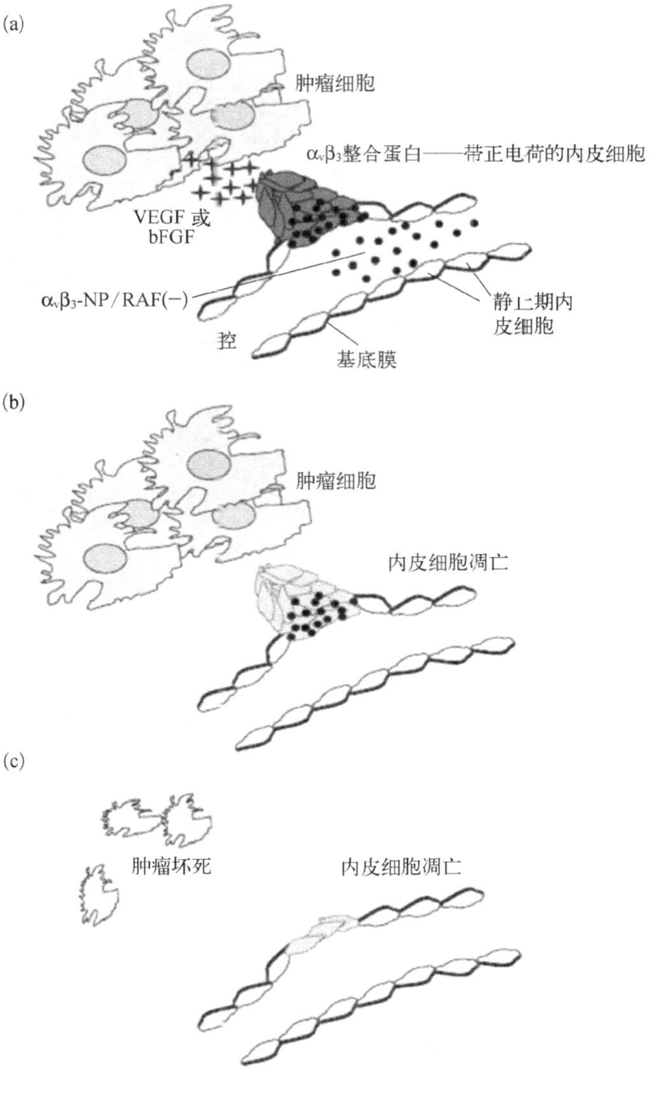

(a) $\alpha_v\beta_3$－NP/RAF(−)表达的 ATP[u]－RAF 与 $\alpha_v\beta_3$整合蛋白结合；(b) 内皮细胞凋亡；(c) 肿瘤细胞饥饿死亡

图 10－6　以 $\alpha_v\beta_3$整合蛋白为靶向的基因纳米微粒

二、纳米医用机器人

纳米技术与仿生学结合研制的纳米医用机器人将会给人类医学带来巨大的变革。一些科学家设想将蛋白质芯片或基因芯片组装成尺寸比人体红细胞还小的纳米机器人，使其具有某些酶的功能。它是纳米机械装置与生物系统的有机结合，在生物医学工程中可充当微型医生，解决传统医生难以解决的问题。将这些纳米机器人注入血管内，可按照预定程序，直接打通脑血栓，清洁心脏动脉脂肪沉积物等，达到预防和治疗心脑血管疾病的目的。除此以外，不同的组合方案还可组装出其他功能的纳米机器人。例如，有的可以进入人体组织的间隙里清除病毒细菌或癌细胞，甚至可以代替外科手术，修复心脏、大脑和其他器官等；有的可以在人体内来回行走进行定位给药，把药直接送到损伤部位。

图 10－7 描述的是一个纳米机器人在清理血管中的有害堆积物。由于纳米机器人可以小到在人的血管中自由地游动，对于像脑血栓、动脉硬化等病灶，它们可以非常容易地予以清理，而不用再进行危险的开颅、开胸手术。

Adriano Cavalcanti 等设计了一种用于糖尿病的纳米机器人。通常糖尿病人必须每天采取少量血样进行葡萄糖水平的监控。这种方法令病人非常不适而且极不方便。为了解决这个问题，人体血液中的血糖水平可以采用医用纳米机器人进行24小时动态监测，如图10-8所示。医生可以根据纳米机器人获得的信息给病人提供实时健康保健，调整病人用药策略。

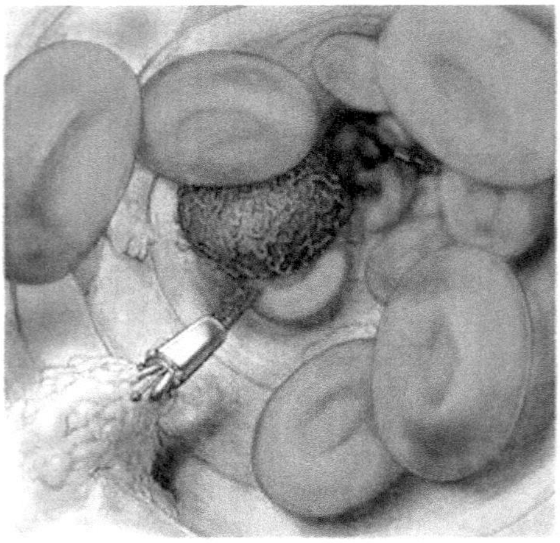

图10-7 纳米机器人在清理血管中有害堆积物

图10-8 纳米机器人对病人血糖进行实时监控

三、生物芯片技术

美国著名的"FORTUNE"周刊杂志在1997年评价：在20世纪科技史上有两件事影响深远，一件是微电子芯片，它是计算机和电子仪器的心脏，使我们的经济结构发生了翻天覆地的变化，给人类带来了巨大的财富，改变了我们的生活方式；另一件是生物芯片，它将改变生命科学和医学的研究方式，革新医学诊断和治疗，极大地提高人口素质和健康水平，从而改变整个世界的面貌。

生物芯片技术通常包括基因芯片、蛋白质芯片及芯片实验室三大部分。

基因芯片(genechip)：又称DNA芯片(DNAchip)，是最基础的，研究开发最早，最为成熟和目前应用最广泛的生物芯片。

基因芯片像计算机芯片一样可以存储大量的信息，不同的是在基因芯片中传递信息的使者是DNA分子。

基因芯片通常由大量的基因探针构成，每个基因探针是一段人工合成的碱基序列。当在探针上接有被检测的物质后，根据碱基互补原理就可以识别被检测物质的特定基因。

目前，世界各国已经开发出上百种基因芯片，如用于检测HIV(艾滋病)基因和肿瘤基因的芯片以及用于研究药物新陈代谢时基因变化的细胞色素芯片等。

蛋白质芯片：与基因芯片的基本原理相同，但它利用的不是基因的碱基配对而是抗体与抗原结合的特异性，即免疫反应，来实现蛋白质的检验。所以，蛋白质芯片不像基因芯片那样以DNA为检测对象，而是以蛋白质为检测对象，这样更加接近生命活动的物质层面。

芯片实验室是基因芯片技术和蛋白质芯片技术进一步完善和向整个生化分析系统领域拓展的结果。它是一个高度集成化的生物分析系统，集样品制备、基因扩增、核酸标记及检验等功能为一体，可将生化分析的全部过程集成在一片芯片上完成。

如美国普渡大学开发的一种芯片实验室技术，可以将生化实验室的专用仪器微缩在一片芯片上，芯片上的仪器缩小到常规仪器的千分之一，甚至百万分之一。这项成果使研究人员能够在一块小小的硅片上堆积几十个甚至几百个生化“实验室”，每个“实验室”都能单独进行复杂的生化检测和分析。芯片实验室的应用可以减少很多化学和医学研究以及分析的费用，并大大提高效率。

纳米技术与生物技术的结合，为医学界提供了全新的思路，纳米材料在医学领域的应用取得了显著效果。但纳米材料在生物医学方面应用还很有限，目前大多数研究还处于动物实验阶段，仍需大量临床试验予以证实，纳米材料应用的生物安全性也有待进一步提高。这就要求生物医学研究者与纳米材料研究人员的合作需进一步加强，制造出更先进的生物医用纳米材料。随着纳米材料在生物医学领域更广泛的应用，临床医疗将会变得节奏更快，效率更高，诊断、检查更准确，治疗更有效，人们的生命安全将得到更大的保障。

第三节 能源与环境领域

能源、环境领域的需求推动了纳米材料应用技术的发展。2006 年开始我国开始执行第 11 个五年规划，发展循环经济、改变经济增长方式、节省能源、环境保护已提到经济发展的重要位置。我们需要高速的经济增长，但更需要良好的环境，清新的空气和清洁的水源。

纳米能源技术的开发，将在不同程度上缓解世界能源的短缺状况，提高现有能源的使用效率，为整个世界的发展提供新的动力。纳米材料在化学和能源转化工艺方面具有高选择性和高效性，已在低成本固态太阳能电池、高性能可充电电池(含超级电容器)、温差电池和燃料电池等所用的纳米材料与技术研发方面取得实质性进展。这不仅对能源生产非常重要，而且对能源转换极具经济价值。其中，纳米太阳能电池材料、高效储能材料、热电转换材料等是新型能源材料的重要组成部分和主要发展方向，将在解决 21 世纪日益突出的能源危机问题上发挥重要作用，形成一个新的经济增长点，具有巨大的市场容量。

纳米环境技术将提供绿色化的环保技术和产品，大幅度降低污染，提高人类生存的环境质量，实现材料、水和空气的良性循环。因为纳米环保材料是利用纳米材料所不同于常规材料的各种效应和性能，因此可以有效处理印染废水、电镀废水等工业废水污染和汽车尾气、工业废气、家庭装修等造成的大气污染，以及难降解废弃物等造成的土壤污染，对于环境问题的解决将起到重要的作用，对环境保护极具经济价值。

一、纳米太阳能电池

太阳不断地向宇宙空间辐射出巨大的能量，据现在统计其内部的热核反应足以延续很多年，相对于人类来说它是“取之不尽，用之不竭”的巨大能源。我们可以充分将其利用在汽车等耗能工具上，并减少全球环境污染。澳大利亚太阳能汽车挑战赛已经举办二十多年了，目前已成为世界上规模最大的距离最长的太阳能汽车大赛。

很多创意让太阳能汽车看上去不像汽车了，大多数参赛汽车都携有巨大的太阳能电池板，使它们看起来更像是车轮上的巨型硅片(图 10－9)。

图 10-9 太阳能汽车

目前,太阳能车代替燃油车还不能实现,主要是因为太阳能电池能量密度小,转化效率低,价格昂贵,技术还不成熟,所以目前还不能广泛推广使用。但是太阳能电动车是最清洁,最有发展前景的绿色环保汽车,所以它的推广还是非常有前景的。

纳米技术有望为太阳能发展找到突破口。通过纳米技术,可以将太阳能光电转换电路印制在可卷曲的薄膜材料上,制成太阳能电池片,将接收的太阳能转换为电能。这种新型纳米太阳能技术不仅使生产速度大大提高,而且印制的电路线宽仅有头发直径的十万分之一,因此,制成的太阳能电池片可以收集更多的太阳能并将其转换为电能。这种新型的纳米太阳能电池片是可卷曲的,比传统的硅材料电池片更轻也更有弹性,如图10-10所示。如果太阳能电池技术上的障碍被突破,不仅太阳能汽车可以广泛推广使用,而且还可以在建筑物顶上铺设太阳能电池板供电系统。

图 10-10 太阳能薄膜电池

美国加州大学 J. Z. Zhang 领导的研究小组日前在《物理化学杂志》网站上发表文章表示,他们成功研制出一种能高效率将太阳能转换成电能的纳米薄膜材料。该成果不仅能极大地提高太阳能电池的光电转化率,而且可以用于其他能源技术中。

为开发高效且廉价的太阳能电池,近来利用纳米结构的新材料成为重点研发方向。人们发现,两种制造太阳能电池材料的纳米技术方法显示出了独特的前景。一是将其他元素(如氮)掺杂于金属氧化物纳米颗粒(例如二氧化钛)形成的薄膜中;二是用能强吸收可见光的量子点(纳米尺寸的晶体)向金属氧化薄膜注入电子。掺杂和量子点利用的目的都是增强金属氧化物材料对可见光的吸收能力。

加州大学研究小组将上述两种方法结合起来,获得的太阳能电池材料的性能比单独使用任何一种方法的都要好，在测试中，新的纳米复合材料的性能大于两种单独成分之和。

新的纳米复合材料不仅可以用于改进太阳能电池，而且还可以作为其他能源技术的组成部分。他们的长期目标之一就是让高效的太阳能电池与最先进的光电化学电池相结合，这样的装置在理论上可能利用阳光产生的能量分解水生产氢燃料。此外，新的纳米复合材料还可能有潜力用于把二氧化碳转化为碳氢燃料(例如甲烷)的装置。

在美国，仅西南部地区就至少有 25 万平方英里的土地适宜建太阳能发电设施，一年可接受超过 $4\,500\times10^{15}$ BTU(1 BTU＝1 055 J)的太阳光辐射，如将太阳光辐射的 2.5%转化为电能，就可满足美国 2006 年的全部能源消费。为此美国提出了一项宏伟计划，到 2050 年太阳能发电为美国电力的 69%和其总能源(包括运输业)的 35%。预计太阳能电价相当于当前常规电价，约为 5 美分/(kW·h)。为实现 2050 年计划，美国在今后 40 年内将必须投资超过 4 000 亿美元。

二、纳米光催化

图 10－11 为上海浦东 88 层金贸大厦，它是世界第三高楼，高达 420.5 m。十余位大厦外墙清洁工用钢缆吊在高空洗刷大厦的玻璃外墙，终年在此打扫，因为当他们从顶层打扫到底层时，顶层的外墙又需要清扫了。

TiO_2纳米微粒在可见光的照射下对碳氢化合物有很强的催化作用，利用这个效应，可以用 TiO_2纳米微粒制成建筑物的涂料，在建筑材料上涂上一层薄层。这样，在光的照射下能够将吸附在建筑物上的灰尘等脏物自动分解而使建筑物“一尘不染”。

图 10－11 上海浦东 88 层金贸大厦

TiO_2光催化降解的基本原理说明如下。TiO_2是一种 n 型半导体，其带隙能为 3.2 eV，相当于 387.5 nm 光子的能量，当受到波长小于 387.25 nm 的紫外光照射时，价层电子会被激发到导带，从而产生具有极强活性的电子-空穴对。这些电子-空穴对迁移到表面后，可以参加氧化还原反应，加快光降解反应。

目前，日本已经研制成功自洁玻璃和自洁瓷器等多种自洁建筑材料。利用纳米微粒制造的自洁建筑材料或自洁建筑物涂料将会给人类带来极大的福音，使建筑物具有自洁的功能，而不再需要人工清洗了。

TiO_2纳米微粒也可以在有机物废水处理中得到广泛的应用。随着工业的飞速发展，环境污染问题日益突出，直接影响人类的生活质量。常用的有机物废水处理技术往往难以达到很好的治理效果，水中有机物的含量常常高于排放标准。日本的研究发现，TiO_2纳米微粒的光催化作用可以有效地降解废水中有机物的含量，达到净化水的目的。因为 TiO_2纳米微粒具有巨大的比表面积，可以与废水中的有机物更加充分的接触，这将使有机物能最大限度地吸附在 TiO_2纳米微粒表面；而且 TiO_2纳米微粒具有更强的紫外光吸收能力，因而具有更强的光催化降解能力，这样就可以快速地将吸附在其表面上的有机物分解掉。目前，日本率先开发了这种有机物废水的处理系统，水的净化效果非常好。

第四节　军事与航空领域

未来的军事力量和未来的战争都将越来越取决于一个国家在新武器研发中科学技术的含量。

纳米技术的迅猛发展，为新型武器及系统的研制奠定了基础。由于纳米器件的工作速度比现在使用的微米器件要快得多，这就为大幅度提高武器控制系统的信息传输、存储和处理提供了可能，也为研发智能化的微型导航与制导系统和微型飞行器提供了技术基础。此外，以全新概念制造的纳米尺度的高效太阳能光电转换元件，为武器装备的小型化、资讯化和一体化提供了保证。

纳米武器有 3 个不同的特点：一是实现了武器系统超微型化，隐蔽性好，安全性更高；二是实现了武器系统高智能化，侦察监视精度提高；三是实现了武器系统集成化生产，成本降低，可靠性提高。纳米武器的出现和使用，将使未来战场发生变革。

虽然目前纳米技术尚不成熟，但由于其具有明显的军事潜力，极大地刺激着人们寻求纳米技术在军事上的应用。

世界各主要军事大国相继制订了名目繁多的军用纳米技术开发计划。美国开发纳米技术的经费中有一半左右来自国防部系统；日本也认识到纳米技术在军事等方面应用的长远潜力，建成了第一个分子装配器；欧洲有关纳米技术的一项军事研究计划已在法国一个实验室开始起步。

一、纳米卫星

自 1957 年 10 月 4 日苏联发射第一颗人造地球卫星以来的五十多年中，空间技术取得了巨大进展，卫星在质量、功能、应用领域等方面发生了巨大变化。20 世纪 80 年代，数吨重的大卫星成为航天工业的主流产品，但 90 年代以来，质量轻、成本小、性能好的微小卫星，开始被国际航天界所关注，并迅速发展起来。

纳米卫星(Nano-satellite)是指质量低于 10 千克的现代小卫星。纳米卫星的概念最早由美国宇航公司于 1993 年在一份研究报告中首次提出，它带来了小卫星设计思想上的根本变革。纳米卫星是以微机电一体化系统(MEMS)技术和由数个 MEMS 组成的专用集成微型仪器(ASIM)为基础的一种全新概念的卫星，它是基于微电子技术、微机电技术、微光电技术等微纳米技术而发展的，纳米卫星体现了航天器微小化的发展趋势。

纳米卫星的特点是单颗卫星体积小，功能单一，但多颗卫星组成星座后可实现并超越一颗大型卫星的功能。一枚小型火箭一次就可以发射数百颗纳米卫星。若在太阳同步轨道上等间隔地布置 648 颗不同功能的纳米卫星，就可以保证在任何时刻对地球上任何一点进行连续监视，即使少数卫星失灵，整个卫星网络的工作也不会受影响。

纳米卫星主要通过分散的星座式结构实现卫星组网工作。以数个纳米卫星作为基本单元，以局部星团或分布式星座的形式部署在太空中不同的轨道上，彼此之间通过遥测、遥控的方法互相连接，形成内在有紧密联系的星座来完成原来一颗常规卫星所具有的完整功能。

纳米卫星发展的技术难点主要有两个：(1) 航天微机电一体化系统技术，因为它是卫星分系统和部件微型化的基础。(2) 星座技术。由于纳米卫星需要组成分布式星座才能实现其功能，这大大增加了系统的复杂程度，对不同功能的纳米卫星之间的连接、数据传输、功能协调提出了更高的技术要求。

目前已经发射的纳米卫星有：俄罗斯航天研究院的 SPUTNIK－2 卫星，美国的 Bitsy 卫星、AUSat 卫星、PICOSAT 卫星，英国的 SNAP－1 卫星等。图 10－12 为英国 Surrey 大学 2000 年 5 月发射的一颗纳米卫星 SNAP－1 卫星。为了降低发射费用，纳米卫星多采用一箭多星的搭载方式发射。

图 10－12 英国 Surrey 大学发射的 SNAP－1 纳米卫星

我国首颗纳米卫星"THNS－1"(图 10－13)已于 2004 年 4 月发射升空，它由航天清华卫星技术有限公司研制，充分利用了近年国内微米/纳米技术的研究成果，采用一体化设计与系统集成的设计制造方法，并将对 CMOS 相机、MIMU、GPS 等关键载荷进行搭载实验，在此基础上将重点开展纳米卫星的组网与"虚拟卫星"应用关键技术研究。

图 10－13 中国纳米卫星"THNS－1"

二、隐身材料

隐身技术是 20 世纪军用飞机设计的一项革命性的技术。隐身技术通常指的是低可探测性技术，由于雷达是目前最主要的探测武器和制导武器，我们以下讨论雷达隐身技术或雷达低可探测技术。隐身性能不仅取决于武器装备的结构设计，更重要的是它采用的隐身材料是否对雷达波具有良好的吸收性能。由于纳米材料的优异结构，物质的表面、界面效应等将对武器装备的吸波性能产生重要的影响。

纳米微粒的尺寸远远小于雷达发来的电磁波波长，可以大大增加对这些波的透过率和减少对这些波的反射率，使得雷达接收的反射信号变得微弱，从而起到隐身的作用。纳米微粒的比表面积大，对电磁波有很强的吸收能力，这些又使得雷达探测器接收到的反射信号强度大大降低。

图 10－14 为采用第一代隐身技术的典型的 F－117A 隐身战斗机，主要是以棱角散射机体外形加纳米吸波涂层为主。图 10－15 是采用第二代隐身技术的典型的 B－2 隐身轰炸机，主要以斜角斜边散射，外表面光滑的机体外形加纳米吸波材料和吸波涂层为主。图 10－16 是采用第三代隐身技术的典型的 F－22“猛禽”隐身战斗机，把隐身外形与飞机的气动外形进行了一体化设计，再加上十分有效的纳米吸波材料和吸波涂层的优化选择和配置，使飞机达到了最佳的隐身效果。

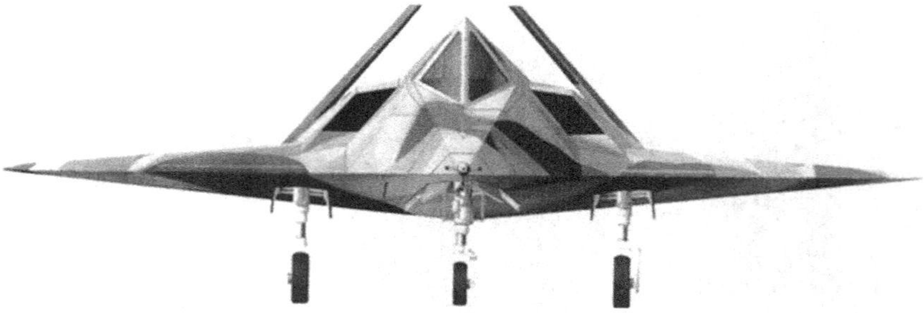

图 10－14　采用第一代隐身技术的 F－117A 战斗机

图 10－15　采用第二代隐身技术的 B－2 轰炸战斗机

三、太空梯

修建太空梯是人类的梦想，一根长达数万公里的缆绳，一头拴在海洋中的平台上，另一头则连在太空中的一个平衡锤。缆绳随着地球一起旋转，由于旋转所产生的离心力抵消地球引力，它便得到一个向外的张力，于是，太空梯就可以从地球到太空竖起来了，如图 10－17 所示。

图 10－16　采用第三代隐身技术的 F－22“猛禽”隐身战斗机

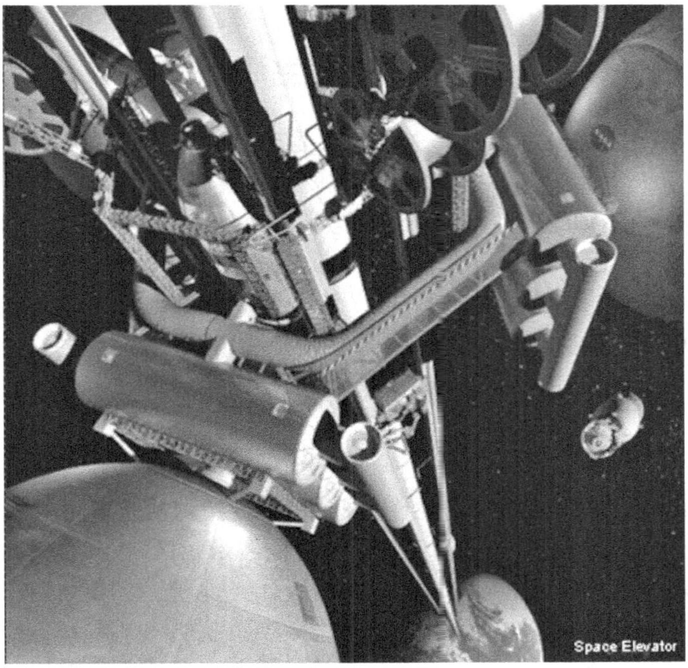

图 10－17　太空梯的设想图

1999 年，一群来自顶尖的工程学院和从事空间研究的公司的科学家以及美国宇航局的专家在美国马歇尔飞行中心召开研讨会，讨论建造太空电梯将会遇到的种种难题，而他们得出的结论是：建造太空电梯在理论上是可行的，人类将会在 21 世纪的后半叶实现通过电梯向太空中输送人员和物资的目标，届时的太空电梯将会像人类现存的公路、铁路、电缆和管道一样，为人类打开通向太空的方便之门。

科学家们介绍说，从理论上讲，“太空梯”可相对比较便宜地向轨道运送物资。不过，实际建设起“太空梯”来可能至少需要耗费十年时间。这是因为，科学家们不仅要解决如何将货物运输到轨道上的问题，同时还要考虑绳索要有足够的长度和韧性，当然，太空梯自身的重量如何克服也是研究人员必须要面对的问题。按照科学家们目前的构想，未来太空梯建设中要使用的最佳绳索材料应该是非碳纳米管莫属。

碳纳米管具有强度高、质量轻的特点。如由直径为 1.4 nm 的单个纳米管排列，5 万个碳纳米管并排在一起相当于一根头发丝的直径。用碳纳米管做成的太空缆绳，与钢或其他物质不同之处主要是它能支撑住自身的重量。这就提供了一种把人或物品提升到外层太空的可能方法，也许将成为人类移居外星球的理想方法。

美国一家私营公司向修建太空梯这一远大目标迈出了一小步：Lift Port 集团已经试验了机器爬升器试验，如图 10－18 所示。“马克 7 型”机器人成功沿着合成绳爬升了大约 305 米，这次试验被认为是为将来利用太空梯在地球与太空之间运送货物所进行的先驱性试验。

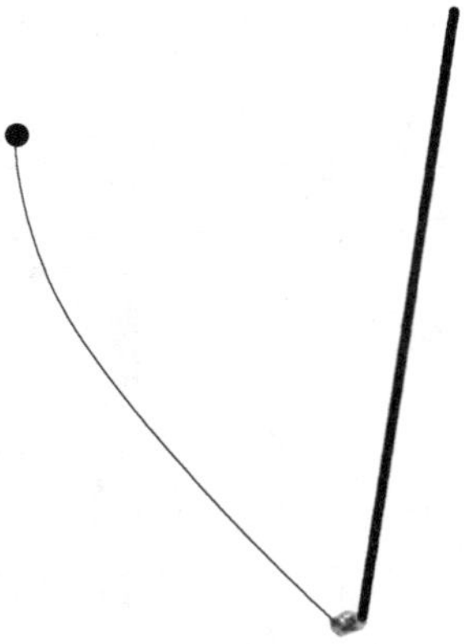

图 10－18　机器爬升器试验

第五节　日常生活领域

中国科学院副院长、纳米技术研究中心学术委员会主任白春礼院士说：“电子技术的发展在 20 世纪改变了人类的生活方式，现代信息技术对人们的生活影响巨大，而纳米技术将在 21 世纪极大地影响人类的生活，而且其影响力将大大高于计算机技术对我们的影响，这将会是一种让人意想不到的效果。”纳米技术和我们的日常生活息息相关，如果把纳米微粒或纳米材料添加到许多传统的材料中去，可以使传统的材料得到改进而获得很多特殊的功能。它的利用将可以使许多日常生活用品“旧貌变新颜”，更加符合我们日常生活的需要，带来更多的方便和舒适，提高生活质量。

一、超双疏界面材料

材料经过特殊表面加工，在纳米尺度形成交错混杂的两种性质不同的二维表面相区，将具有二元协同性质。这种具有不同甚至相反理化性质的纳米相区，在某种条件下具有协同的相互作用，以致在宏观表面上呈现出超常规的界面物性。例如，光的照射可引起 TiO_2 表面在纳米区域形成亲水性及亲油性两相共存的二元协同纳米界面结构。利用这种原理制作的新材料，可修饰玻璃表面及建筑材料表面，使之具有清洁及防雾等效果。如果把它涂在机械的运动元件表面，油膜不会被破坏，它自行在大气中吸取水分子作润滑层，除了减少能量消耗之外还提高了安全性。

利用高分子合成化学中纳米相分离技术，可以在特定的表面上建造纳米尺寸几何形状互补的（如凹与凸相间）界面结构。由于在纳米尺度的低凹表面可使吸附气体分子稳定存在，所以在宏观表面上相当于有一层稳定的气体薄膜，使油或水无法与材料的表面直接接触，从而使材料的表面同时具有超疏水性及超疏油性，如图 10－19 所示。

图 10－19　双疏表面结构图

经过这种超双疏界面材料技术处理过(通常是以质点极细的雾喷在织物表面,也可以用类似涂偶联剂的方法涂在纤维上)的棉、麻、毛、绒、丝、化纤等各种纺织面料,都将具有对水和油等液体"不沾"的超疏性能,让滴落下的水和油就像落在荷叶上一样,滚动、滑落,无法渗透进织物里面;而且这种超双疏处理过的面料也不会改变纺织物原有的性能。

二、微胶囊相变材料

传统的相变材料在液态时易于流动散失。为了解决材料相变后液相泄漏和无机盐腐蚀封装容器的问题,研究者们设想将相变材料封闭在球形的微胶囊中,制成微胶囊相变材料(Microencapsulation Phase Change Materials, MPCMs),从而改善其应用缺陷。

相变材料在纺织品中的应用主要是通过微胶囊对织物进行涂覆或将微胶囊混入纺丝液中进行纺丝来实现的。

包封有相变微胶囊材料的服装,可以根据环境温度的变化,在一定温度范围内,自由调节服装内部温度。对穿着者来说,相变材料在皮肤和外界环境之间营造出一种动力学平衡,对外界环境温度的变化起到缓冲作用。当热量从皮肤表面散发到冷环境中时,存在一个温度变化梯度,相变材料就像一个"恒温器",有助于阻止热量通过皮肤快速散发。美国1988年开发出的Outlast纤维技术将纳米胶囊相变材料成功商品化。该技术将相变材料碳氢化蜡封装在微胶囊中,涂覆于织物表面或植入腈纶纤维内进行纺丝。这样制成的服装内含成千上万个具有能量转换功能的相变胶囊,它们通过不间断地吸收和释放能量来调节温度,能让服装始终保持在一个舒适的温度范围。图10-20为Outlast纤维调节温度原理。

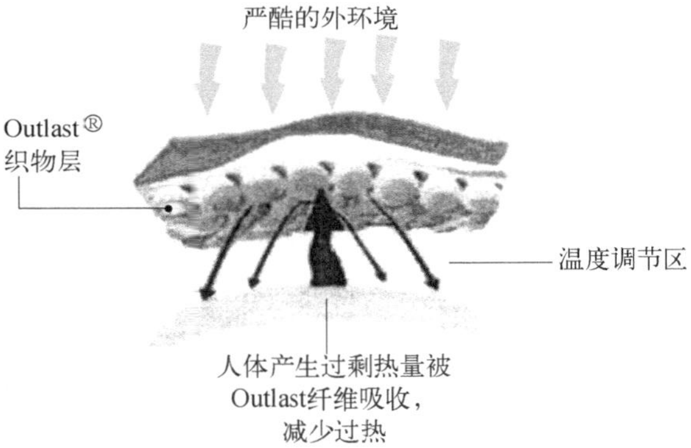

图10-20 Outlast纤维调温原理

第六节 展 望

目前,纳米技术产业化尚处于初期阶段,但展示了巨大的商业前景。据统计:2004年全球纳米技术的年产值已经达到500亿美元,2010年将达到14 400亿美元。为此,各纳米技术强国为了尽快实现纳米技术的产业化,都在加紧采取措施,促进产业化进程。

科学家对将来的预见能够达到多远?开发纳米技术到底需要多久?有关专家根据计算机硬件的发展历程预测纳米技术的开发,即从计算机依赖真空管到晶体管到集成电路到超大规模集成电路,我们看见器件的尺度越来越小,但逻辑元件的成本和性能在提高。照此推断,开发纳米技术应在2010—2020年的时间范围。

美国国家航空和航天局(NASA)对未来10年内纳米技术的发展和应用勾画了一幅蓝图。NASA纳米研究中心的项目内容主要为3个部分:纳米电子和计算机(Nanoelectronics and Computing)、传感器(Sensors)、结构材料(Structural Materials)。图10-22为NASA纳米研究中心在上述三个领域未来发展的时间表。

图10-21～图10-25分别为纳米电子和计算机、传感器、纳米材料和模拟生物系统的

未来发展对太空科学和地球科学的影响。

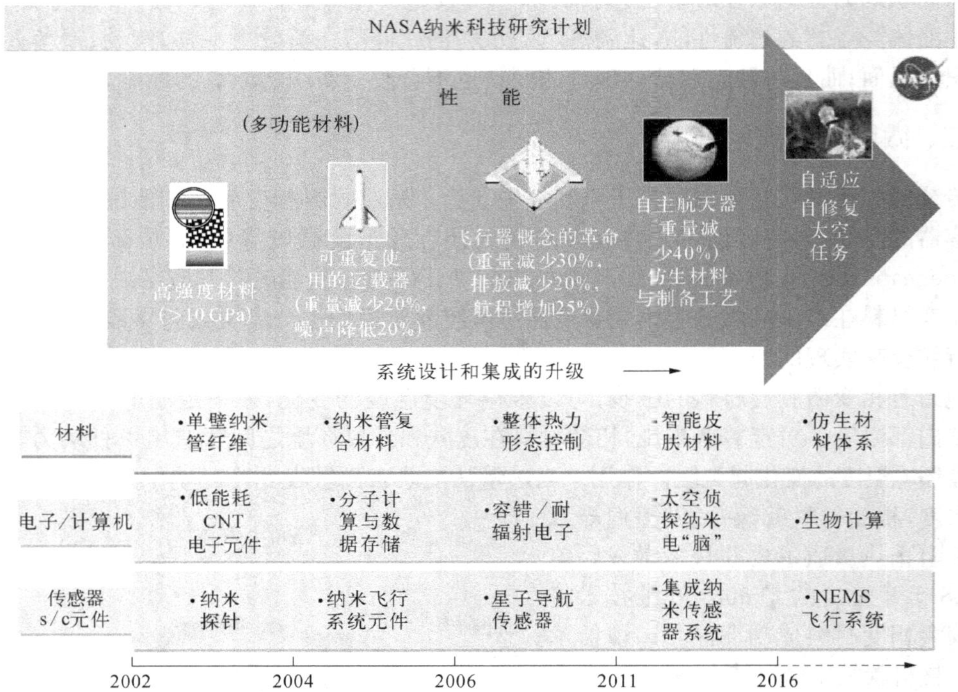

图 10-21 NASA 纳米研究中心在纳米科技领域未来发展时间表

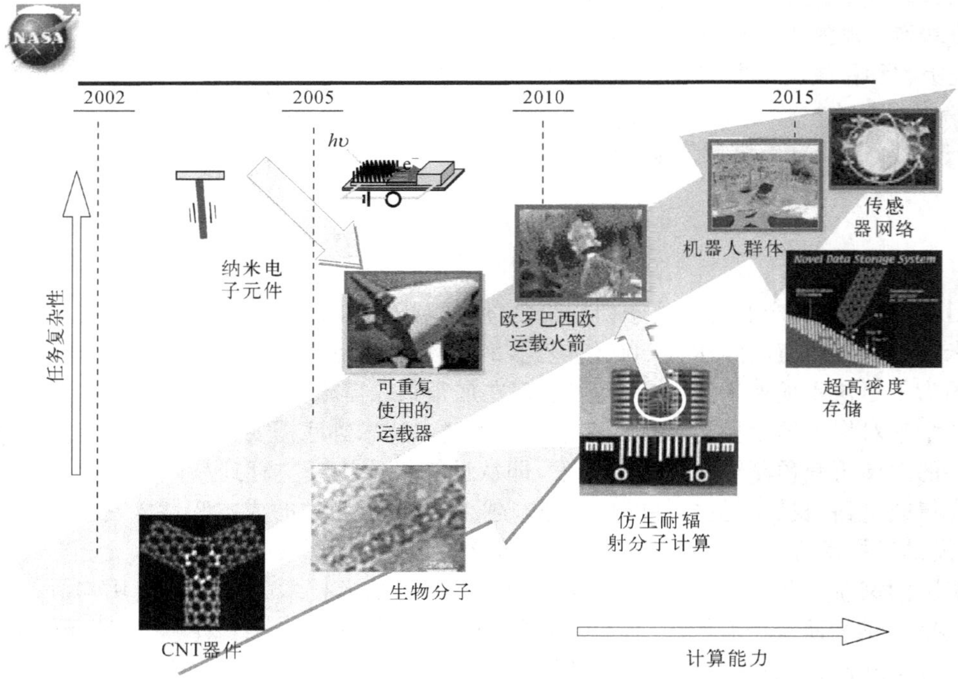

图 10-22 纳米电子和计算机在太空科学和地球科学的应用时间表

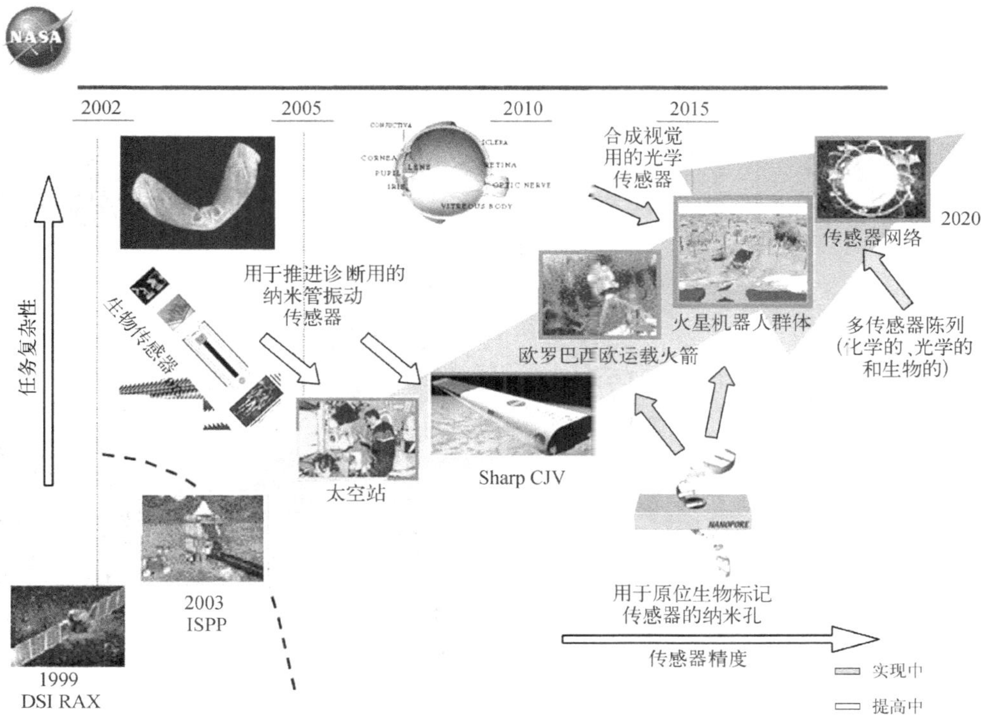

图 10-23　纳米传感器在太空科学和地球科学的应用时间表

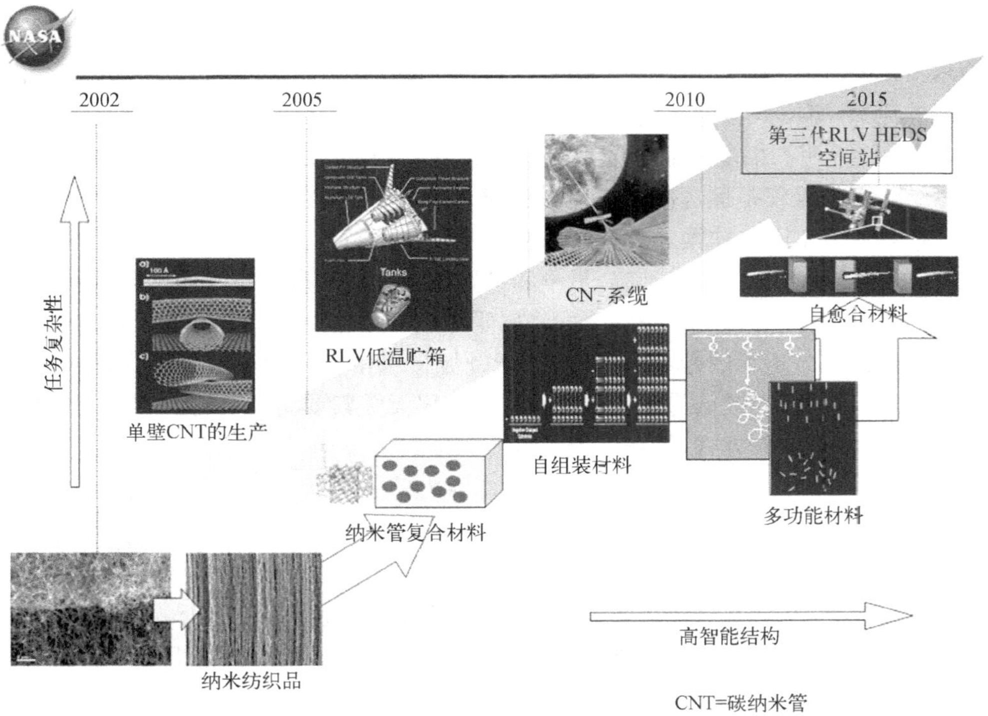

图 10-24　纳米材料在太空科学和地球科学的应用时间表

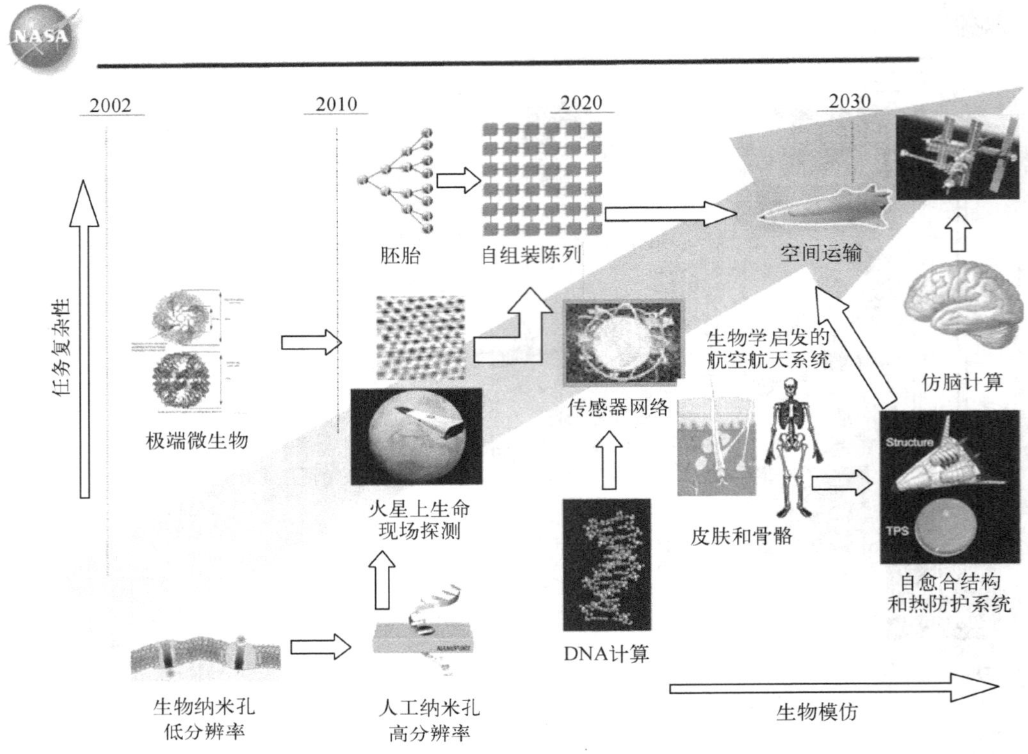

图 10-25　模拟生物体系在太空科学和地球科学的应用时间表

纳米技术的开发和产业化还需要很长一段时间，但我们深信纳米的商业化将给世界经济注入新的活力，将给人类带来更美好的生活水准。

1993 年，因发明扫描隧道显微镜而获得诺贝尔奖的科学家 H. Rohrer 博士曾说过："许多人认为纳米科技仅仅是遥远的未来基础科学的事情，而没有什么实际意义。但我确信纳米科技已经具有与 150 年前微米科技所具有的希望和重要意义。150 年前，微米成为新的精度标准，并成为工业革命的技术基础，最早和最好学会并使用微米技术的国家都在工业发展中占据了巨大的优势。同样，未来的技术将属于那些明智地接受纳米作为新标准，并首先学习和使用它的国家。不幸的是，目前对这一新领域持保留和怀疑态度的还大有人在。我们应当记住，微米曾同样地被认为对使用牛耕地的农民无关紧要。的确，微米与牛和耕犁毫无关系，但它却改变了耕作方式，带来了拖拉机。"

（钱秀珍）

参考文献

[1] 王中林. 从纳米器件到纳米系统. 汉中科技，2007，1：60-61.

[2] 崔大祥，高华建. 压电线性马达与纳米马达. 中国科学院院刊，2003，18(1)：20-24.

[3] 纳米马达研究获新进展. 大众科技，2008，1：6-6.

[4] Wang Z. Synergic mechanism and fabrication target for bipedal nanomotors.

PNAS,2007, 104(46): 17921 - 17926.
[5] 胡亚若.探索中的纳米计算机. 国外科技动态, 2002,8: 25 - 26.
[6] Robert H Blick, Hua Qin, Hyun-Seok Kim, et al. A nanomechanical computer —— exploring new avenues of computing. New Journal of Physics, 2007,9: 241 - 249.
[7] 王煦漫,张彩宁. 纳米材料在肿瘤磁热疗中的应用及展望. 纳米材料与应用, 2007, 4(3): 14 - 17.
[8] 曹宏明, 黄广建, 宣绍峰,等. 铁炭复合磁性载体的制备及性能测定. 华东理工大学学报: 自然科学版, 2007, 33(5): 652 - 656.
[9] FRICKER J. Drugs with a magnetic attraction to tumours. Drug Discov Today,2001,6(8): 3871 - 3873.
[10] 徐云龙,姜厚友,钱秀珍,等. 羧甲基壳聚糖修饰纳米脂质体的 pH 敏感性研究. 中国药科大学学报,2008,39(3): 209 - 213.
[11] Reynolds A R, Moghimi S M, Kairbaan Hodivala-Dilke. Nanoparticle-mediated gene delivery to tumour neovasculature. Trends in Molecular Medicine, 2003, 9(1): 2 - 4.
[12] Adriano Cavalcanti, Bijan Shirinzadeh, Luiz C Kretly. Medical nanorobotics for diabetes control. Nanomedicine: Nanotechnology, Biology, and Medicine, 2008,4: 127 - 138.
[13] 黄德欢. 纳米技术与应用. 上海: 中国纺织大学出版社,2001.
[14] 卢天觋,程龙江. 纳米: 科技新大陆. 湖南: 湖南科学技术出版社,2002.
[15] 段智勇,王庆康,黄继承. 一种压电纳米马达的运动的动力学分析. 机器人,2004, 26(4): 306—309.

内 容 简 介

本书系统地阐述了各类纳米材料的概念、制备方法、结构和性能特征以及表征技术和方法，在此基础上，展望了其发展前景。

本书旨在引导大学生对纳米科学和技术的认知与了解，帮助他们掌握纳米科技和纳米材料学的基本概念、基本原理、研究现状以及未来发展前景，从而启迪大学生的创新思维，拓宽其科学视野，培养他们对纳米科技的学习兴趣。

本书可以作为高等院校材料学、物理学和化学及有关专业高年级本科生和研究生的教材，也可作为从事纳米科技和纳米材料教学与研究工作者的参考用书。